I0485860

www.ingramcontent.com/pod-product-compliance
Lightning Source LLC
Chambersburg PA
CBHW051849170526
45168CB00001B/37
* 9 7 8 1 5 1 7 0 9 9 4 8 0 *

ميكانيكا الموائع

إعداد

د. محمد عصام محمد عبد الماجد

د. م. مسعود جميل أحمد

م. ساتي ميرغني محمد أحمد

أ. د. م. عباس عبد الله إبراهيم

أ. د. م. م. عصام محمد عبد الماجد

م. تسنيم عصام محمد عبد الماجد

ISBN-13: 978-1517099480

ISBN-10: 151709948X

Printed by: **CreateSpace**

+ الطبعة الأولى، الموائع، تأليف عصام محمد عبد الماجد   وصابر محمد صالح (رحمه الله تعالى) إبراهيم وساتي ميرغني محمد أحمد ، دار جامعة السودان للنشر والتوزيع، مطلع   2001، رقم الايداع مع المجلس القومي للمصنفات الأدبية 2001/16.

+ الطبعة الثانية، ميكانيكا الموائع، تأليف   عصام محمد عبد الماجد   وصابر محمد صالح إبراهيم (رحمه الله تعالى)   وساتي ميرغني محمد أحمد وعباس عبد الله ابراهيم، الدار السودانية للكتب،   ش. البلدية، ص. ب.   2473   الخرطوم – السودان منتصف 2001، رقم الإيداع مع المجلس الاتحادي للمصنفات الأدبية والفنية 2001/16، ورقم التسجيل مع المجلس الاتحادي للمصنفات الأدبية والفنية 421/2001/792 مك

مقدمة الطبعة الثالثة

الحمد لله رب العالمين، والشكر لله سبحانه وتعالى أن تكرم علينا وتفضل بجمعنا على فكرة وضع هذا الكتاب المنهجي المهم، وتحديد مداه، ثم تنسيق معلوماته وإخراجها هذا المخرج المبارك إن شاء الله تعالى. وتفتقد هذه الاصدارة القلم العلمي الرائع للبروفيسور الدكتور المهندس صابر محمد صالح إبراهيم وجعل كافة مساهماته العلمية وما خطه يراعه في هذا السفر في ميزان حسناته يوم الدين.

عملاً بقوله صلى الله عليه وسلم :(**لا يشكر اللهَ من لا يشكر الناس**)[1] فالشكر أولاً وآخراً لله رب العالمين أن تكرم سبحانه وتعالى علينا بإتمام هذا الكتاب المفيد، ثم أجزل الشكر والتقدير مع فائق العرفان لكل من ساهم وساعد في إخراج هذا السفر لدنيا الوجود. ونخص بأسمى آيات التقدير والتوقير الممزوجين بعظيم الأسى والحزن أ.د.م. صابر محمد صالح ابراهيم لاضافته الثرة وعطاءه المحمود في فصول الكتاب قبيل رحيله.

من المتوقع أن يعتمد هذا الكتاب من قبل أقسام كليات الهندسة والمياه والبيئة والتربية التقنية والعلوم لجمهور الطلاب والباحثين في هذا الفرع من العلوم الهندسية سيما وقد شارك في اعداد المادة العلمية له كوكبة من علماء ميكانيكا الموائع ممن قاموا بتدريس مساقاتها والاشراف على بحوث طلابها والتبحر في غامض مفاهيمها.

[1] النهاية في غريب الحديث والأثر لابن الأثير، باب الشين مع الكاف، ص. 493، الجزء الثاني، دار إحياء الكتب العربية، تحقيق طاهر أحمد الزاوي ومحمود محمد الطناجي. سنن الترمذي، كتاب البر والصلة، حديث رقم 1877. سنن أبي داؤد، كتاب الأدب، حديث رقم 4177. مسند أحمد، باقي مسند المكثرين، حديث رقم 7598، 7676، 8673، 9565، 9982، 11278. مسند أحمد، مسند الأنصار، حديث رقم 20836، 20845.

كما يود المؤلفون الإشارة إلى أن ترتيب أسماءهم على الغلاف كان ترتيباً أبجدياً، مع حفظ الدرجات العلمية وعمق الإسهام.

لقد روعي في هذه الاصدارة المراجعة المتأنية لتفادي الاخطاء ما أمكن غير أنه جهد المقل. ومن المؤمل أن يتكرم القارئ الكريم بتبيان أي أخطاء أو مراجعة أو مقترحات تفيد لتجميل الكتاب واكمال نواقصه وارسال الملاحظات لأي من المؤلفين على البريد الخاص أو التواصل عبر كافة قني التواصل المتاحة لديهم.

نأمل في أن يتقبل الله تعالى هذا الجهد وينفع به.

المؤلفون

الخبر – خصب – الخرطوم في 2016

مقدمة الطبعة الثانية

نحمده سبحانه وتعالى ونثني عليه ونشكر فضله ونعمائه علينا.

عندما قامت مجموعة العمل المشترك بوضع هذا المؤلف لم يدر في خلدها نفاد الطبعة الأولى منه حتى قبل بهذه السرعة فور صدوره من المطبعة إذ تلقفه طلاب الهندسة وعلومها. ثم أتت المقترحات تترى لتجويد الكتاب، وإكمال نواقصه، ومن ثم أضيف مؤلف رابع للمجموعة ليكتمل العقد، وتتسع دائرة المشاركة المعرفية، وتثرى التمارين العملية المدرجة بين فصوله.

ولقد كان للعرض الطيب من الدار السودانية للكتب ومديرها السيد عبد الرحيم مكاوي لإعادة طباعة الكتاب وإخراج الطبعة الثانية في ثوب قشيب فعله المؤثر نحو ترفيع جودة إخراج الكتاب، واتساع دائرة نشره على ربوع الوطن العربي لاسيما وتقل المؤلفات المماثلة في هذا العلم الجوهري والأساس لطلاب الهندسة والتقانة والتربية التقنية. ومن المؤمل أن يرفع هذا المؤلف من مسيرة فنون الموائع وعلومها، ويسهل تدارسها ونشرها للنيل من معينها لما فيه مصلحة التنمية وفائدة التقدم.

والله من وراء القصد.

المؤلفون

المحتويات

الرموز والمصطلحات المستخدمة في الكتاب

a = عجلة عنصر المائع

a = العجلة (م/ث^2)

a_n = العجلة العمودية (م/ث^2)

a_s = عجلة خط الانسياب (م/ث^2)

a_x, a_y = مركبة العجلة في المحورين السينيx والصادي y (م/ث^2)

A = مساحة أرضية الخزان (م^2)

δA = مساحة العنصر (م^2)

b = العرض (م)

B = عرض الهدار (م)

c_d = معامل الدفق

c_P = الحرارة النوعية عند ثبات الضغط (جول/كجم.كلفن)

c_V = الحرارة النوعية عند ثبات الحجم (جول/كجم.كلفن)

$dA.\cos\theta$ = اسقاط المساحة dA على سطح عمودي على المحور السيني

$\delta A.\cos\theta$ = إسقاط المساحة التفاضلية δA على المستوى الأفقي

Ca = رقم كاوشي

CP = نقطة عمل محصلة القوى (مركز الضغط)

$^\circ C$ = درجة الحرارة بالمقياس المئوي

d = القطر (م)

$\frac{du}{dy}$ = انحدار (ممال) السرعة

D = قوة السحب (نيوتن)

E = حد المرونة الخطي (نيوتن/م^2)

11

Es = الطاقة النوعية (طاقة لوحدة الوزن، سمت طاقة) (م)

Ev = حد التغير الحجمي (نيوتن/$م^2$)

Eu = رقم أويلر (لابعدي)

f = حقل الموجه للضغط السطحي على وحدة الحجم

f = معامل الاحتكاك (معامل احتكاك دارسي)

F = القوة، القوة المؤثرة على الجسم (نيوتن)

F_B = قوة الطفو

F_R = محصلة القوة المؤثرة على أرضية الخزان (نيوتن)

F_R = محصلة القوى المؤثرة على السطح المستو المائل (نيوتن)

Fr = رقم فرود (لابعدي)

$°F$ = درجة الحرارة بمقياس فهرنهيت

g = عجلة الجاذبية الأرضية (م/$ث^2$)

G = مركز الثقل

GM = الارتفاع البيني

h = السمت، ارتفاع عمود السائل فوق النقطة (أو المستوى)، ارتفاع عمود الزئبق (م)

h = عمق المائع المقاس للأسفل من موضع الضغط (م)

h = ارتفاع المائع من نقطة عمل القوة التفاضلية F ⬜ (م)

h = الإرتفاع من المساحة إلى السطح الحر (م)

h_f = فقد السمت للاحتكاك (م)

h_l = فقد السمت (م)

h_1 = ارتفاع المائع إلى meniscus المائع س في النقطة ب (م)

h_2 = ارتفاع المائع، ارتفاع الخزان (م)

$\overline{h}$ = المسافة العمودية من سطح المائع إلى مركز ثقل المساحة

H = السمت الكامل (م)

I = عزم القصور الذاتي المستوى ($م^4$)

12

I_{xx} = العزم الثاني للمساحة بالنسبة للمحور السيني والمتكون من تقاطع المستوى الحادي على السطح والسطح الحر (المحور السيني) ($م^4$)

I_{xG} = العزم الثاني للمساحة بالنسبة للمحور الذي يمر عبر مركز الثقل ويوازي المحور السيني ($م^4$)

I_{xy} = ضرب القصور الذاتي بالنسبة للمحورين السيني والصادي ($م^4$)

I_{xyG} = ضرب القصور الذاتي بالنسبة لمحورين متعامدين يمران عبر مركز ثقل المساحة ويتكونان بنقل نظام المحورين السيني والصادي ($م^4$)

k = ثابت = نسبة الحرارة النوعية للضغط الثابت إلى الحرارة النوعية للحجم الثابت

$\bar{k}$ = الانضغاطية

K = حد المرونة، معامل تغير الحجمي معامل المرونة الحجمي (نيوتن/$م^2$)

l = الطول (م)

L = قوة الرفع (نيوتن)

m = الكتلة، كتلة الجسم (كجم)

m' = كتلة معدل الانسياب (كجم)

Ma = رقم ماش (لابعدي)

MW = الوزن الجزيئي

n = ثابت، عدد المولات

p = الضغط عد نقطة، الضغط المنتظم في أرضية الخزان (نيوتن/$م^2$)

P = الضغط، الضغط المطلق (باسكال، نيوتن/$م^2$)

P_a = الضغط المطلوب على الارتفاع $y = 0$، ضغط الهواء الجوي (نيوتن/$م^2$)

$\bar{P}_c$ = الضغط الحرج الظاهري

P_g = الضغط على مركز ثقل المساحة (نيوتن/$م^2$)

P_x, P_y, P_s = الضغط المتوسط المؤثر على الأوجه الحرة للجسم المغمور قيد البحث (نيوتن/$م^2$)

P_x , P_y , P_z = الضغط المؤثر في المحاور x و y و z على الترتيب (نيوتن/$م^2$)

P_2 , P_1 = الضغط في مستويين مختلفين(نيوتن/$م^2$)

P_v = ضغط بخار، ضغط بخار الزئبق (ملم زئبق)

Q = الدفق (الانسياب) (م^3/ث)

r = نصف القطر، نصف قطر انحناء سير الجسم (انحناء خط الانسياب) (م)

r_H = نصف القطر الهيدروليكي (م)

R = ثابت الغاز العالمي (جول/كجم×كلفن)

Re = رقم رينودلز (لابعدي)

$°R$ = درجة الحرارة بمقياس رانكن

s = الكثافة النسبية للمائع

S = الازاحة في أي اتجاه (م)

St = رقم استراهول (لابعدي)

t = الزمن (ث)

T = درجة الحرارة (مئوية)، درجة الحرارة المطلقة (كلفن)

T_a = درجة الحرارة على ارتفاع مستوى سطح البحر ($y = 0$)

$\overline{T}_c$ = درجة الحرارةالحرجة الظاهرة

u = السرعة في اتجاه المحور السيني (م/ث)

U = السرعة على السطح الحر المستوي (م/ث)

v = السرعة في اتجاه المحور الصادي (م/ث)

v_{av} = السرعة المتوسطة (م/ث)

V = الحجم (م^3)

δV = حجم المنشور الذي ارتفاعه h وقاعدته $\cos\theta.\delta A$. أو هو حجم السائل (أو الحجم التخيلي) أعلى المساحة التفاضلية

We = رقم ويبر

w_P = المحيط المبتل (م)

W = الوزن (نيوتن)

x = الاحداث السيني (م)

y = الاحداث الصادي، العمق (م)

$\bar{y}$ = الإحداثي السيني لمركز الثقل مقاس من المحور السيني الذي يمر عبر نقطة الأصل o (م)

$\delta y/2$ = المسافة من مركز العنصر إلى الجانب العمودي على المحور الصادي (م)

z = الاحداث في الاتجاه الثالث (م)

Z = معامل الحيود للغاز

$\alpha,\beta,\phi,\varphi$ = زاوية (°)

θ = زاوية ميل السطح المستوي على السطح الحر

β = معدل التفاوت (معدل تغير الحرارة مع الارتفاع) (كلفن/م)

γ = وحدة قوة الجاذبية من المائع

γ = الثقل النوعي أو الوزن النوعي (نيوتن/م^3)

δ = سمك الطبقة الحدية (المجاورة) (م)

ρ = الكثافة (كجم/م^3)

κ = معامل المرونة الحجمي

ε = الانفعال

ε = معامل الخشونة

$\frac{e}{D}$ = الخشونة النسبية

η = الكفاءة

μ = اللزوجة الديناميكية (المطلقة أو الحركية) (نيوتن×ث/م^2)

ν = اللزوجة الكينامتيكية (التحريكية) (م^2/ث)

ξ = اللزوجة الدوامية

υ = الحجم النوعي (م^3/كجم)

λ = ثابت الغاز العالمي

(= 8314.3 جول/كجم.كلفن = 49720 قدم×باوند/سلج×رانكن)

ρ = الكثافة، كثافة المائع (كجم/م^3)

ρ_w = كثافة الماء (كجم/م^3)

ρ_f = كثافة المائع (كجم/م^3)

$\delta x, \delta y, \delta z$ = أبعاد الجسم في الاتجاهات المبينة

ϕ = الزاوية للوجه المائل للاسفين

π = ثابت

τ = اجهاد القص (نيوتن/م^2)

σ = الاجهاد (نيوتن/م^2)

σ = التوتر (الشد) السطحي (نيوتن/م)

ω = السرعة الزاوية (نقية/ث)

λ_l = مقياس الطول

λ_v = مقياس السرعة

الفصل الأول
مفاهيم أساسية
Basic Concepts

1 - 1 مقدمة

إن علم الموائع هو علم يهتم بدراسة سكون الموائع القليلة الانضغاطية وحركتها، وذلك في حالة المجاري المفتوحة والمغلقة، وجريان الموائع في داخل الأرض. كما يهتم بتطبيقات ذلك على الخزانات والقناطر ومحطات توليد الكهرباء وشبكات المياه وشبكات أنابيب نقل النفط. وكذلك يهتم هذا العلم بدراسة الموائع المثالية أي غير قابلة للانضغاط وليست لها لزوجة. ويهتم أيضاً بالموائع الحقيقية أي تلك التي لها لزوجة وانضغاطية.

يرجع تاريخ ميكانيكا الموائع إلى حقب بعيدة عبر العصور الحضارية المختلفة مما ساعد كثيراً في تنمية إمداد الماء ونظم الري وتصميم السفن والمواخر وإنشاء السدود والقناطر. وتشير الرسومات القديمة إلى انبثاق ميكانيكا الموائع الحديثة عبر ارخميدس (287 إلى 212 ق. م.) الإغريقي لقواعد السكون المائي والطفو، وسكتوس جوليس Sextus Julius (103 إلى 40 ق. م.) لإمداد الماء، ثم انبثاق فجر علوم ميكانيكا الموائع مع ليوناردو دافنشي (1452 إلى 1519م) لظاهرة دفق الموائع، ثم كان لأعمال جاليلو جاليلي (1564 إلى 1642م) فضل كبير في تجارب الميكانيكا، وبعدها ظهرت الأعمال الجليلة وإثراء المعرفة من علماء مثل اسحق نيوتن (1327 إلى 1642م) وبلايس باسكال (1623 إلى 1662م) ودانيال برنوبي (1700 إلى 1782م) وليوناردو اويلر (1707 إلى 1783م) وجين لوروند (1717 إلى 1783م) ودي ألمبرت وأنتوني جيزي (1718 إلى

1798م) وجيوفاني باتستا فنتشوري (1746 إلى 1822م) ولويس ماري هنري نافير
(1785 إلى 1836م) وجين لويس بوازيللي (1799 إلى 1869م) وهنري فليبرت جاسبارد
دارسي (1803 إلى 1858م) وجوليس ويسباش (1806 إلى 1871م) ووليام فرود
(1810 إلى 1879م) وروبرت ماننج (1816 إلى 1897م) وجورج جابريل استون
(1819 إلى 1903م) واسبورن رينولدز (1842 إلى 1912م) ومورنتز ويبر (1871 إلى
1951م) ولويس فيري مودي (1880 إلى 1953م). ومن ثم أخذ مسار ميكانيكا الموائع
مسار الديناميكا المائية Hydrodynamics للمسار النظري والرياضي للموائع المثالية
دون احتكاك، ومسار الهيدروليكا للمسار التطبيقي والعملي للموائع الحقيقية والذي قام
بموالفته ليدوق براندتل الألماني Ludwing Prandtl بإدخاله مفهوم الطبقة الحدية في
ميكانيكا الموائع fluid boundary layer ومن بعد تطورت العلوم للديناميكا الهوائية
والانسياب السطحي aerodynamics.

1 – 2 تعريف المائع

يقصد بالموائع السوائل والغازات؛ ويتميز السائل عن الجسم الصلب بأن السوائل دائماً تأخذ
شكل الوعاء الذي تضع فيه، بينما الغازات تأخذ شكل الوعاء الذي توضع فيه وحجمه.
وعند ظروف معينة قد يحتاج للتمييز الدقيق بين الأجسام الصلبة والسوائل والغازات إذ أن
هناك سوائل لزجة جداً، مثل القار، لا تسيل بسهولة ويظن الشخص أنها أجسام صلبة.
فالخاصية الأساسية التي يتميز بها السائل على الجسم الصلب أن السائل مهما بلغت
لزوجته يسيل ولو بمعدل صغير جداً. حيثما أثرت قوى خارجية على جسم صلب فإن
الاجهادات المماسية الناشئة في الجزيئات المتجاورة تسعى لإعادة الجسم الصلب إلى
وضعه الابتدائي؛ أما في السوائل فإن هذه الاجهادات تتناسب مع سرعة التغير في شكل
السائل وتضعف هذه الاجهادات وتتلاشى عند اقتراب سرعة التغير من الصفر لهذا لا
يعود السائل إلى وضعه الابتدائي. ويمكن التمييز بين الغازات والسوائل: إذ أن الغازات لا
يمكن أن توجد في حالة اتزان إلا إذا وضعت في إناء محكم الإغلاق، وتكون قابلة
للضغط، وتتمدد تمدداً كبيراً عند إزالة هذا الضغط؛ أما السوائل فإن قابليتها للانضغاط

ضعيفة جداً. ومن أهم الفروق بين السوائل والمواد الصلبة تلك الموضحة على الجدول (1-1). ويوضح الجدول 1-2 مقارنة بين السوائل والغازات.

جدول (1-1) الفروق الأساسية بين المواد الصلبة والموائع

المادة الصلبة	السوائل
الجزيئات قريبة من بعضها	الجزيئات متباعدة من بعضها
توجد قوى جذب كبيرة بين الجزيئات مما يجعلها تحتفظ بشكلها	قوى الجذب قليلة
تحتاج إلى إجهاد معين قبل أن تبدأ السيولة	تتشوه تحت أقل إجهاد
ترجع إلى شكلها الأصلي عند إزالة الاجهادات المماسية	لا ترجع إلى شكلها الأصلي

جدول (1-2) مقارنة بين السوائل والغازات (الموائع)

الغازات	السوائل
الجزيئات بعيدة عن بعضها البعض	الجزيئات قريبة من بعضها البعض
سهولة قابليتها للانضغاط	غير قابلة للإنضغاط نسبياً
تتمدد بلا حدود عند إزالة الضغط الخارجي	قوى التماسك بين الجزيئات تمسكها مع بعضها مما لا يجعلها تتمدد بلا حدود
تتأثر الكثافة كثيراً بالتغير في الضغط والحرارة	تغير طفيف على الكثافة عند تغير الضغط والحرارة مع امكانية وجود سطح حر

1 - 3 البعد Dimension

يتم التعبير عن أي خاصية طبيعية عن طريق مجموعة من الأبعاد الأساسية وهي الكتلة والطول والزمن في نظام القياس المطلق، وهو ما يعرف بنظام (M, L, T)؛ أو عن طريق مجموعة من الأبعاد المشتقة وهي القوة والطول والزمن ويعرف بنظام (F, L, T). والأبعاد الأولية نوعان:

1) الأبعاد المطلقة absolute units وهي بدون جاذبية وهي الطول L والكتلة M والزمن T

2) الأبعاد الهندسية وهي التي بها جاذبية وهي الطول L والقوة F والزمن T

1 - 4 الوحدة Unit

يمكن أن يعرف كل بعد من الأبعاد المذكورة أعلاه بعدد من الوحدات المختلفة؛ وهو ما يعرف بنظام الوحدات. والوحدات عدة أنواع أكثرها شيوعاً الفرنسية والانكليزية والعالمية وهي التي عمم استعمالها عالمياً حالياً. وعموماً تستعمل معظم المراجع القديمة الوحدات الفرنسية والانكليزية. ويبين الجدول (1-3) الأبعاد الأساسية والوحدات المختلفة في كل نظام، أو بُعد الكتلة والطول والزمن، مثل الكثافة ($\frac{M}{L^3}$) والقوة ($\frac{ML}{T^2}$) والقدرة ($\frac{ML^2}{T^3}$) واللزوجة الديناميكية ($\frac{M}{LT}$).

جدول (1-3) الأبعاد الأساسية والوحدات المختلفة في كل نظام

البعد	الرمز	الوحدات		
الكتلة	M	Kg	gm	slug
الطول	L	m	cm	ft
الزمن	T	s	s	s

1) الوحدة الفرنسية (.c.g.s): تسمى بنظام Centimeter- Gram - Second , cm- gr- sec وتكتب اختصاراً c.g.s .

2) الوحدة الانكليزية (.f.p.s): تسمى بنظام foot- pound - second , ft - lb - sec تكتب اختصاراً f.p.s .

1 - 5 النظام العالمي (SI)

يسمى بنظام ال Systeme International d'unite's ، meter-kilogram-second , m-kgr-sec ويكتب اختصاراً (S.I) و MKS. وهناك أيضاً نظام MKS الأوروبي Continental Europe.

يتبع التقسيم الكيفي للأبعاد ثلاثة أقسام تبعاً للأبعاد المكونة للخاصية على النحو التالي:

1) الخواص الهندسية Geometric (الكميات القياسية Scalar): وهي جميع الخواص الطبيعية التي يدخل في تركيبها بُعد الطول فقط، مثل الإزاحة بين نقطتين (L)، أو مساحة السطح (L^2)، أو الحجم (L^3).
2) الخواص الكينماتيكية Kinematic (الكميات المتجهة Vector): وهي جميع الخواص الطبيعية والميكانيكية التي يدخل في تركيبها بُعد الزمن، أو بُعد الزمن بالإضافة لبعد الطول مثل السرعة $\left(\frac{L}{T}\right)$ والتسارع $\left(\frac{L}{T^2}\right)$ ومعامل اللزوجة الكينماتيكية $\left(\frac{L^2}{T}\right)$.
3) خواص ديناميكية Dynamic: وهي الخواص التي يدخل في تركيبها بُعد الكتلة، أو بُعد الكتلة والطول، أو بُعد الكتلة والزمن، أو بُعد الكتلة والطول والزمن.

1 - 6 علاقات الكتلة ووحداتها في الأنظمة المختلفة:

حسب قانون نيوتن:

$$F = M.a \qquad 1-1$$

حيث:

F = القوة

M = الكتلة

a = تسارع الجاذبية الأرضية

عند تطبيق قانون نيوتن على جسم حر ساقط فإن القوة F هي الوزن (Weight (W وتسارع الجاذبية الأرضية a = g ومن ثم يمكن كتابة المعادلة 1-1 كما مبين في المعادلة 1-2.

$$W = Mg \qquad 1-2$$

بأخذ M=1 (وحدة one unit) يمكن استنباط القانون: " وزن وحدة كتلة يجب أن يكون (g) وحدة من القوة، The weight of a unit mass must be exactly (g) unit of force".

علاقات الكتلة ووحداتها في النظام الفرنسي:

أما وحدة القوة في النظام الفرنسي المطلق فهي القوة التي تعطي كتلة جرام (Gram mass = Gr_m) تسارع مقداره واحد سم/ث cm/sec وتسمى هذه القوة بالداين Dyne

$$Dyne = Gr_m \frac{cm}{sec^2} \qquad 1-3$$

في النظام الهندسي وزن الجرام (Gram Force = Gram weight) Gr_f

$$Gr_f = 981 Gr_m \frac{cm}{sec^2} \qquad 1-4$$

$$g = 981 \frac{cm}{sec^2} \qquad 1-5$$

$$Gr_f = 981\ Dyne \qquad 1-6$$

كذلك في النظام الهندسي يعرف الأسلج slug على النحو المبين في المعادلة 1-7.

$$Slug = 981\ Gr_m \qquad 1-7$$

$$Gr_f = Slug.cm/sec^2 \qquad 1-8$$

أي أن القوة التي مقدارها Gr_f هي القوة التي تعطي كتلة مقدارها اسلج واحد (one Slug) تسارع مقداره سم/ث^2.

علاقات الكتلة ووحداتها في النظام الانكليزي:

أما في النظام الانجليزي فباتباع نفس النمط للتعريفات:

وحدة القوة في النظام المطلق هي القوة التي تعطي كتلة رطل (lb_m = pound mass) تسارع مقداره قدم/ث^2 وتسمى بالباوندال poundal

$$poundal = Lb_m \cdot ft/sec^2 \qquad 1-9$$

في النظام الهندسي وزن الرطل lbf (pound force = pound weight)

$$Lb_f = 32.2\ Lb_m \cdot ft/sec^2 \qquad 1-10$$

$$g = 32.2\ ft/s^2 \qquad 1-11$$

$$Lb_f = 32.2\ poundal \qquad 1-12$$

ومن النظام الهندسي أيضاً تعرف الاسلج Slug

$$Slug = 32.2\ lbm \qquad 1-13$$

$$Lb_f = Slug \cdot ft/sec^2 \qquad 1-14$$

أي أن القوة التي مقدارها lbf هي تلك القوة التي تعطي كتلة مقدارها سلج واحد one Slug تسارع مقداره قدم/ث^2 $\frac{ft}{sec^2}$

يمكن تلخيص النظامين كما مبين بالجدولين 1-4 و 1-5.

جدول 1-4 الوحدات المطلقة والوحدات الهندسية

الوحدات الهندسية engineering units		الوحدات المطلقة absolute units		البعد
انكليزي	فرنسي	انكليزي	فرنسي	
Fps	cgs	fps	Cgs	
Slug	Slug	Lb_m	Gr_m	M mass الكتلة
Ft	cm	ft	Cm	L length الطول
Sec	sec	sec	Sec	T time الزمن
Lb_f	Gr_f	poundal	Dyne	F force القوة

جدول (1-5) المقارنة بين النظامين الفرنسي والانكليزي

الفرنسي	الانكليزي
$Gr_f = 981 \; Dyne$ $= 981 \; Gr_m \frac{cm}{sec^2}$ $= Slug \frac{cm}{sec^2}$	$Lb_f = 32.2 \; Poundal$ $= 32.2 \; Lb_m \frac{ft}{sec^2}$ $= Slug \frac{ft}{sec^2}$

<u>علاقات الكتلة ووحداتها في النظام العالمي:</u>

وحدة القوة هي القوة التي تعطي كتلة كيلوجرام Kgr_m = Kilogram Mass تسارع مقداره م/ث² m/sec^2 وتسمى بالنيوتن (N) Newton ولا يستعمل الكيلوجرام لوحدة قوة في النظام الهندسي بل يستعمل النيوتن (N) أيضاً مما جعل هذا النظام سهلاً لذلك يستعمل حالياً عالمياً باسم S.I.Units.

<u>ملحوظة:</u> تجدر الاشارة إلى أن بعض الكتب في أوروبا الشرقية Contenental Europe تستعمل نظام MKS الهندسي الذي يعتبر kgr وحدة قوة وهذا يعني أن one Kgr_f = 9.81 N

الجدول 1-6 يوضح تحويلات بعض الوحدات الانجليزية الهامة إلى وحدات النظام العالمي.

جدول (1-6) تحويلات بعض الوحدات الانجليزية الهامة إلى وحدات النظام العالمي

ft/sec^2	$0.305 \; m/sec^2$	Lb_f ft	1.36 N.m
ft/sec	$0.305 \; ft/sec$	Slug	14.6 kgr
ft^2/sec	$0.093 \; m^2/sec$	PSI (pound / sq .Inch)	$6895 \; N/m^2$
ft^2	$0.093 \; m^2$	Lb_f	4.44 N
ft^3/sec	$0.028 \; m^3/sec$	Lb_f/ft^3	$157.1 \; N/m^2$

Lb_f / ft^2	$47.8 \ N / m^2$	Lb_m	$453.6 \ Gr_m$
$Lb_f \sec / ft$	$47.8 \ N \sec / m^2$	Lb_m	$0.4536 \ kgr$
$slug / ft^3$	$515.5 \ kgr / m^3$	Kgr_f [2]	$9.81 \ N$

لكي تدخل أي وحدة من وحدات أي نظام في نطاق معادلة فيزيائية physical equation واحدة يجب أن تكون محصلتها متجانسة جبرياً؛ أي يجب أن تكون من نفس النوع فلا يمكن أن تجمع قوة إلى لزوجة مثلاً. ويقصد بالمعادلة الفيزيائية أي علاقة تربط قيم كميات طبيعية. وخلال هذا الكتاب سيتم الالتزام بالنظام العالمي للوحدات (SI units) مع حل بعض الأمثلة بالنظم الأخرى.

1 – 7 اللواحق Prefixes

لتجنب الأرقام الصغيرة أو الكبيرة فهناك لاحقة تضع قبل الوحدة. واللواحق المستخدمة هي من نوع 10^{3n} (حيث n رقم صحيح موجب أو سالب). ويوضح الجدول (7-1) بعضاً من اللواحق المستخدمة في علم الموائع وبعضاً من العلوم الهندسية الأخرى.

جدول (7-1) اللواحق المستخدمة في علم الموائع

قيمة المعامل الذي يضرب بالوحدة	الرمز	اللاحقة
10^9 (n=3)	G	Giga
10^6 (n=2)	M	mega
10^3 (n=1)	K	kilo
10^{-3} (n=-1)	m	milli
10^{-6} (n=-2)	µ	micro
10^{-9} (n=-3)	N	nano

---

[2]كي لا يحصل التباس.

1 – 8 تمارين عامة

1 – 8 – 1 تمارين نظرية

1) عرف علم الموائع؛ وبين أهم تطبيقاته العملية.

2) تحدث بإيجاز عن تاريخ علم الموائع.

3) ما الفرق بين النظم التالية للوحدات: النظام العالمي، والنظام المتري، والنظام الإنكليزي والنظام الهندسي؟

4) ما المقصود بالمائع؟

5) بين أهم الفروق بين المواد الصلبة والموائع.

1 – 8 – 2 تمارين عملية

1) جد معامل التحويل للكميات الآتية:

	من	إلى		من	إلى
(أ)	مم	م	(ب)	مم^2	م^2
	سم	م		سم^2	م^2
	دسم	م		دسم^2	م^2
(ج)	مم^3	م^3	(د)	جم/سم ث	كجم/م ث
	سم^3	م^3		جم سم/ث	كجم م/ث
	دسم^3	م^3		جم سم/ث^2	كجم م/ث^2
	لتر	م^3		م/ث	كم/ساعة
	سم^2	مم^2		باسكال	كيلونيوتن/م^2
	مم^3	سم^3		باسكال	بار

2) جد أبعاد المقادير التالية وحدد نوعها (هندسي، أم كينماتيكي، أم ديناميكي) ولماذا؟

$$Pv^2 \qquad \rho g h Q \qquad \frac{v^2}{2g} \qquad \rho v^2$$

3) إذا كانت كتلة السنتمتر المكعب cm^3 هي واحد جم Gr$_m$ جد كتلة واحد قدم مكعب ft^3 من الماء بالاسلج Slug الانكليزي (الاجابة: 1.94 Slug)

4) إذا كانت اللزوجة المطلقة للماء هي μ = 1.8×10^{-5} Lb$_f$ sec/ft^2 جد قيمتها بوحدات اسلج/قدم.ثانية Slug/ft.sec وبوحدات جم/سم.ثانية Gr$_m$/cm.sec (الاجابة: 1.8×10^{-5}، 8.62×10^{-3})

الفصل الثاني
خواص الموائع
Fluid Properties

2 – 1 مقدمة

لمعرفة الموائع لابد من دراسة خوصها، وبعض الخواص معرفتها ضرورية من الناحية الهندسية فمثلاً الكثافة والانضغاطية وضغط البخار تعتبر من الخواص المهمة جداً في حالة السوائل الساكنة؛ بينما اللزوجة تكون مهمة في حالة الموائع المتحركة.

2 – 2 تطبيقات علم ميكانيكا الموائع في المجالات الهندسية

علم ميكانيكا الموائع له عدة تطبيقات في المجالات الهندسية منها:

1- تقديم طرق دراسة الكثير من المنشآت الهايدروليكية وتصميمها (السدود، والقني، والهدارات، وأنابيب ضخ السوائل المختلفة).

2- تجهيز الماء للمدن، ودراسات الري، وتصميم شبكات الأنابيب في المصانع، وتصميم المضخات والمعدات الصناعية المختلفة كالمضخات والمكابس الهدروليكية

3- يقدم المعلومات اللازمة لفهم أنظمة التحكم الهدروليكي اليدوي والأوتماتيكي للمهندسين الكهربائيين علماً بأن أنظمة التحكم الهيدروليكي قد دخلت إلى كل شرايين الصناعة فهي تستخدم في آلات القطع والطائرات والصواريخ وآلات النقل والرفع ... إلخ، لذلك فإن مكننة الانتاج الزراعي والصناعي يقع بشكل كبير على عاتق أنظمة التحكم الهيدروليكي وعلم ميكانيكا السوائل، ومن هنا فإن الدراسة في ميكانيكا الموائع تدور غالباً حول السوائل أكثر منها حول الغازات.

4- يركز كل خريج هندسي على ناحية معينة من ميكانيكا الموائع حسب الاختصاص.

2 - 3 كثافة المائع Fluid Density

تعرف كثافة المائع على أنها كتلة وحدة الحجم ويرمز لها بالرمز ρ، أي أن الكثافة = الكتلة ÷ الحجم

$$\rho = \frac{m}{v} \qquad 2-1$$

حيث:

m = الكتلة

v = الحجم

إن الكثافة خاصية ديناميكية، أي يدخل في أبعادها الكتلة والطول. وحسب العلاقة المبينة في المعادلة 2-1 فإن أبعادها هي ($M.L^{-3}$)؛ فتكون وحداتها في النظام الهندسي العالمي (SI) كجم/م^3، وفي النظام الهندسي الانكليزي ($\frac{slug}{ft^3}$). أما درجة الحرارة والضغط فتأثيرهما ضئيل على الكثافة. ويعرف مقلوب الكثافة بالحجم النوعي Specific Volume.

$$v = \frac{1}{\rho} \qquad 2-2$$

2 - 4 الوزن النوعي Specific Weight

يعرف الوزن النوعي على أنه وزن وحدة الحجم ويرمز له بالرمز (γ)

$$\gamma = \frac{w}{V} \qquad 2-3$$

$$\gamma = \frac{mg}{v} \qquad 2-4$$

حيث:

v = الحجم،

m = الكتلة،

g = التسارع الأرضي.

حسب تعريف الكثافة في المعادلة 2-1 فإن المعادلة 2-4 يمكن كتابتها كالآتي على النحو المبين في المعادلة 2-5.

$$\gamma = \rho g \qquad\qquad 2\text{-}5$$

من العلاقة 2-4 فإن أبعاد الوزن النوعي هي: $\frac{ML}{L^3 T^2}$ أي $ML^{-2} T^{-2}$.

باستخدام الأبعاد المشتقة فإن المعادلة 2-3 توضح أن أبعاد الوزن النوعي هي FL^{-3} ووحداته في النظام العالمي $\frac{N}{M^3}$ وفي النظام الهندسي الانكليزي $\frac{Ibf}{ft^3}$.

الوزن النوعي للماء في النظام العالمي:

$$\gamma = 1000 \ \frac{kg}{m^3} \text{´} 9.807 \ \frac{m}{s^2} = 9807 \ \frac{N}{m^3} = 9.8 \ K \ \frac{N}{m^3}$$

وفي النظام الهندسي:

$$\gamma = 1.94 \ \frac{Slug}{ft^3} \text{´} 32.17 \ \frac{ft}{s^2} = 62.4 \ \frac{Ibf}{ft^3}$$

يلاحظ من المعادلة 2-5 أن هذه الخاصية تعتمد على عجلة الجاذبية الأرضية وبهذا فهي تعتمد على مستوى ارتفاع المائع عن مستوى سطح الأرض.

مثال 2-1

الوزن النوعي للماء عند درجة الحرارة والضغط العاديين قدره 9.81 كيلو نيوتن/م^3 والكثافة النسبية للزئبق 13.55 احسب كثافة الماء والزئبق والوزن النوعي للزئبق؟

الحل

1. المعطيات: γ= 9.81 كيلو نيوتن/م^3 للماء، s = 13.55 للزئبق
2. من العلاقة: $\gamma = \rho g$

$$\rho_w = \frac{\gamma_w}{g} = \frac{9.81 \times 10^3}{9.81} = 1000 \;\square\frac{Kg}{m^3}$$

$$\gamma_{Hg} = S_{Hg} \times \gamma_w = 13.55 \times 9.81 = 133 \;\square\frac{KN}{m^3}$$

$$\rho_{Hf} = S_{Hg} \times \rho_w = 13.55 \times 1000 = 13.55 \times 10^3 \frac{Kg}{m^3}$$

برنامج 2-1:

```
Public Class Form1

    Const g = 9.81
    Const rho_w = 1000
    Const gamma_w = 9.81

    Private Sub Form1_Load(ByVal sender As System.Object,
                           ByVal e As System.EventArgs)
                           Handles MyBase.Load
        Label1.Text = "الوزن النوعي"
        Label2.Text = "الكثافة"
        Label3.Text = "نيوتن/م3"
        Label4.Text = "كجم/م3"
        Button1.Text = "احسب"
        GroupBox1.RightToLeft =
              Windows.Forms.RightToLeft.Yes
        GroupBox1.Text = "الوزن النوعي والكثافة"

        Label5.Text = "الكثافة النسبية"
        Label6.Text = "الكثافة"
        Label7.Text = "كجم/م3"
        Button2.Text = "احسب"
        GroupBox2.RightToLeft =
              Windows.Forms.RightToLeft.Yes
        GroupBox2.Text = "الكثافة النسبية والكثافة"

        Label8.Text = "الكثافة النسبية"
```

```
    Label9.Text = "الوزن النوعي"
    Label10.Text = "كيلونيوتن/م3"
    Button3.Text = "احسب"
    GroupBox3.RightToLeft =
          Windows.Forms.RightToLeft.Yes
    GroupBox3.Text = "الكثافة النسبية والوزن النوعي"

    Me.FormBorderStyle =
              Windows.Forms.FormBorderStyle.FixedSingle
    Me.Text = "مثال 2-1"
End Sub

Private Sub Button1_Click(ByVal sender As
                          System.Object,
                          ByVal e As System.EventArgs)
                          Handles Button1.Click
    Dim gamma, rho As Double
    gamma = Val(TextBox1.Text)
    rho = Val(TextBox2.Text)
    If gamma = 0 Then
        gamma = rho * g
        TextBox1.Text = FormatNumber(gamma, 2)
    Else
        rho = gamma / g
        TextBox2.Text = FormatNumber(rho, 2)
    End If
End Sub

Private Sub Button2_Click(ByVal sender As
                          System.Object,
                          ByVal e As System.EventArgs)
                          Handles Button2.Click
    Dim rho, s As Double
    s = Val(TextBox3.Text)
    rho = Val(TextBox4.Text)
    If s = 0 Then
        s = rho / rho_w
        TextBox3.Text = FormatNumber(s, 2)
    Else
        rho = s * rho_w
        TextBox4.Text = FormatNumber(rho, 2)
    End If
End Sub

Private Sub Button3_Click(ByVal sender As
                          System.Object,
```

```
                                ByVal e As System.EventArgs)
                                Handles Button3.Click
        Dim gamma, s As Double
        s = Val(TextBox5.Text)
        gamma = Val(TextBox6.Text)
        If s = 0 Then
            s = gamma / gamma_w
            TextBox5.Text = FormatNumber(s, 2)
        Else
            gamma = s * gamma_w
            TextBox6.Text = FormatNumber(gamma, 2)
        End If
    End Sub
End Class
```

2 - 5 الكثافة النسبية Relative Density

إن الكثافة النسبية مصطلح يستخدم لمقارنة كثافة المادة بالنسبة لكثافة مادة مرجعية أخرى؛ فمثلاً تقارن كثافة السوائل بالنسبة للماء عند 4° مئوية (°C) كمادة مرجعية. وبهذا فإن الكثافة النسبية للسوائل تعرَّف على أنها "النسبة ب ين كثافة السائل وكثافة الماء عند 4° مئوية"؛ ويرمز لها بالرمز s حسب المعادلة 2-6.

$$s = \frac{\rho}{\rho_{wat\ 4^{o}C}} \qquad 2\text{-}6$$

هي كمية عديمة الأبعاد؛ أي بعدها يساوي الوحدة.

بالنسبة للغازات تقارن مع كثافة الهيدروجين عند الشرطين النظاميين:

1 atm = 1.013 bar

عند درجة حرارة 15°C

2 – 6 الانضغاطية Compressibility

يمكن ضغط المائع بضغط خارجي يسلط على حجم منه. والانضغاطية تعرف بدلالة متوسط معامل المرونة الحجمي Bulk modulus of elasticity، والذي يرمز له بالرمز k حسب المعادلة 2-7.

$$k = - \frac{(P_2 - P_1)}{\frac{V_2 - V_1}{V_1}} = - \frac{DP}{\frac{DV}{V}} \qquad \qquad 2-7$$

حيث:

V_1, V_2 = حجم المادة عند الضغط P_1 و P_2 على التوالي.

تشير علامة السالب في المعادلة 2-7 إلى أن زيادة الضغط تؤدي إلى انخفاض الحجم. عموماً تكون قابلية السوائل للانضغاط في حدود أقل بكثير من الغازات وعليه تسمى السوائل موائع غير انضغاطية Incompressible fluid والغازات موائع انضغاطية compressible fluid. وعندما يكون التغير في الضغط والحجم متناه في الصغر فإن المعادلة 2-7 تصبح كما مبين في المعادلة 2-8.

$$k = - \frac{dP}{\frac{dV}{V}} \qquad \qquad 2-8$$

عند أخذ كتلة وحدة الحجم، أي الكثافة، تصبح k كما في المعادلة 2-9.

$$k = - \frac{dP}{\frac{\rho}{d\rho}} \qquad \qquad 2-9$$

أما انضغاطية الموائع فهي مقلوب معامل المرونة الحجمي، أو هي مقدار تغير الحجم أو الكثافة مع الضغط. وأبعادها هي مقلوب أبعاد معامل المرونة الحجمي، ويرمز لها بالرمز κ كما في المعادلة 2-10.

$$\kappa = 1/k \qquad \qquad 2-10$$

أبعاد معامل المرونة الحجمي هي FL^{-2}، أي أبعاد ضغط. وبهذا فإن أبعاد الانضغاطية هي $F^{-1}L^{2}$، ووحداتها في النظام العالمي Pa^{-1}، وفي النظام الهندسي psi^{-1} (lb/in^2).
إن هذه الخاصية مهمة في هندسة النفط إذ يوجد النفط والغاز الطبيعي في باطن الأرض تحت ضغط عال قد يصل إلى 3000 psi ويبدأ هذا الضغط في الانخفاض مع الإنتاج حتى يصل إلى 1500 psi وبهذا تكون الموائع في باطن الأرض معرضة لتغير كبير في الضغط مما يؤثر على حجمها وكثافتها.

مثال 2-2

ضغط سائل في أسطوانة حجمها 1 لتر وضغط قدره 1 مجا نيوتن/م ^{2} لحجم قدره 995 سم ^{3} وضغط قدره 2 مجا نيوتن/م ^{2} احسب معامل المرونة الحجمي للسائل وانضغاطيته؟

الحل

من العلاقة $K = -\dfrac{dp}{\dfrac{dV}{V}}$

معامل المرونة الحجمي = $K = -\dfrac{(2-1)\times 10^{6}}{\dfrac{(995-1000)}{1000}} Nm^{-2} = 200 \ MPa$

تكون الإنضغاطية K =

$$k = \frac{1}{K} = \frac{1}{200\times 10^{6}} = 0.005\times 10^{-6}\ Pa^{-1}$$

برنامج 2-2:

```
Public Class Form1

    Private Sub Form1_Load(ByVal sender As System.Object,
                           ByVal e As System.EventArgs)
                           Handles MyBase.Load
```

```
        Label1.Text = "الحجم 1"
        Label2.Text = "الحجم 2"
        Label3.Text = "الضغط 1"
        Label4.Text = "الضغط 2"
        Label5.Text = "الحجمي المرونة معامل"
        Label6.Text = "الانضغاطية"
        Label7.Text = "سم3"
        Label8.Text = "سم3"
        Label9.Text = "م2/مجانيوتن"
        Label10.Text = "م2/مجانيوتن"
        Label11.Text = "مجاباسكال"
        Label12.Text = "باسكال-1"
        Me.Text = "مثال 2-2"
        Button1.Text = "احسب المعامل"
        TextBox5.Enabled = False
        TextBox6.Enabled = False
    End Sub

    Private Sub Button1_Click(ByVal sender As
                              System.Object,
                              ByVal e As System.EventArgs)
                              Handles Button1.Click
        Dim V1, V2, p1, p2 As Double
        Dim K, kappa As Double

        V1 = Val(TextBox1.Text)
        V2 = Val(TextBox2.Text)
        p1 = Val(TextBox3.Text)
        p2 = Val(TextBox4.Text)

        K = -((p2 - p1) / ((V2 - V1) / V1))
        kappa = 1 / (K * 1000000)

        TextBox5.Text = K.ToString
        TextBox6.Text = kappa.ToString
    End Sub
End Class
```

2 – 7 ضغط البخار Vapour pressure

يحدث البخر من سطح السائل نتيجة لانطلاق أو تحرر جزيئات منه لتكون في شكل بخار سائل فوقه سطح. فإن وجد السائل في فراغ مغلق فإن جزيئات السائل المتحررة والموجود

في شكل بخار فوق سطحه تأخذ في الازدياد وتشكل ضغطاً جزئياً على سطح يسمى الضغط البخاري حتى يحصل اتزان بين عدد الجزيئات المنطلقة من السائل والعائدة إليه. عند هذه اللحظة يقال أن ضغط بخار السائل قد وصل حد التشبع، فإن ساوى ضغط التشبع هذا الضغط الخارجي المؤثر على سطح المائع، أو زاد عليه، يبدأ السائل في الغليان. الزئبق له ضعط بخار منخفض جداً لذا فهو يستخدم في المانومترات.

2 - 8 التوتر السطحي Surface tension

خاصية من خواص الموائع التي تؤثر أحياناً في سلوكها وينتج من عدم توازن قوى التجاذب بين جزيئات السائل لدى سطحه.

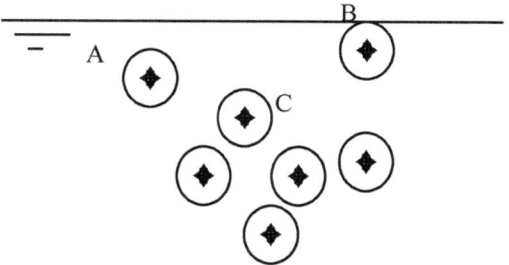

شكل (2-1) جزيئات السائل

إن الجزيئي عند النقطة C البعيد عن سطح السائل سوف يبقى منجذباً بالتساوي من جميع الاتجاهات بوساطة الجزيئات المجاورة له، بينما الجزيئي عند النقطة B القريب من السطح سيتأثر بقوى غير متساوية من جميع الاتجاهات حيث تقل في الجانب الأعلى جزيئات السائل مما يجعله متأثراً بقوة جذب أقل. ولهذا فإن الجزيئات القريبة من سطح السائل سوف تصبح معرضة لمحصلة قوة تؤثر إلى أسفل. والمركبة المماسية لهذه القوة سوف تولد شداً في سطح المائع يعرف بالتوتر السطحي، والذي يقاس باعتباره القوة المؤثرة على وحدة الطول من عنصر طولي، وتكون في اتجاه عمودي على اتجاه الشد، ويرمز له بالرمز σ، وأبعاده هي أبعاد قوة على طول، أي FL^{-1}، وأبعاده في النظام الفرنسي المطلق

$\frac{Dyne}{cm}$ وفي النظام الهندسي الإنكليزي $\frac{lb}{ft}$. وبسبب هذا الشد يحاول المائع دائماً أن يحيط نفسه بأقل سطح ممكن مما يؤدي إلى تكور السائل (مثلاً تكون قطرات الماء).

تتناسب محصلة قوة الشد السطحي في السطوح المنحنية مع انحناء السطح وتسمى الضغط الشعيري.

يشاهد أثر الشد السطحي من طفو بعض الأجسام الصغيرة مثل الابرة والموسى على الماء إذا وضعت بعناية، وتغطس هذه الأجسام إذا ثقب الغشاء السطحي للماء.

إذا كانت ΔP هي قوة الضغط الشعيري على وحدة السطح لسطح منحني أنصاف أقطاره الأساسية هي r_1 و r_2 فيمكن كتابة المعادلة

$$DP = s\left(\frac{1}{r_1} + \frac{1}{r_2}\right) \qquad 2-11$$

قوة الضغط = $\frac{p * \pi d^2}{4}$

قوة الشد السطحي = $\sigma * \pi d$

في حالة الاتزان، قوة الضغط = قوة الشد السطحي

$$\frac{p * \pi d^2}{4} = \sigma x \pi x d$$

$$P = 4\sigma/d$$

وبالنسبة للسطح الكروي تتساوى الأقطار أي: $r_1 = r_2$ وعليه:

$$\Delta P = \frac{2\sigma}{r} \qquad 2-12$$

عندما يكون هناك سائل-غاز في حالة تلامس مع سطح صلب سوف توجد ثلاث قوى تلامس: قوى التلامس الأولى بين الغاز والسائل، والثانية بين الغاز والصلب، والثالثة بين السائل والصلب كما موضح في شكل 2-2.

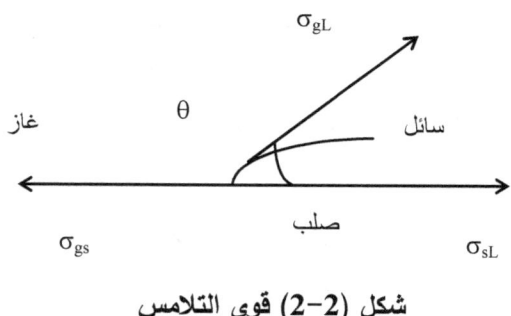

شكل (2-2) قوى التلامس

من شكل 2-2 ولحالة الاتزان يمكن كتابة المعادلة 2-13.

$$\sigma_{gs} = \sigma_{sL} + \sigma_{gL} \cos\theta \qquad\qquad 2\text{-}13$$

حيث:

θ = زاوية التلامس

يقال أن السائل في الهواء يبلل السطح إذا كانت θ أقل من $\dfrac{\pi}{2}$ ودرجة البلل تزيد كلما قلت θ، حتى تصل إلى الصفر؛ مثلاً في حالة الهواء-الماء والزجاج فإن θ = صفر؛ لهذا فإن الماء يبلل الزجاج تماماً. أما إن كانت θ أكبر من $\dfrac{\pi}{2}$ فيقال للسائل غير مبلل مثلاً الزئبق له زاوية تلامس في حدود 130 إلى 150° لأغلب الأسطح.

إن التوتر السطحي يكون سبباً في ارتفاع السوائل في الأنابيب ذات الأقطار الصغيرة. ويشار لهذه الظاهرة بالخاصية الشعرية capillary action (أنظر الشكل 2-3).

39

2 - 9 الخاصية الشعرية:

الخاصية الشعرية عبارة عن ظاهرة تجعل السائل (بناءً على الجاذبية النوعية له) يرتفع داخل أنبوبة زجاجية رقيقة فوق أو أسفل مستواه المعتاد. هذه الظاهرة تكون بسبب التأثير المدمج أو المركب لكل من خاصية التماسك وخاصية التلاصق لجزيئات السائل.

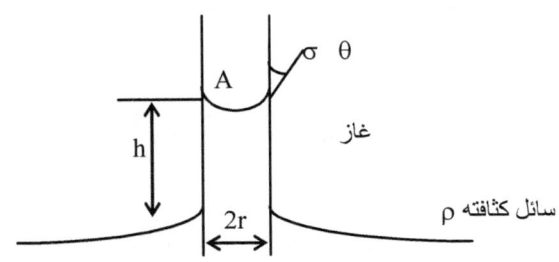

شكل (2-3) الخاصية الشعرية

عند النظر للقوى التي تؤثر على سطح السائل الهلال داخل الأنبوب (الشكل 2-3) عند النقطة A فهي قوة التوتر السطحي إلى أعلى، وقوة الوزن إلى أسفل. أي عند الاتزان تنتج المعادلة 2-14.

$$\rho g h(\pi r^2) = \sigma . 2\pi . r . \cos\theta \qquad 2-14$$

حيث:

h = ارتفاع (أو انخفاض) السائل في الأنبوب

r = نصف قطر الأنبوب

σ = قوة التوتر السطحي (نيوتن/م)

ρ = كثافة المائع (كجم/م^3)

g = عجلة الجاذبية الأرضية (م/ث^2)

θ = زاوية التلامس بين الأنبوب والمائع الأثقل

$$h = \frac{2\ s \cos\ q}{gr\ \rho} \qquad 2\text{-}15$$

بالنسبة للماء والزجاج تكاد تكون زاوية التلامس θ تساوي صفر ومن ثم فإن الارتفاع الشعري للماء في الأنبوب الزجاجي يكون:

$$h = \frac{4\ \sigma}{\gamma d}$$

عندما تكون θ أقل من $\frac{\pi}{2}$ يحدث ارتفاع شعري،

وعندما تكون θ تساوي $\frac{\pi}{2}$ لا يوجد أي ارتفاع شعري أو نقصان في سطح السائل داخل الأنبوب،

وعندما تكون θ أكبر من $\frac{\pi}{2}$ يكون هناك انخفاض في سطح السائل داخل الأنبوب (أنظر شكل 2-4).

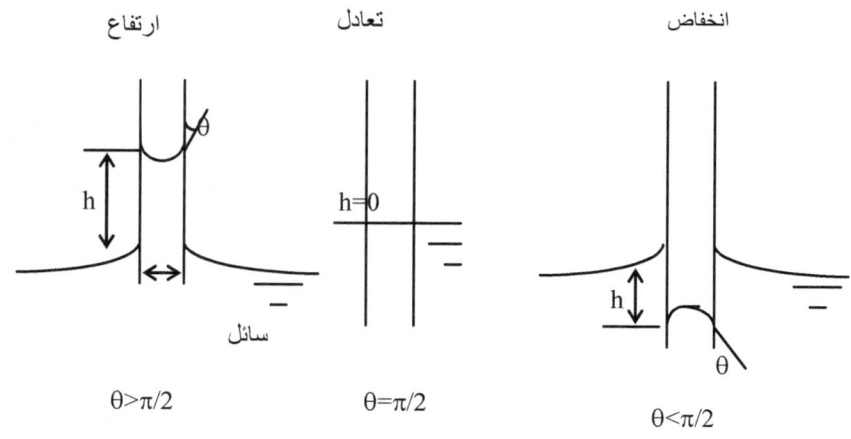

شكل (2-4) ارتفاع السائل وزاوية التلامس

مثال 2-3

احسب ارتفاع الماء في أنبوب من الزجاج النظيف قطره 0.05 بوصة عند درجة حرارة الغرفة.

الحل

1. المعطيات: r = 0.05÷2 = 0.025 بوصة، θ = 0 (زجاج وماء)
2. أوجد قيمة ρ = 1.94 $\frac{lb}{ft^3}$، وقيمة σ = 0.005 للماء والهواء لدرجة حرارة الغرفة
3. استخدم معادلة التوتر السطحي لحساب ارتفاع الماء: $h = \frac{2 s \cos q}{gr \rho}$

4. $$h = \frac{2 * 0.005}{32.2 \ x \ \frac{0.05}{12} \ x 1.94} = 0.038 \quad ft$$

مثال 2-4

يرتفع مائع ذو كثافة 960 kg/m^3 مسافة 5 مم داخل أنبوب قطره 1.9 مم صانعاً زاوية تلامس مقدارها 15°. جد قيمة التوتر السطحي لهذا المائع.

الحل

المعطيات: ρ=960kg/m^3, D=0.0019m, h=0.005m, θ=15°

من معادلة ارتفاع الخاصية الشعرية:

$$\sigma_s = \frac{\rho g r h}{2\cos \varphi} = \frac{960 \times 9.81 \times (0.0019 / 2) \times 0.005}{2 \times \cos 15} = 0.023 \quad N / m$$

برنامج 2-4:

```
Imports System.Math

Public Class Form1

    Private Sub Form1_Load(ByVal sender As System.Object,
                          ByVal e As System.EventArgs)
                          Handles MyBase.Load
        Label1.Text = "ارتفاع السائل في الأنبوب"
        Label2.Text = " قطر الأنبوب"
        Label3.Text = "قوة التوتر السطحي"
        Label4.Text = "كثافة المائع"
        Label5.Text = "عجلة الجاذبية الأرضية"
        Label6.Text = "زاوية التلامس"

        Label7.Text = "م"
        Label8.Text = "م"
        Label9.Text = "نيوتن/م"
        Label10.Text = "كجم/م3"
        Label11.Text = "م/ث2"
        Label12.Text = "درجة"
        Me.Text = "مثال 2-4"
        Me.FormBorderStyle =
              Windows.Forms.FormBorderStyle.FixedSingle
        Button1.Text = "احسب"
    End Sub

    Private Sub Button1_Click(ByVal sender As
                          System.Object,
                          ByVal e As System.EventArgs)
                          Handles Button1.Click
        Dim h, sigma, theta As Double
        Dim g, r, rho As Double
        Dim radians As Double

        h = Val(TextBox1.Text)
        r = Val(TextBox2.Text) / 2
        sigma = Val(TextBox3.Text)
        rho = Val(TextBox4.Text)
        g = Val(TextBox5.Text)
        theta = Val(TextBox6.Text)
        '*****************************
        'convert degrees to radians
        '*****************************
```

```
        radians = theta * Math.PI / 180

        If h = 0 Then
            '***********************************
            'The user wants to calculate height?
            '***********************************
            h = (2 * sigma * Cos(radians)) / (g * r * rho)
            TextBox1.Text = h.ToString
        ElseIf sigma = 0 Then
            '***********************************
            'No, Calculate surface tension
            '***********************************
            sigma = (rho * g * r * h) / (2 * Cos(radians))
            TextBox3.Text = sigma.ToString
        End If
    End Sub
End Class
```

مثال 2-5

احسب نصف القطر لقطرة من الماء عند 20°م ليكون الضغط بداخلها 1.0 كيلو باسكال أعلى من الخارج.

الحل

1. المعطيات: T =20°م، ΔP = 1.0 كيلو باسكال، σ = 0.0728 نيوتن/م للماء

من العلاقة: $\Delta P = \rho_{\text{ÈÇáÏÇÎá}} - \rho_{\text{ÈÇáÎÇÑÌ}} = \left(\frac{1}{R_1} + \frac{1}{R_2} \right) \sigma$

وحيث أن قطرة الماء كروية $R_1 = R_2 = R$، ولدرجة الحرارة المعطاة فإن

$$\sigma_{\text{ãÇÁ}} = .0728 \quad Nm$$

$$\Delta P = \rho_{\text{ÈÇáÏÇÎá}} - \rho_{\text{ÈÇáÎÇÑÌ}} = 1\,KPa = \sigma \frac{2}{R},$$

$$R = \frac{0.0728 \times 2}{1 \times 10^{3}} = 0.00015 \quad m = 0.15 \quad mm$$

2 - 10 اللزوجة Viscosity

لزوجة المائع هي مقياس لمقاومته للانسياب. وهي تميز المائع المثالي عن المائع الحقيقي حيث افتراض نيوتن الذي هو متعلق بعلاقة إجهاد القص shear stress للمائع ومعدل تغير السرعة velocity gradient (الذي يعرف بانحدار السرعة أو معدل التشوه الزاوي rate of angular deformation). وينص قانون نيوتن للزوجة على أن إجهاد القص للموائع يتناسب مع انحدار السرعة ويكتب رياضياً كما في المعادلة 2-16.

$$t \propto \frac{du}{dy} \qquad 2-16$$

حيث:

τ = إجهاد القص

$\frac{du}{dy}$ = انحدار السرعة والذي يعطى من العلاقة الموضحة في المعادلة 2-17.

$$\frac{du}{dy} = \lim_{\Delta y \to 0} \frac{\Delta u}{\Delta y} \qquad 2-17$$

علاقة السرعة u مع المسافة y مأخوذة من حدود المائع عند النقطة A كما مبينة على شكل 2-5.

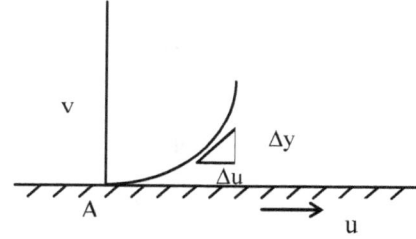

شكل (2-5) علاقة السرعة مع المسافة

يمثل المنحنى في شكل 2-5 توزيع السرعة. تمثل العلاقة أعلاه مقلوب ميل منحنى توزيع السرعة. ويمكن كتابة العلاقة على النحو الموضح في المعادلة 2-18.

$$\tau = -\mu \frac{du}{dy} \qquad 2\text{-}18$$

حيث:

μ = ثابت التناسب ويعرف باللزوجة الديناميكية dynamic viscosity أو اللزوجة المطلقة absolute viscosity. وتعرف اللزوجة الدينمائية على أنها: "قوى القص لوحدة مساحة (أو إجهاد القص) المطلوب لسحب طبقة من المائع بوحدة سرعة على سطح آخر على بعد وحدة مسافة من السطح الأول في المائع". ويمكن اشتقاق أبعادها من العلاقة المبينة في المعادلة 2-19 و2-20.

$$m = \frac{t}{\frac{du}{dy}} = \frac{\frac{F}{A}}{\frac{du}{dy}} = \frac{ML}{T^{2}L^{2}}, \frac{LT}{L} = MT^{-1}L^{-1} \qquad 2\text{-}19$$

$$m = \frac{F}{L^{2}}, \frac{LT}{L} = FTL^{-2} \qquad 2\text{-}20$$

فتكون وحدتها في النظام العالمي هي $\frac{Kg}{m.s}$ كما تشير المعادلة 2-19، أو $\frac{N.s}{m^{2}}$ كما تشير المعادلة 2-20، وفي النظام المتري $\frac{Dyne.s}{cm^{2}}$ وهي ما تعرف بالبواز poise

$$10\ p = 1\ kg/ms \qquad 2\text{-}21$$

ومن وحدات اللزوجة المشهورة سنتي بواز cp

$$1\ cp = 10^{-2}\ p \qquad 2\text{-}22$$

أما اللزوجة الكينامتيكية kinematic viscosity فتعرف على أنها: "النسبة بين اللزوجة المطلقة إلى الكثافة الكتلية" ويرمز لها بالرمز ν.

$$\upsilon = \frac{\mu}{\rho} \qquad 2\text{-}23$$

وأبعادها $L^{2}T^{-1}$ ووحداتها في النظام الهندسي العالمي هو $\frac{m^{2}}{s}$ وفي النظام الهندسي الفرنسي $\frac{cm^{2}}{s}$ وهي ما تعرف بالاستوك Stoke حيث:

$10^4 st = 1\ m^2/s$ 2-24

تتأثر اللزوجة الديناميكية والكينامتيكية بالضغط ودرجة الحرارة. وبالنسبة للسوائل فإن اللزوجة تقل مع ازدياد درجة الحرارة وتعليل ذلك راجع إلى أن قوى التماسك بين جزيئات السوائل دائماً كبير مقارنة بالقوة الناتجة عن حركية جزيئات المائع لهذا ففي حالة السوائل فإن القوة المهيمنة هي قوى التماسك، ومن ثم فزيادة درجة الحرارة تقلل من هذه القوة وحسب العلاقة بينهما فإن اللزوجة تقل. أما بالنسبة للغازات فإن القوة الناتجة عن حركية الجزيئات كبيرة (جزيئات الغازات في حالة حركة دائماً)، بينما قوة التماسك بين الجزيئات ضعيفة لهذا فإن القوة المهيمنة هي قوة حركة الجزيئات، فزيادة درجة الحرارة تزيد من حركة الجزيئات بما يزيد هذه القوة، وعليه فإن لزوجة الغازات تزيد مع زيادة درجة الحرارة.

تأثير درجة الحرارة على لزوجة السوائل نجده من خلال المعادلة الآتية:

$$u = u_o - e^{-\beta (T - T_o)}$$

حيث:

u, u_o = لزوجة السوائل عند درجات الحرارة T_o, T على الترتيب

□ □ □= عامل تناسبي ويتراوح بين 0.02 – 0.03

زيادة الضغط تؤدي إلى ارتفاع لزوجة أغلب السوائل وفقاً للمعادلة:

$$u = u_o - e^{-\alpha (P - P_o)}$$

حيث:

u_o، u = لزوجة السوائل عند الضغوط p, p_o على الترتيب

α = عامل تناسب تتراوح قيمته بين 0.02 و 0.03.

تتمثل أسباب اللزوجة Causes of viscosity في التالي:

<u>(أ) في الغازات:</u>

عندما ينساب الغاز فوق سطح صلب تتغير السرعة في الاتجاه الموازي للسطح (اتجاه x) مع المسافة y عمودياً على السطح. إن السرعة في اتجاه x هي v_x عند مسافة y (أنظر شكل 2-6). وتساوي السرعة $v_x+\delta v_x$ عند مسافة y+δy.

وبما أن جزيئات الغاز متفرقة وليس لديها قوة تماسك فسيكون هناك تبادل مستمر للجزيئات بين الطبقات المتجاورة، والتي تتحرك بسرعات مختلفة. والجزيئات المتحركة من الطبقات الأكثر بطءً سوف تؤثر المسافة على الجزيئات الأسرع، بينما تؤثر الجزيئات الأسرع قوة طرد على الأبطأ منها. وبافتراض أن تبادل الكتلة لوحدة زمن يتناسب طردياً مع المساحة A ويتناسب عكسياً مع المسافة δy فإن الكتلة المتبادلة لوحدة زمن تساوي

$$\frac{kA}{\delta y}$$

حيث:

K = ثابت التناسب

δV_x = التغيير في السرعة

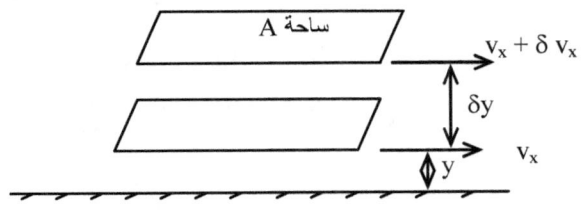

شكل (2-6) انسياب الغاز فوق سطح صلب

القوة المؤثرة من طبقة على أخرى = معدل تغيير كمية الحركة = الكتلة المتبادلة لوحدة زمن × التغيير في السرعة، ومن ثم:

$$F = kA \frac{\delta v_x}{\delta y}$$ 25-7

وإجهاد قص اللزوجة τ يمكن إيجاده من المعادلة 7-26.

$$\tau = kA \frac{\delta v_x}{\delta y} = \frac{F}{A} \qquad 7-26$$

وبهذا ومن اعتبار تبادل كتلة الجزيئات التي تحدث في الغاز يمكن الوصول إلى قانون نيوتن للزوجة. "إذا زادت درجة حرارة الغاز فإن تبادل الجزيئات يزيد وبالتالي تزيد اللزوجة". أما في مدى قيم الضغط العادية فإن اللزوجة لا تعتمد على الضغط إلا أنها تتأثر بقيم الضغط العالي.

(ب) في السوائل:

بينما يوجد هناك إجهاد للقص نتيجة لتبادل الجزيئات في السوائل كما في الغازات إلا أن هناك قوى تجاذب تماسكي وافرة بين جزيئات السوائل (الجزيئات أكثر تقارباً من بعضها البعض من الغازات). وكل من تبادل الجزيئات والتجاذب تساهمان في لزوجة السوائل. ويقلل تأثير زيادة درجة الحرارة في السوائل من قوى التجاذب؛ وفي نفس الوقت يتسبب في زيادة تبادل الجزيئات الأولى؛ تتسبب في تقليل قوى القص؛ بينما تتسبب الثانية في زيادتها. والأثر النهائي هو أن اللزوجة تنقص مع زيادة درجة الحرارة. ويؤثر الضغط العالي أيضاً على لزوجة السوائل؛ إذ أن الطاقة المطلوبة للحركة النسبية للجزيئات تزداد؛ ولذلك تزداد اللزوجة مع زيادة الضغط.

اعتماداً على قانون نيوتن أعلاه فإن الموائع الخاضعة له تسمى موائع نيوتونية Newtonian fluids كما موضح في منحنى الانسياب في شكل 2-7.

أما الموائع التي لا تمثل هذه العلاقة لنيوتن فتسمى موائع غير نيوتونية. ومن أمثلة الموائع النيوتونية الماء والنفط. ومن الموائع غير النيوتونية حبر الكتابة وسوائل النفط. أما بالنسبة للحمأة المهضومة الناتجة من عمليات معالجة الفضلات السائلة المنزلية فقد وجد أنها تنساب كسائل غير نيوتوني له سلوك وخواص اللدائن الكاذبة ولدائن بنجهام مع وجود سلوك تكستوتروبي بسيط.

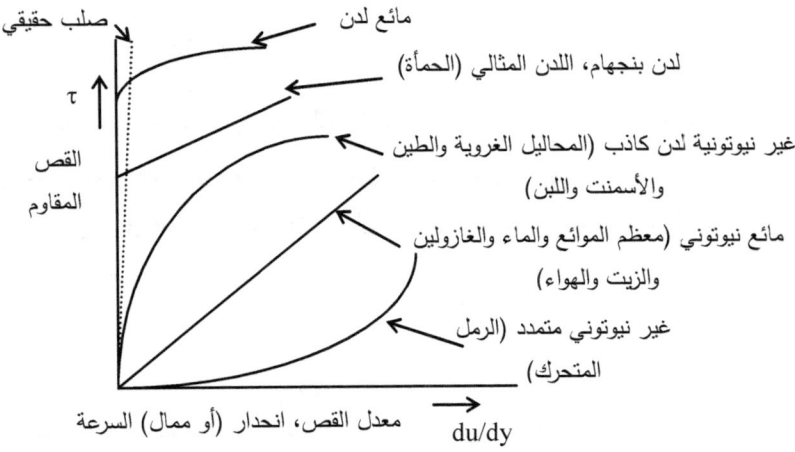

شكل (2-7) منحنى السريان

من أهم العوامل التي تؤثر على درجة اللزوجة: التغير في درجة الحرارة، ومعدل تغير إجهاد القص، وحالة الانسياب والدفق للمائع، وخواص المائع. أما بالنسبة لدرجة الحرارة فتقل لزوجة السوائل بازدياد درجة الحرارة، غير أن لزوجة الغازات تزداد بازدياد درجة الحرارة. ومن المعلوم أن درجة اللزوجة لسائل معين على درجة حرارة ثابتة من الخواص الطبيعية للسائل. غير أن علاقة الإجهاد ومعدل القص لعدة سوائل ليست نسبة بسيطة. ويطلق على هذه السوائل مصطلح سوائل غير نيوتونية ومن أمثلتها الحمأة المنبثقة بعد معالجة الفضلات السائلة المنزلية.

يمكن تقسيم الموائع بناءاً على معدل انسيابها ودرجة لزوجتها إلى موائع نيوتونية وموائع غير نيوتونية. وتنقسم الموائع غير النيوتونية إلى موائع لا تعتمد على الزمن وأخرى تعتمد عليه.

(I)الموائع النيوتونية Newtonian fluids: لا تظهر هذه الموائع أي بنية داخلية مترابطة، مما يجعل القص يبدأ مباشرة مع عمل الإجهاد، كما ولا تعتمد اللزوجة على معدل القص.

(II) موائع لا تعتمد على الزمن: ويمكن تقسيم هذه الموائع الى عدة أقسام تحوي اللدائن الكاذبة واللدائن اللزجة.

- اللدائن الكاذبة Pseudoplastic أو ترقيق القص: تصبح هذه الموائع أقل لزوجة بازدياد معدل القص.
- الموائع المتمددة Dilatant أو تغليظ القص: هذه الموائع معاكسة للدائن الكاذبة. وهذه الظاهرة غير شائعة كما ولها علاقة بالعوالق ذات الجسيمات المتنافرة.
- اللدائن اللزجة Viscoplastic أو لدائن بنجهام Bingham: فى هذه الموائع لا بد من الإجهاد ليبدأ المائع فى الإنسياب عند وجود طور صلب للعوالق وبدرجة تركيز مناسبة لتكوين بنية مستمرة وغير موجهة.

(iii) موائع تعتمد على الزمن: يظهر هذا النوع من الموائع آثار إنسياب معتمدة على الزمن. وربما كانت هذه الآثار عكسية آنياً أو غير عكسية. كما ويمكن تقسيم هذا النوع من الموائع الى موائع تكسوتروبية وموائع غير تكسوتروبية.

- موائع تكسوتروبية Thixotropic fluids: تحتوي هذه الموائع على بنية يسهل كسرها مع الزمن وذلك عند قصها بمعدل معين حتى بلوغ الإتزان. إن القوى الداخلية (التي تعمل على إعادة بناء البنية) تساوي القوى العاملة عند حدوث الإتزان. ويظهر فى هذا النوع من الموائع تخلف أنشوطي hysterisis عند زيادة معدل القص، إلى أن يصل أقصاه عندها يبدأ فى التناقص مع الزمن إلى أن يصل الى أقل قيمة.
- الموائع غير التكسوتروبية Anti–thixotropy أو الموائع المتلبنة Rheopexy: تعمل هذه الموائع في إتجاه معاكس للموائع التكسوتروبية.

مثال 2-6

المسافة بين لوحين متوازيين ثابتين 1.5 سم. ملئت هذه المسافة بزيت لزوجته (μ) 0.005 كجم/م.ث. احسب القوة اللازمة لسحب لوح رفيع أبعاده 30×60 سم؛ وضع بين اللوحين بسرعة قدرها 0.4 م/ث كما موضح في الشكل.

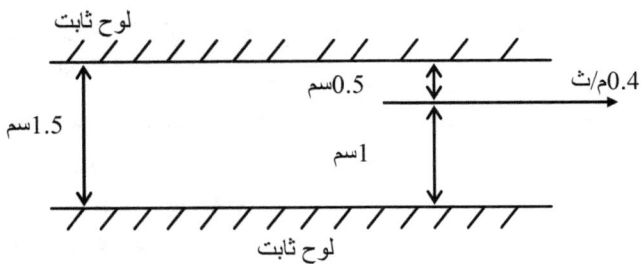

الحل

1. المعطيات: y = 1.5 سم، μ = 0.005 كجم/م.ث، A =30×60 سم، v = 0.4 م/ث
2. محصلة القوة المطلوبة هي القوة الناتجة عن مقاومة لزوجة المائع على أعلى وأسفل اللوح المسحوب أو $\tau = \frac{F}{A}$ ومن ثم $F = \mu \frac{V}{y} A$

$$F_{\text{ÇáßáíÉ}} = F_{\text{ÇáÓÝáí}} + F_{\text{ÇáÚáíÇ}}$$

$$F_{\text{ÇáÚáíÇ}} = \frac{0.005 \times 0.4}{0.005} \times .18 = 0.072 \quad N$$

$$F_{\text{ÇáÓÝáí}} = \frac{0.005 \times 0.4 \times .18}{0.01} = 0.036 \quad N$$

$$F_{\text{ÇáßáíÉ}} = 0.072 + 0.036 = 0.108 \quad N$$

برنامج 2-6:

```
Public Class Form1
    Private Sub Form1_Load(ByVal sender As System.Object,
```

```
                                  ByVal e As System.EventArgs)
                                  Handles MyBase.Load
        Label1.Text = "المسافة 1"
        Label2.Text = "المسافة 2"
        Label3.Text = "اللزوجة"
        Label4.Text = "اللوح مساحة"
        Label5.Text = "اللوح سرعة"
        Label6.Text = "السحب قوة"
        Label7.Text = "م"
        Label8.Text = "م"
        Label9.Text = "ث.م/كجم"
        Label10.Text = "م2"
        Label11.Text = "م/ث"
        Label12.Text = "نيوتن"
        Me.Text = "مثال 2-6"
        Button1.Text = "احسب"
        TextBox6.Enabled = False
    End Sub

    Private Sub Button1_Click(ByVal sender As
                                  System.Object,
                                  ByVal e As System.EventArgs)
                                  Handles Button1.Click
        Dim y1, y2, mu As Double
        Dim A, v, F As Double

        y1 = Val(TextBox1.Text)
        y2 = Val(TextBox2.Text)
        mu = Val(TextBox3.Text)
        A = Val(TextBox4.Text)
        v = Val(TextBox5.Text)

        Dim F1, F2 As Double
        F1 = mu * v * A / y1
        F2 = mu * v * A / y2
        F = F1 + F2
        TextBox6.Text = FormatNumber(F, 4)
    End Sub
End Class
```

2 – 11 خواص الغازات

يمكن تعريف الغاز على أنه مائع متجانس له كثافة ولزوجة منخفضتين، وليس له حجم معين، إنما يحتل حجم الإناء الذي يوضع فيه.

2 – 12 قوانين الغازات المثالية Perfect gas laws

يهتم قانون بويل Boyle's law بأثر الضغط على حجم من الغاز وينص على أن "حجم الغاز يرتبط بعلاقة عكسية مع الضغط لوزن معين من الغاز عند درجة حرارة معينة".

$$V \propto \frac{1}{P} \qquad\qquad 2\text{-}26$$

أو

PV = ثابت

أما قانون شالز Charlie's law فيهتم بأثر درجة الحرارة على حجم معين وينص على أن "الحجم يتغير طردياً مع درجة الحرارة لوزن معين من الغاز عند ضغط ثابت" أي أن

$$V \propto T \qquad\qquad 2\text{-}27$$

أو

$$\frac{V}{T} = \text{constant} \qquad\qquad 2\text{-}28$$

حيث:

T = درجة الحرارة

تعرف درجة الحرارة المطلقة على النحو المبين في المعادلة 2-29.

$$T = {}^\circ F + 460 = {}^\circ R$$
$$T = {}^\circ C + 273 = K \qquad\qquad 2\text{-}29$$

حيث:

${}^\circ R$ = درجة حرارة رانكن

K = درجة حرارة كلفن

هذه القوانين الثلاثة للغازات المثالية هي قانون افوجادرو Avogadro’s law، والذي ينص على أنه لنفس درجة الحرارة والضغط تحتوي الأحجام المتساوية من الغازات على نفس العدد من الجزيئات. وهذا التعريف مكافئ للقول أن وزن جزيئي واحد من أي غاز مثالي يحتل نفس الحجم عند درجة حرارة وضغط محددين. وحسب قانون افجادرو هذا فإن حجم مول يحتل حجم قدره 22.4 لتر. وبدمج قانون بويل وشالز مع قانون افوجادرو ولوزن جزيئي واحد من الغاز تنتج المعادلة 2-30.

$$\frac{PV}{T} = R \qquad 2-30$$

حيث:

R = ثابت له نفس القيمة لكل الغازات ويسمى الثابت العام للغازات.

ولعدد n من المولات

$$pV = nRT \qquad 2-31$$

حيث:

n = وزن الغاز مقسوماً بالوزن الجزئي للغاز

$$pV = \frac{Wt}{MW} RT \qquad 2-32$$

هذه العلاقة تعرف بالقانون العام للغازات المثالية. وتعتمد قيمة R على الوحدات المستخدمة مثلاً إذا تم التعبير عن الضغط بالضغط الجوي، والحجم باللتر، ودرجة الحرارة المطلقة بالكلفن، وعدد المولات بالجرام-مول gm-moles فمن العلاقة 2-31.

$$R = \frac{PV}{nT}$$

$$R = \frac{1 \times 22.4}{1 \times 273} = 0.0821 \frac{\text{liat } m}{\text{lg } m .m / k} \qquad 2-33$$

حيث 1 gm-mol عند 0°م وضغط قدره ضغط جوي واحد يمثل حجماً قدره 22.4 لتر (نظرية أفوقادرو).

2 - 13 كثافة الغاز المثالي

طالما أن الكثافة تعرف على أنها نسبة الكتلة لوحدة الجسم، فإن الكثافة للغاز من هذه العلاقة يمكن كتابتها كما مبين في المعادلة 2-34.

$$\rho_g = \frac{MW * \rho}{RT} \qquad 2-34$$

حيث:

MW = الوزن الجزئي للغاز

P = ضغط الغاز

T = درجة الحرارة المطلقة

R = الثابت العام للغازات.

الغازات اكثر انضغاطية من السوائل، وتتغير كثافة الغاز طردياً مع التغير في الضغط والحرارة عبر معادلة قانون الغاز المثالي (أو معادلة الحالة للغاز المثالي)؛ وبالتالي فالغاز المثالي هو ذلك الغاز الذي يحقق قانون الغاز الخالص المبين في المعادلة 2-35.

$$P = \rho RT \qquad 2-35$$

حيث:

P = الضغط المطلق[3] (باسكال، نيوتن/م^2)

ρ = كثافة الغاز (كجم/م^3)

T = درجة الحرارة المطلقة (كلفن)

R = ثابت الغاز = $\frac{\lambda}{MW}$

λ = ثابت الغاز العالمي

---

[3] الضغط المطلق absolute pressure هو عبارة عن الفرق بين قيمته وفراغ كامل. أما الضغط المقاس gauge pressure فهو عبارة عن الفرق بين قيمته والضغط الجوي المحلي. والضغط القياسي standard pressure هو الضغط الوسيط mean على مستوى سطح البحر وهو يساوي 760 ملم زئبق أو 101.325 كيلو باسكال أو 10.34 متر مائي.

(= 8314.3 جول/كجم.كلفن = 49720 قدم×باوند/سلج×رانكن)

مثال 2-7

أوجد كثافة غاز كتلته الجزيئية النسبية 44 عند ضغط يعادل 0.8 مجا باسكال ودرجة حرارة 20° م.

الحل

1. المعطيات: MW = 44، P = 0.8×10 ^{6} باسكال، T = 20° م
2. استخدم قانون الغاز المثالي لإيجاد الكثافة $\rho = \frac{P}{RT}$

$$\rho = \frac{0.8 \times 10^6}{(20 + 273.16) \times 8312} = 33 \; kg/m^3$$

برنامج 2-7:

```
Public Class Form1

    Private Sub Form1_Load(ByVal sender As System.Object,
                           ByVal e As System.EventArgs)
                           Handles MyBase.Load
        Label1.Text = "الغاز ضغط"
        Label2.Text = "الحرارة"
        Label3.Text = "الغاز كثافة"
        Label4.Text = "باسكال"
        Label5.Text = "مئوية"
        Label6.Text = "كجم/م3"
        Me.Text = "مثال 2-7"
        Me.FormBorderStyle =
              Windows.Forms.FormBorderStyle.FixedSingle
        Button1.Text = "احسب"
        TextBox3.Enabled = False
    End Sub

    Private Sub Button1_Click(ByVal sender As
                              System.Object,
```

```
                                   ByVal e As System.EventArgs)
                                   Handles Button1.Click
        Dim P, T, rho As Double
        Const R = 8312

        P = Val(TextBox1.Text)
        T = Val(TextBox2.Text)
        '***********************
        'Convert temp to Kelvin
        '***********************
        T += 273.16
        '************
        'Calculate
        '************
        rho = P / (R * T)

        TextBox3.Text = FormatNumber(rho, 2)
    End Sub
End Class
```

عند تعرض الغاز لضغط (أو تفريغ – تمدد) تعتمد العلاقة بين الضغط والكثافة على طبيعة العملية التي يخضع لها الغاز، عند حدوث الضغط أو التمدد عند درجة حرارة ثابتة Isothermal Process ومن المعادلة 2-35 يمكن الحصول على المعادلة 2-36.

$$\frac{P}{\rho} = constant \qquad 2\text{-}36$$

وعند حدوث الضغط (أو التمدد) دون احتكاك ودون تبادل حرارة مع البيئة المحيطة Isentropic process تنتج المعادلة 2-37.

$$\frac{P}{\rho^{k}} = constant \qquad 2\text{-}37$$

حيث:

k = ثابت = الحرارة النوعية للضغط الثابت ÷ الحرارة النوعية للحجم الثابت كما موضح في المعادلة 2-38.

$$k = \frac{c_P}{c_V} \qquad 2\text{-}38$$

حيث:

c_V = نسبة الحرارة النوعية عند ثبات الضغط

c_P = نسبة الحرارة النوعية عند ثبات الحجم

والحرارة النوعية عند ثبات الضغط c_P وتلك عند ثبات الحجم c_V ذات صلة بثابت الغاز R كما مبين في المعادلة 2-39.

$$R = c_P - c_V \qquad 2-39$$

ويبين جدول (2-1) قيم ثابت نسبة الحرارة وثابت الغاز لبعض الغازات. وينبغي ملاحظة أن ثابت الغاز لا يعتمد على درجة الحرارة، وأن قيم ثابت نسبة الحرارة تعتمد اعتماداً طفيفاً على درجة الحرارة.

جدول (2-1) قيم ثابت نسبة الحرارة النوعية وثابت الغاز لبعض الغازات {8،2}

الغاز	درجة الحرارة (°م)	ثابت الحرارة النوعية k	ثابت الغاز R (جول/كجم×كلفن)
الأكسجين	20	1.4	$10^2 \times 2.6$
النتروجين	20	1.4	$10^2 \times 2.97$
ثاني أكسيد الكربون	20	1.3	$10^2 \times 1.89$
الهيدروجين	20	1.41	$10^3 \times 4.12$
الميثان	20	1.31	$10^2 \times 5.18$
الهواء القياسي	15	1.4	$10^2 \times 2.87$

2 - 14 الغازات المخلوطة Gas Mixtures

إن أغلب الاهتمامات الهندسية هي لخليط من الغازات، وأغلب التطبيقات الهندسية في صناعة النفط هي لخليط من الغازات. ويمكن أن يعبر عن مكونات خليط من الغازات على نحو % W، % V أو % mole حيث:

W% تعبر عن الوزن لأي مكون من مكونات الغاز مقسوماً على الوزن الكلي لغازات الخليط مضروباً في 100 وبالتالي لأي مكون له وزن W_{ti} يمكن ايجاده من المعادلة 2-40.

$$Wt_i\% = \frac{Wt_i}{\sum Wt_i} x100 \qquad 2-40$$

وبالمثل فإن V%

$$V\% = \frac{V_i}{\sum V_i} x100 \qquad 2-41$$

حيث:

V_i = حجم المكون i من مكونات خليط الغاز

$$(mole\ \%)_i = \frac{ni}{\sum ni} x100 \qquad 2-42$$

حيث:

n_i = عدد المولات للمكون في خليط الغاز.

تسمى الكمية $\frac{n_i}{\sum n_i}$ الكسر المولي ويرمز لها بالرمز y_i

$$y_i = \frac{n_i}{\sum n_i} \qquad 2-43$$

إن الكثافة النسبية للغازات هي النسبة بين كثافة الغاز وكثافة الهواء الجاف مأخوذة عند نفس درجة الحرارة T والضغط P.

$$S_g = \frac{D_g}{D_a} \qquad 2-44$$

من المعادلة

$$D_g = \frac{MW * P}{RT}$$

كثافة الهواء

$$D_a = \frac{AMW_a * P}{RT} \qquad \qquad 2\text{-}45$$

حيث:

AMW_a = الوزن الجزئ الظاهري للهواء والذي يعرف كالآتي:

$$AMW_a = \sum y_i MW_i \qquad \qquad 2\text{-}46$$

حيث أن الهواء الجوي هو خليط من الغازات حسب الجدول (2-2).

جدول (2-2) الكسر المولي بعض الغازات

الكسر المولي	المكون
0.78	النيتروجين N_2
0.21	الأكسجين O_2
0.01	الأرجون A

$$AWM_a = 0.78 \ x \ 28 + 0.21 \ x \ 32 + 0.01 \ x \ 46 = 28.96 \cong 29$$

التعويض في المعادلة أعلاه تكون الكثافة النسبية (Specific gravity) للغازات كما مبينة في المعادلة 2-47.

$$S_g = \frac{MW}{2 g} \ x \ \frac{P}{RT} \ x \ \frac{RT}{P} = \frac{MW}{2 g} \qquad \qquad 2\text{-}47$$

بالنسبة لخليط من الغازات

$$S_g = \frac{AWM}{2 g} \qquad \qquad 2\text{-}48$$

حيث:

AWM = الوزن الجزئ الظاهري يحسب حسب الكسر المولي% لمكونات الغاز كالآتي:

$$AWM = \sum y_i MW_i$$

2 - 15 الغازات الحقيقية Real (Imperfect) gases

يمكن كتابة القانون العام للغازات على الصورة الموضحة على المعادلة 2-49.

$$pV = ZnRT \qquad 2-49$$

حيث:

Z = معامل الحيود للغاز (Gas deviation factor)

للغازات المثالية Z = 1 وللغازات الحقيقية فإن Z تكون أكبر أو أصغر من الواحد وتعتمد على درجة الحرارة والضغط كما يوضح الشكل 2-8.

يمثل شكل 2-8 معامل الحيود للغاز (Z) كدالة في الضغط عند ثبات درجة الحرارة.

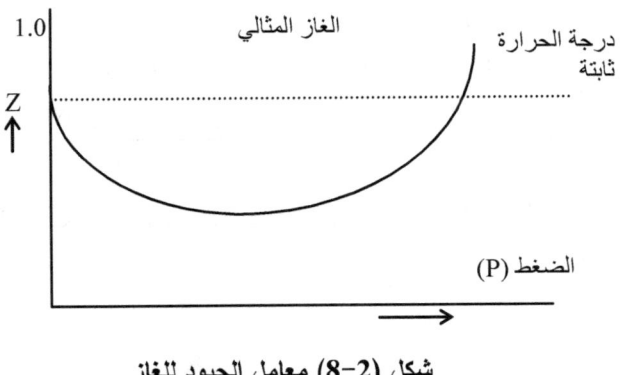

Z

شكل (2-8) معامل الحيود للغاز

هناك منحنيات جاهزة لحساب معامل الحيود للغاز مثل منحنيات الميثان والإيثان والبروبان ... الخ.

أما للغاز الطبيعي – الذي هو خليط من الغازات الهيدروكربونية – فإنها توجد عند الضغط ودرجة الحرارة المنخفضين واللتان تعرفان حسب المعادلة 2-50.

$$T_R = \frac{T}{T_c} \qquad\qquad 2\text{-}50$$

حيث:

T_R = درجة الحرارة المنخفضة Reduced Temperature

T_C = درجة الحرارة الحرجة

P_R = الضغط المنخفض Reduced pressure

$$R_R = \frac{P}{P_c} \qquad\qquad 2\text{-}51$$

حيث:

P_C = الضغط الحرج

لخليط من الغازات الطبيعية فإن درجة الحرارة الحرجة الظاهرية $\overline{T}_C$ يمكن ايجادها من المعادلة 2-52.

$$\overline{T}_c = \sum y_i T_{ci} \qquad\qquad 2\text{-}52$$

الضغط الحرج الظاهري $\overline{P}_C$ يوجد من المعادلة 2-53.

$$\overline{P}_c = \sum y_i P_{ci} \qquad\qquad 2\text{-}53$$

حيث:

T_{ci} و P_{ci} تمثلان درجة الحرارة الحرجة والضغط الحرج لكل مكون من مكونات الخليط.

2 - 16 تمارين عامة

2 - 16 - 1 تمارين نظرية

1. علل لماذا ينتفخ جالون البلاستيك وبداخله كمية من البنزين في فترة الصيف.
2. عرف اللزوجة المطلقة واللزوجة الكينماتيكية. كيف يمكن الحصول من إحداهما على الأخرى.
3. وضع لماذا تزيد لزوجة الغازات مع زيادة درجة الحرارة.
4. جد أبعاد الكمية $\frac{\rho V^2}{2}$
5. معامل المرونة الحجمي يعرف $K = -\frac{d\rho}{\frac{dV}{V}}$ وضح أن هذه المعادلة مكافئة للمعادلة $K = +\frac{d\rho}{\frac{d\rho}{\rho}}$
6. علل لماذا يتكور الزئبق عند سكبه على طاولة زجاج حين ينتشر الماء عليه تماماً.
7. عدد خواص الموائع. (جامعة السودان للعلوم والتكنولوجيا، 2002)
8. فرق بين القابلية للإنضغاط ومعامل المرونة الحجمي. (جامعة السودان للعلوم والتكنولوجيا، 2002)
9. إذا علمت أن معامل المرونة الحجمي للماء يساوي $2.07 \times 10^6 kN/m^2$ عند الظروف القياسية الجوية. أوجد الزيادة المطلوبة في الضغط ΔP على كتلة معينة من الماء وذلك لانقاص الحجم بمقدار 1% عند نفس درجة الحرارة. (جامعة السودان للعلوم والتكنولوجيا، 2002)
10. عرف خاصية التناقص في السوائل الساكنة. (جامعة السودان للعلوم والتكنولوجيا، 2002)
11. ما ظاهرة التكهف. (جامعة السودان للعلوم والتكنولوجيا، 2002)

12. عرف علم ميكانيكا الموائع – أذكر التطبيقات العلمية لهذا العلم في المجالات الهندسية المختلفة. . (جامعة السودان للعلوم والتكنولوجيا، 2001)
13. فرق بين (اذكر الوحدات) لكل: الحجم النوعي والوزن النوعي، والوزن والكتلة. (جامعة السودان للعلوم والتكنولوجيا، 2001)
14. جسم كتلته 50kg إذا علمت أن جاذبية القمر تساوي 1/6 جاذبية الأرض – كم يكون وزن الجسم على سطح الارض وسطح القمر. (جامعة السودان للعلوم والتكنولوجيا، 2001)
15. عرف الكثافة، الكثافة النسبية (اكتب الوحدات لكل). (جامعة السودان للعلوم والتكنولوجيا، 2006)
16. فسر لماذا تزيد لزوجة الغاز عند زيادة درجة الحرارة. (جامعة السودان للغلوم والتكنولوجيا، 2006)
17. فرق بين العلوم و التكنولوجيا ، أذكر أمثلة مستشهداً بعلم ميكانيكا الموائع. (جامعة السودان للعلوم والتكنولوجيا، 2007)
18. ما الصفات و الخصائص التي تميز المائع المثالي. (جامعة السودان للعلوم والتكنولوجيا، 2007)
19. ما تأثير درجة الحرارة علي لزوجة الموائع. (جامعة السودان للعلوم والتكنولوجيا، 2007)
20. السوائل تعتبر موائع غير منضغطة بينما الغازات تعتبر موائع منضغطة، علل. (جامعة السودان للعلوم والتكنولوجيا، 2007)
21. العلاقة العامة بين إجهاد القص و السرعة المتدرجة لمائع يمكن كتابتها بالصورة الآتية: $\tau = A\left(\frac{du}{dy}\right)^n + B$ (جامعة السودان للعلوم والتكنولوجيا، 2007)
22. إذا كانت n, B, A عبارة عن ثوابت علق علي قيم هذه الثوابت التي تجعل المائع يتصرف كالآتي: مائع نموذجي (مثالي)، ومائع نيوتوني، ومائع غير نيوتوني. . (جامعة السودان للعلوم والتكنولوجيا، 2007)

2 – 16 – 2 تمارين تطبيقية

1) كثافة نوع معين من الموائع 800 كجم/م^3. أوجد الكثافة النوعية والوزن النوعي للمائع. (الإجابة: 0.8، 7.8 كيلو نيوتن/م^3)

2) أوجد كثافة غاز ثاني أكسيد الكربون ووزنه النوعي وحجمه النوعي على ضغط مطلق 400 كيلو نيوتن/م^2 ودرجة حرارة 25°م (الإجابة: 7.1 كجم/م^3، 69.7 نيوتن/م^3، 0.14 م^3/كجم)

3) أحسب الحجم النوعي لسائل حجمة 6m^3 و وزنه 45KN. (جامعة السودان للعلوم والتكنولوجيا، 2007)

4) غاز على ضغط 0.102 مجا باسكال وحرارة 20°م له كثافة 0.667 كجم/م^3. أوجد كتلته الجزيئية النسبية (الإجابة: 16.2)

5) غاز هيدروكربوني كثافته 2.55 جم لكل لتر عند 100°م وضغط جوي واحد. أوضح التحليل الكيميائي أن في تركيب هذا الغاز هناك ذرة كربون لكل ذرة هيدروجين. أوجد الصيغة الكيميائية لهذا الغاز.

6) غاز له التركيب التالي:

المكون	المول الكسري (n_i)
الميثان	0.89
الإيثان	0.05
البروبان	0.02
البيوتان	0.01
البنتان	0.03

احسب الوزن الكسري (w_{ti}) والوزن الجزيئي الظاهري والكثافة النسبية لهذا الغاز.

7) غاز طبيعي يحتوي على 90% بالحجم ميثان وإيثان و 10% بالحجم بروبان. إذا كانت الكثافة النسبية للغاز هي 0.75 احسب النسبة المئوية لمكونات هذا الغاز بالحجم، وبالوزن، وبالمول؟

8) غاز مكوناته كالآتي:

الكسر المول	المكون
0.006	CO_2
0.8811	CH_4
0.0601	C_2H_6
0.0506	C_3H_3
0.0011	Iso C_4H_{10}
0.0011	C_4H_{10}

احسب معامل الحيود لهذا الخليط (Z) عند 235°ف و 1000 Psia؟

• احسب الزيادة في الضغط داخل فقاعة هواء كروية نصف قطرها 0.01 سم داخل (i) ماء (ii) زئبق.

• احسب معامل المرونة الحجمي للماء عند 20م وضغط قدره 6 مجانيوتن/م^2.

9) أنبوب زجاجي نظيف مفتوح قطره 4 ملم غمر رأسياً في إناء به زئبق على درجة حرارة 20 درجة مئوية.

• أوجد الانخفاض في عمود الزئبق داخل الأنبوب،

• أوجد الارتفاع في المستوى إذا كان السائل ماء على نفس درجة الحرارة (الإجابة: 2.3 ملم، 3.6 ملم)

10) إذا كان منحنى السرعة بالقرب من حدود السريان يمثل بالمعادلة: $u = 144\ y^2 - 72y$ حيث u هي السرعة بالمتر/ثانية، و y هي المسافة من الحدود بالأمتار فما ميل السرعة:

(أ) عند الحدود (ب) عند y = 3.8 سم (ج) عند y = 7.6 سم.

11) اللزوجة المطلقة عند أي درجة حرارة t تعطى بالمعادلة $m = \dfrac{m_o}{1 + at + bt^2}$ احسب لزوجة الماء عند 20 °م إذا كانت a = 0.033368 وكانت قيمة a = 0.000221 وكانت قيمة اللزوجة عند درجة الصفر μ_o = 0.0179 بويز (الإجابة: 10.195×10^{-3} بويز)

12) اللزوجة الديناميكية للماء عند 20°م قدرها 1 كجم/م.ث أوجدها بوحدة نيوتن.ث/م^2.

13) لوح يبعد 0.4 ملم عن لوح أخر ثابت يتحرك بسرعة 0.4 م/ث، ويحتاج إلى قوة 3 نيوتن لوحدة المساحة للحفاظ على سرعته. أوجد لزوجة المائع المحصور بين اللوحين.(الإجابة: 0.003 باسكال.ث)

14) اللزوجة الكينامتيكية والكثافة النسبية لمائع معين هما 3×10^{-4} م^2/ث و 0.8 على الترتيب. أوجد اللزوجة الديناميكية للسائل بوحدات نظام SI (الإجابة: 2.4×10^{-4} نيوتن.ث/م^2)

15) يصل الضغط على عمق بعيد في البحر إلى حوالي 50 مجا باسكال. بافتراض أن الوزن النوعي على السطح 10 كيلو نيوتن/م^3 والمعامل الحجمي المتوسط للمرونة 3 ججا باسكال، أوجد:

- التغير في الحجم النوعي بين السطح والعمق قيد الذكر
- الحجم النوعي على ذلك العمق
- الوزن النوعي على ذلك العمق (الإجابة: 1.6×10^{-5} م^3/كجم، 9.6×10^{-4} م^3/كجم، 10.2 كيلو نيوتن/م^3)

16) بين نوع الدفق للمائع التالي عند انسيابه على درجة حرارة ثابتة:

$\frac{du}{dy}$ نقية/ث	0	2	3	4	5	6
τ كيلو باسكال	1	4	6	7	6.5	5.5

17) إذا كان منحنى السرعة u في أنبوب معطى بالمعادلة:

$u = v\left(1-\left(\frac{r}{R}\right)^2\right)$ حيث: u السرعة عند أي نقطة في الأنبوب، v أكبر سرعة عند المحور، R نصف قطر الأنبوب، r المسافة القطرية من المحور؛ أوجد ميل السرعة $\frac{du}{dr}$. أوجد جهد القص τ عند الحائط عندما تكون v 6.1 سم^2/ثانية، الكثافة النسبية

s تساوي 0.97، وأكبر سرعة عند المحور v 6.1 متر/ثانية، ونصف قطر الأنبوب R 15 سم. (الإجابة: 48.15 نيوتن/م^2)

18) احسب الزيادة في الضغط داخل فقاعة هواء نصف قطرها 0.01 سم

- داخل ماء σ تساوي 0.074 نيوتن/م
- داخل زئبق σ تساوي 0.51 نيوتن/م (الإجابة: 10^2×14.8 نيوتن/م^2، 10^2×102 نيوتن/م^2)

19) بعد اختبار اجرى على مائعين (احداهما غاز الاكسجين والاخر ماء) توفرت لدينا المعلومات التالية:

المائع الاول:

$P_1 = 20kN/m^2$ $V_1 = 5m^3$ $E = ?$

$P_2 = 60kN/m^2$ $V_2 = 3m^3$

المانع الثاني:

$P_1 = 20kN/m^2$ $V_1 = 5m3$ $E = ?$

$P_2 = 20kN/m^2$ $V_2 = 4.99995\ m^3$

(أ) جد معامل المرونة الحجمي (E) لكل من المائعين.

(ب)ميز كل من المائعين (أيهما الغاز وأيهما السائل) علل لما تقول.

(ج) أي المائعين – أكبر انضغاطية وكم تكون النسبة بينهما. (جامعة السودان للعلوم والتكنولوجيا، 2001)

20) في الشكل (1) النقطة A تقع تحت سطح السائل (S = 1.25) مسافة 53cm، أوجد مقدار الضغط للمقاس عند A إذا ارتفع الزئبق (S = 13.52) في الأنبوب مسافة 34cm. (جامعة السودان للعلوم والتكنولوجيا، 2001)

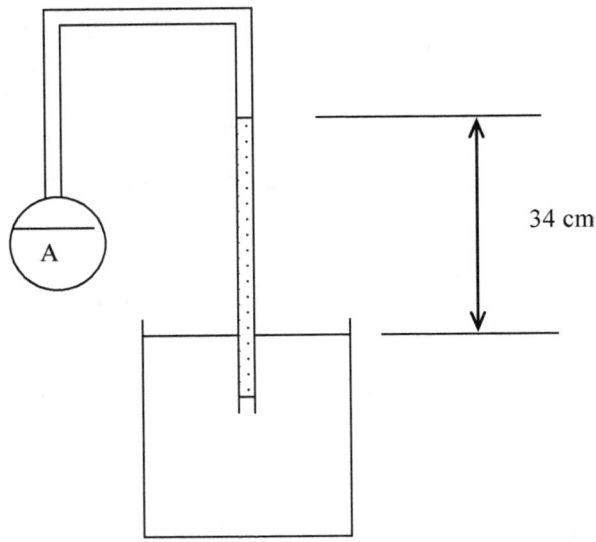

21) مائع كتلته 1200kg وحجمه $0.952m^3$ أوجد الكثافة والوزن النوعي والكثافة النسبية لهذا المائع. (جامعة السودان للعلوم والتكنولوجيا، 2006)

22) تعرض سائل لضغط مقداره 690kpa وتغير حجمه 0.035% اوجد معامل المرونة الحجمي لهذا السائل. (جامعة السودان للعلوم والتكنولوجيا، 2006)

23) ما قطر الأنبوب الزجاجي الذي يعطي تغير في ارتفاع الماء لا يتجاوز 1mm ($\sigma=0.07N/m$) (جامعة السودان للعلوم والتكنولوجيا، 2006)

24) عرف الموائع النيوتونية. أثبت قانون نيوتن للزوجة. العلاقة التالية تعطي توزيع السرعة لجريان صفحي في أنبوبة قطرها R أوجد قيمة إجهاد القص عند كل من جدران الأنبوب و محورها. $u(r) = u_{max}\left(1 - \dfrac{r^2}{R^2}\right)$.

حيث u تمثل السرعة عند 1 من المحور u_{max} السرعة العظم ى. (جامعة السودان للعلوم والتكنولوجيا، 2007)

الفصل الثالث
الموائع في حالة سكون
Fluid Statics

3 – 1 ضغط المقياس والضغط المطلق

إذا وضع أي سائل في وعاء فإنه ينتج قوة على جوانب هذا الوعاء وقاعدته. هذه القوة المسلطة على وحدة المساحة تسمى الضغط ويرمز لها بالرمز P حسب المعادلة 3-1.

$$P = \frac{F}{A} \qquad\qquad 3-1$$

يمكن التعبير عن الضغط بالنيوتن على المتر المربع N/m^2 (الباسكال) أو الكيلو باسكال $1\ kPa = 10^3\ Pa$ أو الميقا باسكال $MPa = 10^6\ Pa$ كما يمكن التعبير عن الضغط كعمود مكافئ من المائع (10.33 متر من الماء أو 0.76 متر من الزئبق).

تتعلق علوم الموائع بسكون وتحريكية (ديناميكية) السوائل والغازات. ويمكن تعريف المائع على أنه عنصر يتشوه باستمرار تحت تأثير قوى قص مهما كانت صغر قيمتها.

3 – 2 الضغط في الموائع Pressure in fluids

يدل الضغط على قوة عمودية تؤثر على وحدة مساحة في نقطة محددة على مستوى معين في كتلة المائع. والضغط متساوٍ في جميع الاتجاهات على نقطة ما في مائع ساكن. أي أن الضغط على نقطة في مائع ساكن، أو متحرك، لا تتأثر بالاتجاه عند غياب أي

71

اجهادات قص (قانون باسكال). وعندما يتحرك المائع (أي أن طبقة منه تتحرك بالنسبة لطبقة أخرى) تحدث اجهادات قص عليه. ومن أهم العوامل المؤثرة في ضغط السوائل:

1) ضغط السائل عند أي نقطة في داخله يعتمد على عمق هذه النقطة تحت سطح السائل كما مبين في المعادلة 3-1.

$$P = \gamma h \qquad\qquad 3-1$$

حيث:

P = الضغط،

γ = الكثافة،

h = ارتفاع عمود السائل فوق النقطة أو المستوى)

2) ضغط السائل عند أي نقطة ما في داخله متساوٍ في جميع الاتجاهات، فالضغط على أي نقطة من أعلى إلى أسفل يساوي الضغط عليها من أسفل إلى أعلى، ويساوي أي ضغط جانبي عليها.

3) يعتمد ضغط السائل على كثافته، فالسائل الأكبر كثافة ضغطه أكبر من السائل الأقل كثافة في نفس العمق.

4) لا يعتمد ضغط السائل على شكله أو حجمه وإنما يعتمد فقط على ارتفاعه الرأسي وكثافته (ظاهرة التناقض الهايدروستاتيكي)

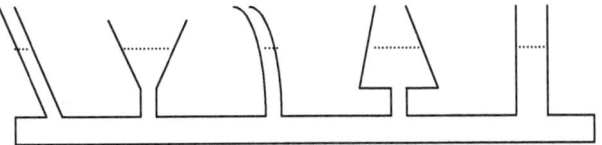

شكل (3-1) ضغط السائل وشكل أو حجم الإناء

5) إذا وقع ضغط على سطح مائع (سائل أو غاز) محصور انتقل هذا الضغط دون نقصان في جميع الاتجاهات إلى جميع أجزاء السائل بالتساوي (قاعدة باسكال).

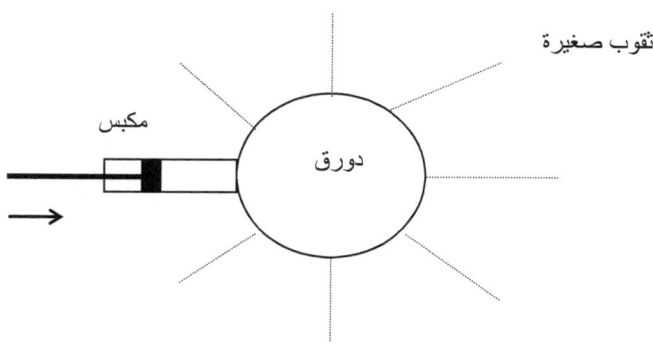

ثقوب صغيرة

مكبس

دورق

شكل (2-3) قاعدة باسكال

تفيد تطبيقات الضغط في توزيع المياه داخل المدن، ونوافير الماء، وميزان التسوية لأعمال المساحة، والممص (السيفون)، والمضخات والمكابس المائية.

3 – 3 أجهزة قياس الضغط   Measurement of pressure

من أهم أنواع أجهزة قياس الضغط الجوي

1) أجهزة تستخدم مرونة المعادن لقياس الضغط العالي والضغط السالب.

2) أجهزة تستخدم خاصية اختلاف كثافة السوائل مثل المانومتر ذي الساق، والمانومتر الفرقي لقياس فارق الضغط بين نقطتين، والمانومتر المائي لقياس الضغط بدقة.

3) أجهزة تستخدم طرق إيجابية تعتمد على موازنة الضغط في أسطوانة بوضع أثقال محورية على كباس يتحرك في الأسطوانة.

4) أجهزة تستخدم طرق كهربائية تعتمد على تغير السعة الكهربائية بين قطب ثابت وغشاء متحرك تحت تأثير الضغط.

من نظم قياس الضغط البارومتر (المرواز) والمانومتر. أما البارومتر فيتكون من أنبوب زجاجي مغلق في أحد أطرافه ليُغمر الطرف المفتوح في إناء به زئبق.

بارومتر (مرواز) تورشيللي (البارومتر البسيط)

يتكون البارومتر البسيط من أنبوب زجاجي قوي الجدران مقفول من أحد طرفيه طوله حوالي 90 سنتمتراً مملوء بالزئبق ومنكس في حوض زئبق. ويبين المانومتر الضغط بطول عمود الزئبق للارتفاع الرأسي أو الشاقولي من سطح الزئبق بالحوض إلى سطح الزئبق بالأنبوب. ولا تؤثر مساحة مقطع الأنبوب على ارتفاع عمود الزئبق على أن لا يكون الأنبوب شعرياً.

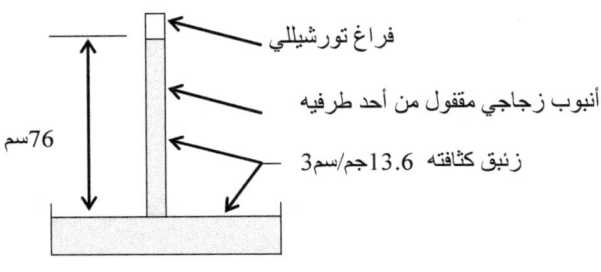

76سم ←→ فراغ تورشيللي

← أنبوب زجاجي مقفول من أحد طرفيه

← زئبق كثافته 13.6جم/سم3

شكل (3-3) مرواز تورشيللي

ثقل عمود الزئبق في الأنبوب = ثقل عمود من الهواء له نفس المقطع ويمتد إلى أعلى نقطة في الغلاف الجوي.

بارومتر أو مرواز فورتن

بارومتر فورتن مشابه في تركيبه لبارومتر تورشيللي إذ يتكون هو الآخر من أنبوب زجاجي قوي طوله ثلاثة أقدام مقفول من أحد طرفيه، وقد ملء بالزئبق ونكس في حوض من الزئبق أيضاً، إلا أن الجزء السفلي من حوض بارومتر فورتن مصنوع من الجلد ويوجد تحته مسمار لولبي يمكن بوساطته التحكم في مستوى سطح الزئبق في الحوض وبذلك يكون التدريج ثابتاً. كما يوجد في سقف الحوض سن من العاج. هذا وقد ثبت الأنبوب

الزجاجي بداخل أنبوب آخر معدني ليحميه من الانكسار. ويوجد في الجزء العلوي من الأنبوب المعدني شق رأسي يسمح برؤية سطح الزئبق داخل الأنبوب الزجاجي.

قد درج الأنبوب المعدني بالسنتمترات والبوصات كما زود بورنية للحصول على قراءات غاية في الدقة إذ بوساطتها يمكن قراءة البارومتر لأقرب 0.01 من السنتمتر أو البوصة، ولهذا فإن بارومتر فورتن هو أكثر البارومترات دقة. أما بداية التدريج – أي الصفر فهي رأس السن العاجية.

عندما يزيد الضغط الجوي يدخل المزيد من الزئبق داخل الأنبوب فيهبط سطح الزئبق في الحوض، وعندما يقل الضغط الجوي يحدث العكس ويرتفع سطح الزئبق في الحوض. ولكن قبل أن تؤخذ قراءة البارومتر يجب تعديل مستوى سطح الزئبق في الحوض حتى يلامس رأس السن العاجية – بداية التدريج – ويتم ذلك بوساطة المسمار اللولبي. وهكذا فإن هذا البارومتر يمتاز على بارومتر تورشيللي بأنه يتلافى الصعوبة في أخذ القراءة الناجمة عن تغير مستوى سطح الزئبق في الحوض كلما تغير الضغط الجوي. ويجب ألا يغيب عن الذهن ضرورة تعليق هذا البارومتر في وضع رأسي قبل كل قراءة.

البارومتر المعدني أو الجاف

يتكون من صندوق معدني رقيق مستدير، مفرغ جزئياً من الهواء وقد صنع الصندوق بشكل مموج من معدن مرن. والغاية من تمويجه هي زيادة مساحة سطحه لجعله أكثر حساسية للتغيرات في الضغط الجوي. وهناك نابض قوي مشدود إلى منتصف السطح العلوي للصندوق ليحميه من التهشيم بسبب عظم القوة الضاغطة على سطوحه. يستند على السطح العلوي للصندوق مجموعة من الروافع تنتهي بسلسلة معدنية تشد مؤشراً فيدور حول تدريج دائري.

عند زيادة الضغط الجوي يهبط السطح العلوي للصندوق إلى أسفل، بالرغم من مقاومة النابض ومعدن الصندوق نفسه، وتنتقل هذه الحركة وتتضخم كثيراً بوساطة مجموعة

الروافع التي تشد السلسلة المعدنية وهذه بدورها تدير المؤشر بحيث يعطي قراءة أكبر. أما عند نقصان الضغط الجوي فينتفخ الصندوق إلى أعلى بسبب مرونته وبمساعدة النابض، وتتحرك الروافع في اتجاه مضاد فترتخي السلسلة وبذلك فإن المؤشر يدور في الاتجاه المعاكس بفعل شعرة النواس ليعطي قراءة أقل. هذا ويدرج البارومتر المعدني بمقارنته مع بارومتر فورتن.

البارومتر المسجل أو الباروجراف

هو نوع من البارومتر المعدني ولكن استبدل مؤشره الذي يتحرك أفقياً بآخر يتحرك رأسياً وينتهي بريشة لها تجويف يملأ بالحبر. تلامس الريشة ورقة ملفوفة حول اسطوانة تدور بمحرك ساعة دورة كاملة كل أسبوع – في غالبية الأنواع – والورقة مخططة أفقياً بأيام الأسبوع وساعاته وعمودياً بالضغط الجوي. وبهذا فإن الريشة ترسم على الورقة خطاً بيانياً يمكن منه معرفة الضغط الجوي في أي يوم من أيام الأسبوع وفي أي ساعة من ساعات النهار أو الليل.

مقياس الارتفاع أو الألتيمتر:

هو جهاز يستخدمه الطيارون ومتسلقو الجبال لمعرفة ارتفاعهم، وهو بارومتر معدني درج لقياس الارتفاع بدل الضغط. والفكرة التي يعتمد عليها هي أن الضغط الجوي ينقص بمقدار 1 بوصة لكل ارتفاع عن سطح البحر قدره 900 قدماً تقريباً (أو 1 سم لكل ارتفاع قدره 110 متراً تقريباً). وعلى هذا فبدل أن يدرج البارومتر بالبوصات أو السنتمترات الزئبقية لقياس الضغط فقد درج بالأقدام أو الأمتار لقياس الارتفاع. لكن نقصان الضغط الجوي بالارتفاع ليس ثابتاً بالنسب المذكورة إلا في الطبقة الهوائية التي لا يتجاوز علوها بضعة آلاف من الأقدام. والسبب أن كثافة الهواء تنقص كلما ارتفعنا إلى أعلى وينتج عن ذلك أنه في طبقات الجو العليا لا ينقص الضغط الجوي بمقدار بوصة لكل 900 قدم من الارتفاع بل أقل من بوصة ولهذا يجب مراعاة الدقة عند تدريج مقياس الارتفاع. كما أنه

عند تقدير الارتفاع بوساطة هذا الجهاز يجب أخذ العوامل التي تؤثر في الضغط الجوي في الحسبان.

مزايا ونقائص البارومترات

البارومترات الزئبقية دقيقة في قياسها للضغط الجوي ولكن حملها والتنقل بها من مكان إلى آخر أمر صعب بسبب طولها وثقلها الزائدين وبسبب احتمال اندلاق الزئبق منها. ومما يزيد في صعوبة استعمالها أيضاً أنه لا تقرأ إلا وهي في وضع رأسي. أما البارومتر المعدني فهو أقل دقة ولكنه خفيف وعملي للغاية ولا يحتاج إلى عناية خاصة. أضف إلى ذلك أنه يمكن أخذ قراءته وهو في أي وضع، وتصنع بعض أنواعه بحيث لا يزيد حجمها عن حجم ساعة الجيب.

المانومترات

المانومتر عبارة عن أنبوبة زجاجية على هيئة حرف U يحتوي على سائل أثقل من المائع المراد قياس ضغطه، وينبغي ألا يمتزج سائل المانومتر مع المائع الآخر ولا يتفاعل معه كيميائياً.

أبسط أنواع المانومترات هو البايزومتر ويسمى أحياناً المانومتر البسيط.. يعطي البيزومتر ضغطاً نسبياً كون نهايته العليا مفتوحة إلى الضغط الجوي السائد. مثلاً الضغط عند A هو $P_A = \gamma h$

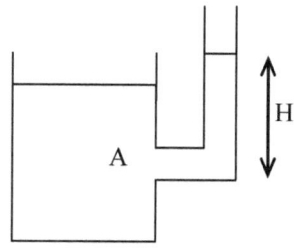

يمكن استخدام البايزومتر لقياس ضغط عالٍ لأن السائل سيصل فيه إلى ارتفاع غير عملي. لقياس الضغوط السالبة أو الموجبة الصغيرة تجعل الأنبوبة على شكل U كما مبين بالرسم 3-1.

$$P_A - \gamma l = P_{atm}$$
$$P_A = -\gamma h$$

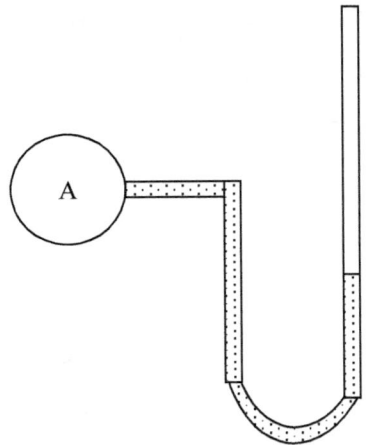

لقياس الضغوط السالبة أو الموجبة العالية في السوائل والغازات يستخدم سائل آخر لا يمتزج مع المائع المراد قياس ضغطه ويسمى سائل المانومتر.

$$h_A + h_1 s_1 = h_2 s_2$$

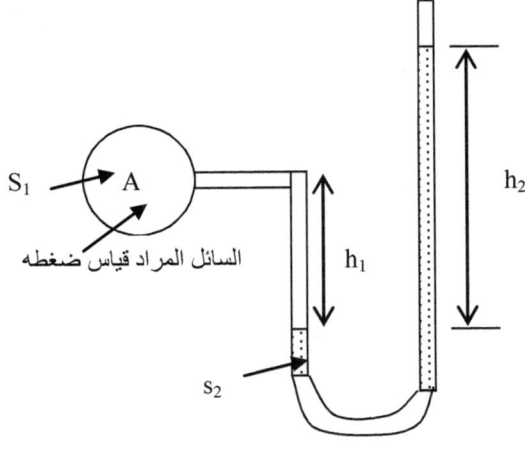

المانومتر التبايني: (Differential manometer)

عند قياس فرق الضغط لـ $P_1 - P_2$ في نقطتين واقعتين على جانبي صفيحة مثقوبة يفترض الجريان في أنبوب معين فيمكن ربط المانومتر كما مبين بالشكل 3-5.

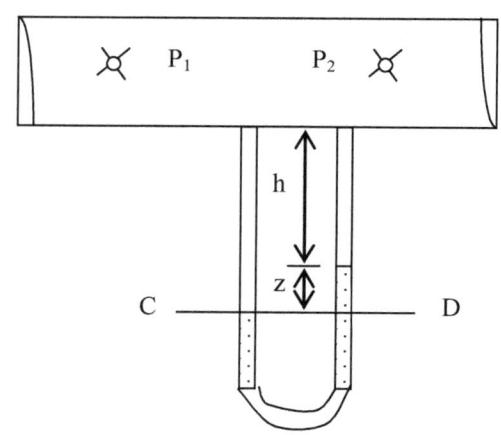

$$P_C = P_D$$

$$P_1 + (z+h)\,\gamma_A = P_2 + h\,\gamma_A + z\gamma_B$$

$$P_1 - P_2 = \gamma_A h + \gamma_B z - \gamma_A (z + h)$$

$$= \gamma_A h + \gamma_B z - \gamma_A z - \gamma_A h = z\,(\gamma_B - \gamma_A)$$

القاعدة الأساسية بالأجهزة السائلية هي أنه بالنسبة إلى نقطتين:

1 - في سائل واحد
2 - السائل ساخن
3 - السائل متصل
4 - النقطتين في مستوى أفقي واحد

فإن الضغط يكون متساوي عند هاتين النقطتين.

المانومتر المقلوب

هو نوع خاص من المانومتر الغرقي وفيه يستعمل أنبوب مقلوب كما هو موضح بالشكل. يستعمل المانومتر المقلوب لايجاد الضغوط الصغيرة إذا ما أريد الدقة في ايجادها.

$$P_A - \gamma_{1\ h1} = P_B - \gamma_3\ h_3 - \gamma_2\ h_2$$

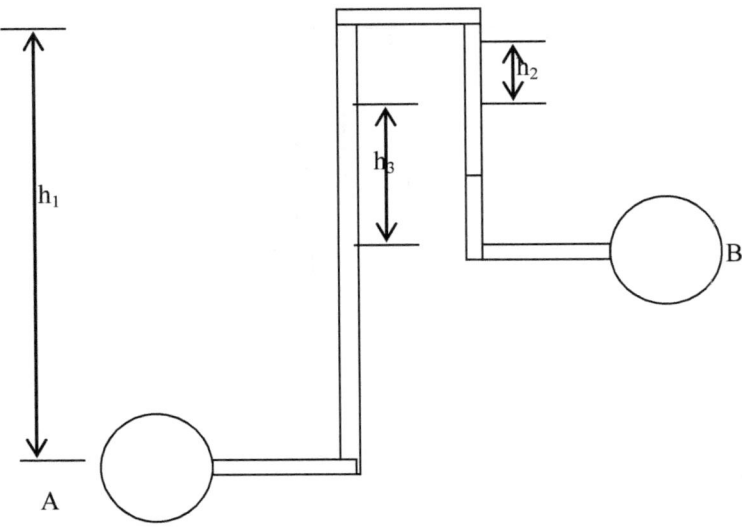

البارومتر – الفراغ التام

يستخدم البارومتر لقياس الضغط الجوي عند أي نقطة على سطح الارض، حيث يملأ الانبوب بالزئبق (أو سائل مناسب) بشكل كامل ويقلب في حوض الزئبق مما يسمح بهبوط مستوى الزئبق عند حد معين. يعبر ارتفاع عمود الزئبق في الانبوب عن مستوى السطح الحر للزئبق في حوضه عن الضغط الجوي. من ثم يقيس البارومتر الفرق بين الضغط الجوي المحلي وضغط بخار الزئبق (أو سائل البارومتر) حسب الفراغ المشكل في الطرف العلوي من الانبوب.

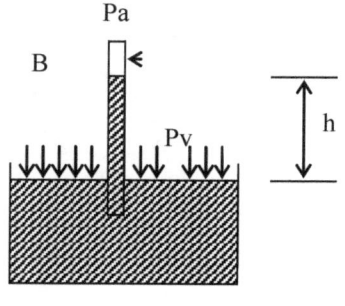

شكل (3-4) بارومتر زئبقى

Pv = ضغط بخار

Pa = ضغط هواء

من الرسم:

$$Pa = \gamma h + Pv \qquad (3-2)$$

حيث:

Pa = ضغط الهواء

Pv = ضغط بخار الزئبق (قليل جداً)

h = ارتفاع عمود الزئبق

γ = كثافة الزئبق.

مقياس بوردون Bordon gague

من أكثر المقاييس شيوعاً ليدخل السائل فيه من النقطة المراد قياس ضغطها فينفرج تحت تأثير الضغط القوس الدائري ذي المقطع الناقص. يحدث الانفراج من الطرف الحر سيما والقوس الانبوبي [4] مثبت من الطرف الآخر بشكل جيد. يسحب الانفراج معه الصفيحة المسننة التي تحرك المسنن ليشير بدوره للضغط المؤثر. يبدأ المقياس من الضغط الجوي عند القراءة الصفرية للمؤشر.

---

[4] مصنوع من معدن مرن يساعد على تكرار القياس ما لزم الضغط الاعظمي الحدود على المقياس.

3 - 4 سكون الموائع Fluid statics

يتعلق سكون الموائع بذلك المائع الساكن أو المتحرك بطريقة تمنع وجود حركة نسبية بين الجسيمات المتجاورة (أي لا توجد قوى قص في المائع).

الضغط في نقطة Pressure at a point: يعني الضغط تلك القوة العمودية العاملة على وحدة المساحة على نقطة معينة في مستوى معين داخل كتلة المائع. وبالنظر إلى نقطة (x,y) في جسم على شكل إسفين wedge لها وحدة عرض في مائع ساكن كما مبين في شكل 3-5. وباستخدام معادلة الحركة كما في المعادلة 3-3 في الاتجاهين x و y يمكن الحصول على المعادلتين 3-6 و 3-7.

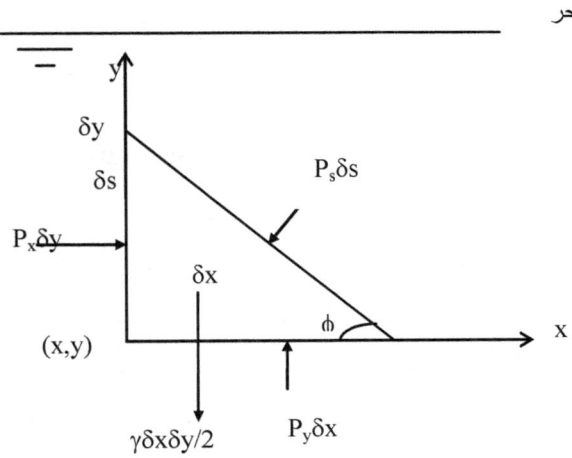

شكل (3-5) القوى المؤثرة على شكل جسم صغير في شكل إسفين

$$F = m*a \qquad 3-3$$

حيث:

F = القوة المؤثرة على الجسم (نيوتن)

m = كتلة الجسم (كجم)

a = العجلة (م/ث^2)

$$\Sigma F_x = P_x*\delta y - P_s*\delta s*\sin\phi = (\delta x*\delta y/2)*\rho*a_x = 0 \qquad 3-4$$

$$\Sigma F_y = P_y*\delta x - P_s*\delta s*\cos\phi - \gamma*\delta x*\delta y/2 = (\delta x*\delta y/2)*\rho*a_y = 0 \qquad 3-5$$

حيث:

P_x, P_y, P_s = الضغط المتوسط المؤثر على الأوجه الحرة للجسم المغمور قيد البحث

γ = وحدة قوة الجاذبية من المائع

ρ = الكثافة

a_x, a_y = مركبة العجلة في المحورين السيني x والصادي y

$\delta x, \delta y, \delta z$ = أبعاد الجسم في الاتجاهات المبينة

ϕ = الزاوية للوجه المائل للاسفين

وعند تقليل الجسم إلى الصفر (أي عندما يقترب الوجه المائل من النقطة (x,y)، وبأخذ الأبعاد على النحو التالي:

$$\delta y = \delta s*\sin\phi, \ \delta x = \delta s*\cos\phi \qquad 3-6$$

ووضعها في المعادلة 3-4 و 3-5 تنتج المعادلتين 3-7 و 3-8.

$$P_x*\delta y - P_s*\delta y = 0 \qquad 3-7$$

$$P_y*\delta x - P_s*\delta x - \gamma*\delta x*\delta y/2 = 0 \qquad 3-8$$

وبتجاهل الكميات القليلة تنتج المعادلة 3-9.

$$P_x = P_y = P_s \qquad 3-9$$

تدل المعادلة 3-9 على أن الضغط متساو في كل الاتجاهات على نقطة ما في مائع ساكن. ومن ثم فإن الضغط على نقطة في مائع ساكن، أو متحرك، لا تعتمد على الاتجاه ما دامت لا توجد اجهادات قص. ويطلق على هذا قانون باسكال.

إذا كان المائع في حالة حركة (أي أن طبقة منه تتحرك بالنسبة لطبقة مجاورة) فتنتج اجهادات قص؛ وعليه فلا تتساوى اجهادات القص المتعامدة في كل الاتجاهات على نقطة معينة مما يجعل الضغط على تلك النقطة يتأثر بالضغط في الاتجاهات المختلفة كما مبين في المعادلة 3-10.

$$P = (P_x + P_y + P_z)/3 \qquad 3-10$$

حيث:

P_x , P_y , P_z = الضغط المؤثر في المحاور x و y و z

المعادلة الأساسية لسكون المائع Basic equation for fluid statics

يمثل شكل 3-6 عنصر متوازي مستطيلات في مائع ساكن. والقوى التي تعمل عليه على النحو التالي:

- قوى سطحية بسبب الضغط
- قوة وزن الجسم

بافتراض أن الضغط P يؤثر على مركز العنصر فإن القوى المؤثرة على جانب عمودي على المحور الصادي بالقرب من نقطة الأصل تساوي

$$[P - (\partial P/\partial y)*\delta y/2]*\delta x*\delta z \qquad 3-11$$

أما القوة المؤثرة على الجهة الأخرى منه فتعادل:

$$[P + (\partial P/\partial y)*\delta x*\delta z \qquad 3-12$$

حيث:

$\delta y/2$ = المسافة من مركز العنصر إلى الجانب العمودي على المحور الصادي

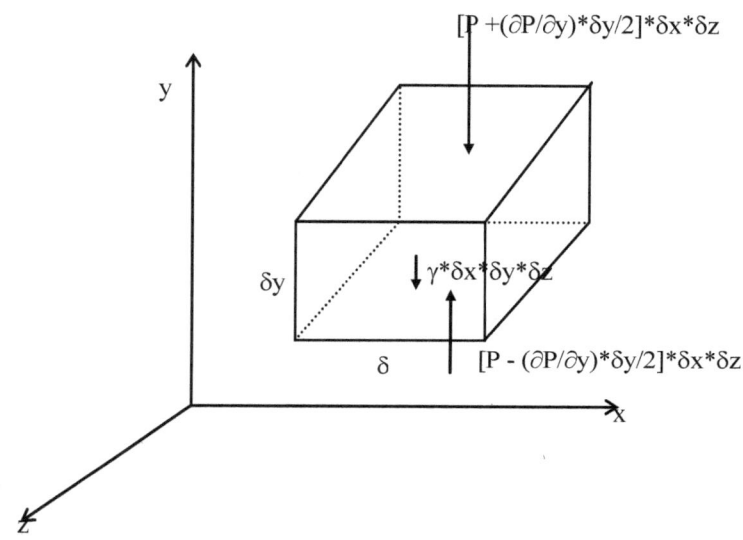

شكل (3-6) عنصر متوازي مستطيلات في مائع ساكن

وبجمع القوى المؤثرة على العنصر في الاتجاه الصاديy تنتج المعادلة 3-13.

$$\delta F_y = -(\partial P/\partial y)*\delta x*\delta y*\delta z - \gamma*\delta x*\delta y*\delta z \qquad 3\text{-}13$$

وبالمثل بالنسبة للمحورين السينيx والمحور z فإن المحصلة للقوى كما ممثلة في المعادلتين 3-14 و 3-15.

$$\delta F_x = -(\partial P/\partial x)*\delta x*\delta y*\delta z \qquad 3\text{-}14$$

$$\delta F_z = -(\partial P/\partial z)*\delta x*\delta y*\delta z \qquad 3\text{-}15$$

والقوى الموجهة التفاضلية δF توجد من المعادلة 3-16.

$$\delta F = \mathbf{i}\delta F_x + \mathbf{j}\delta F_y + k\delta F_z$$

$$= - [i(\partial P/\partial x) + j(\partial P/\partial y) + k(\partial P/\partial z)] \, \delta x * \delta y * \delta z - j\gamma * \delta x * \delta y * \delta z$$

$$3-16$$

وبافتراض تناقص العنصر للصفر فإن نسبة القوى للحجم كما في المعادلة3-17.

$$\delta F/\delta V = - [i(\partial/\partial x) + j(\partial/\partial y) + k(\partial/\partial z)] * P - j\gamma \qquad 3-17$$

حيث:

$$\delta V = \delta x * \delta y * \delta z \qquad\qquad 3-18$$

$$\delta F/\delta V = - \nabla P - j\gamma \qquad\qquad 3-19$$

حيث:

$$\nabla = i \, \partial/\partial x + j \, \partial/\partial y + k \, \partial/\partial z \qquad 3-20$$

وبالنسبة لمائع في حالة سكون فإن$\delta F/\delta V = 0$

وبوضع $f = \nabla P -$ تنتج المعادلة 3-21 التي يطلق عليها قانون سكون المائع لتغير الضغط.

$$f - j\gamma = 0 \qquad\qquad 3-21$$

حيث:

$f = $ حقل الموجه vector field للضغط السطحي على وحدة الحجم

وبالنسبة لمائع غير لزج inviscid أو مائع متحرك بحيث أن جهد القص يساوي الصفر في أي منطقة فإن قانون نيوتن الثاني للحركة يعطي المعادلة3-22.

$$f - j\gamma = \rho * a \qquad\qquad 3-22$$

حيث:

$a = $ عجلة عنصر المائع

أو

$$\partial P/\partial x = 0, \quad \partial P/\partial y = -\rho, \quad \partial P/\partial z = 0 \qquad 3-23$$

مما يعني أن الضغط لا يعتمد علىxأو z وعليه تنتج المعادلة3-24.

$$dP = - \rho * dy \qquad\qquad 3-24$$

1)**بالنسبة للمائع غير المنضغط (أي أن ρ ثابت)** (أنظر الشكل 3-7) يمكن الحصول على المعادلة 3-26 بعد تكامل المعادلة3-22.

ومن الشكل 3-8:

$$\int_{P_1}^{P_2} dP = \int_{z_1}^{z_2} -\rho dy \qquad 3\text{-}25$$

$$P_2 - P_1 = -\gamma^*(y_2 - y_1) = -\gamma^* h \qquad 3\text{-}26$$

أو

$$P_1 = \gamma * h + P_2 \qquad 3\text{-}27$$

حيث:

h = عمق المائع المقاس للأسفل من موضع الضغط P_2

P_2 , P_1 = الضغط في مستويين مختلفين

وتبين المعادلة 3-24 أن الضغط للمائع الساكن غير المنضغط يتغير طردياً مع عمق السائل.

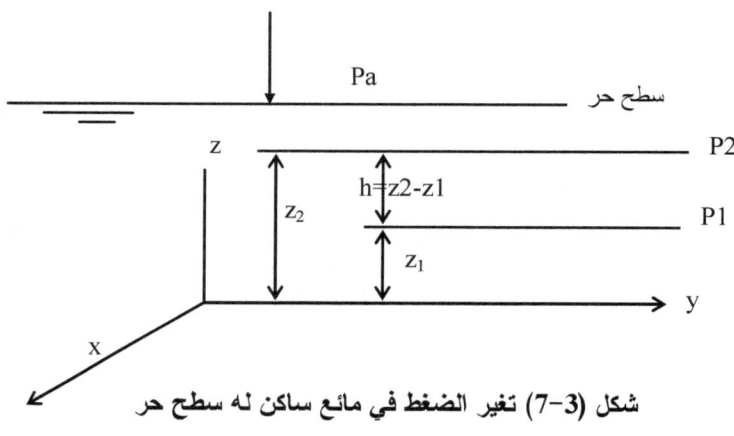

شكل (3-7) تغير الضغط في مائع ساكن له سطح حر

مثال 3-1

تحوي أسطوانة مائع مقياس ضغطه 250 كيلو نيوتن/م^2. أوجد:

1) مقدار الضغط كسمت ماء كثافته 1000 كجم/م^3.
2) مقدار الضغط كسمت زئبق كثافته النسبية 13.6.
3) الضغط المطلق في الاسطوانة إذا كان الضغط الجوي يعادل 101.3 كيلو نيوتن/م^2

الحل

1. المعطيات: Pg = مقياس الضغط = 250,000 باسكال، ρ_w = 1000 كجم/م^3، $s.g_{Hg}$ = 13.6، Pa = الضغط الجوي =101300 نيوتن/م^2
2. استخدم المعادلة $h = \frac{P}{\rho g}$ لإيجاد السمت المكافئ للماء

السمت المكافئ للماء =250,000 ÷ (9.81×1000) = 25.5 متر ماء

3. جد كثافة الزئبق $\rho Hg = s.gHg * \rho H_2O$

ρHg = 13.6×1000 = 13600 كجم/م^3

4. جد السمت المكافئ للزئبق = 250.000 ÷ (9.81×1000×13.6) = 1.87 متر زئبق
5. جد الضغط المطلق P = مقياس الضغط Pg + الضغط الجوي Pa = 101.3 + 250 = 351.3 كيلونيوتن/م^2

برنامج 3-1:

```
Public Class Form1

    Private Sub Form1_Load(ByVal sender As System.Object,
                           ByVal e As System.EventArgs)
                           Handles MyBase.Load
        Label1.Text = "الضغط مقياس"
        Label2.Text = "المكافئ السمت"
        Label3.Text = "باسكال"
        Label4.Text = "م3/كجم"
        Label5.Text = "متر"
        RadioButton1.Text = "الكثافة"
```

```vb
        RadioButton2.Text = "النسبية الكثافة"
        RadioButton1.Checked = True
        RadioButton1.RightToLeft =
                Windows.Forms.RightToLeft.Yes
        RadioButton2.RightToLeft =
                Windows.Forms.RightToLeft.Yes
        TextBox3.Enabled = False
        Button1.Text = "احسب"
        Me.Text = "مثال 3-1"
        Me.FormBorderStyle =
            Windows.Forms.FormBorderStyle.FixedSingle
        TextBox4.Enabled = False
    End Sub

    Private Sub Button1_Click(ByVal sender As
                    System.Object,
                        ByVal e As System.EventArgs)
                        Handles Button1.Click
        Dim h, p, rho As Double
        Const g = 9.81

        p = Val(TextBox1.Text)
        If RadioButton1.Checked Then
            '*********************
            'use absolute density
            '*********************
            rho = Val(TextBox2.Text)
        Else
            '*********************
            'use relative density
            '*********************
            rho = Val(TextBox3.Text)
            rho *= 1000
        End If
        h = p / (rho * g)
        TextBox4.Text = FormatNumber(h, 2)
    End Sub

    Private Sub RadioButton1_CheckedChanged(ByVal sender
        As System.Object, ByVal e As
            System.EventArgs)
            Handles RadioButton1.CheckedChanged
        If RadioButton1.Checked Then
            TextBox2.Enabled = True
            TextBox3.Enabled = False
        Else
```

```
            TextBox2.Enabled = False
            TextBox3.Enabled = True
        End If
    End Sub

    Private Sub RadioButton2_CheckedChanged(ByVal sender
            As System.Object, ByVal e As
            System.EventArgs)
            Handles RadioButton2.CheckedChanged
        If RadioButton2.Checked Then
            TextBox2.Enabled = False
            TextBox3.Enabled = True
        Else
            TextBox2.Enabled = True
            TextBox3.Enabled = False
        End If
    End Sub
End Class
```

2) مائع منضغط: أما بالنسبة للمائع المنضغط فإن كثافة الغاز تتغير بصورة ملحوظة مع تغيرات الضغط والحرارة وباستخدام معادلة الحالة للغاز المثالي3–35:

$$P = \rho * R * T$$

ومن المعادلة 3–24:

$$dp = -\gamma * dy$$

تنتج المعادلة 3–28

$$dP/P = - g*dy/R*T \qquad\qquad 3{-}28$$

وهناك حالتان: إما ظروف الحرارة الثابتة isothermal أو الجو القياسي standard atmosphere.

وبالنسبة لحالة الحرارة الثابتة فإن الحرارة ثابتة وعليه:

$$T = T_o = constant$$

وبتكامل المعادلة 3–28 عند: $y = y_1, P = P_1$ وعند $y = y_2, P = P_2$ تنتج المعادلة 3–29

$$\ln \frac{P_2}{P_1} = -\frac{g}{RT_o}(y_2 - y_1) \qquad 3-29$$

أو

$$P_2 = P_1 e^{-\frac{gh}{RT_o}} \qquad 3-30$$

حيث:

$$h = y_2 - y_1 \qquad 3-31$$

وتعطي المعادلة 3-30 علاقة الضغط والارتفاع لطبقة ثابتة الحرارة.

أما بالنسبة للجو القياسي standard atmosphere فهو حالة مثالية تمثل الارتفاع المتوسط وظروف الجو الأرضي على مدار العام وفيه:

- تتناقص درجة الحرارة مع الارتفاع في المحيط المجاور لسطح الأرض (تروبوسفير)
- تظل الحرارة ثابتة في طبقة استراتوسفير
- تبدأ الحرارة في الازدياد في الطبقة التالية

وفي طبقة التروبوسفير تتغير درجة الحرارة حسب المعادلة 3-32

$$T = T_a - \beta y \qquad 3-32$$

حيث:

T_a = درجة الحرارة على ارتفاع مستوى سطح البحر ($y = 0$)

β = معدل التفاوت (معدل تغير الحرارة مع الارتفاع)

$\beta = 0.00651$ K/m $= 0.00357$ °R/ft

وبتكامل المعادلة 3-28 عند: $y = 0, P = P_a,$ تنتج المعادلة 3-33

$$P = P_a * (1 - \beta * y/T_a)^{g/R*\beta} \qquad 3-33$$

حيث:

P_a = الضغط المطلوب على الارتفاع $y = 0$

R = ثابت الغاز (جول/كجم×كلفن)

مثال 3-2

بافتراض ظروف ثابتة الحرارة في الجو أوجد الضغط والكثافة على ارتفاع 2500 متر إذا كان الضغط يساوى 10^5 نيوتن/م^2 والكثافة 1.2 كجم/م^3 على مستوى سطح البحر.

الحل

1. المعطيات: $P = 10^5$ نيوتن/م^2، $\rho = 1.2$ كجم/م^3، $h = 2500$ م
2. بافتراض هواء عادي قياسي فمن جدول 1-2 ولدرجة حرارة 10° م يمكن إيجاد ثابت الغاز: $R = 2.87\times10^2$ جول/كجم×كلفن
3. أوجد الضغط من المعادلة $P_2 = P_1 e^{-\frac{gh}{RT_o}}$

$$P_2 = 10^5 e^{-\frac{9.81 \; X \; 2500}{2.87 \; X \; 10^2 (15 + 273.16)}} = 74.3 \; kN/m^2$$

برنامج 3-2:

```
Imports System.Math

Public Class Form1
    Const g = 9.81

    Private Sub Form1_Load(ByVal sender As System.Object,
                           ByVal e As System.EventArgs)
                           Handles MyBase.Load
        Label1.Text = "الضغط على سطح البحر"
        Label2.Text = "درجة الحرارة"
        Label3.Text = "الارتفاع"
        Label4.Text = "ثابت الغاز"
        Label5.Text = "الضغط على هذا الارتفاع"
        Label6.Text = "نيوتن/م2"
        Label7.Text = "كجم/م3"
        Label8.Text = "م"
        Label9.Text = "جول/كجم.كلفن"
        Label10.Text = "نيوتن/م2"
```

```
        TextBox5.Enabled = False
        Me.Text = "مثال 3-2"
        Me.FormBorderStyle =
             Windows.Forms.FormBorderStyle.FixedSingle
        Button1.Text = "احسب"
    End Sub

    Private Sub Button1_Click(ByVal sender As
                            System.Object,
                            ByVal e As System.EventArgs)
                            Handles Button1.Click
        Dim h, R, T As Double
        Dim P1, P2 As Double

        P1 = Val(TextBox1.Text)
        T = Val(TextBox2.Text)
        h = Val(TextBox3.Text)
        R = Val(TextBox4.Text)

        'Convert temp to Kelvin
        T += 273.16

        Dim power As Double
        power = -((g * h) / (R * T))
        P2 = P1 * Math.Pow(Math.E, power)
        TextBox5.Text = FormatNumber(P2, 2)
    End Sub
End Class
```

المانومتر Manometer

هو جهاز لقياس الضغط باستخدام ارتفاع السوائل رأسياً أو مائلاً. ومن أبسط أنواعه أنبوب مقياس الضغط (أنبوب بيزومتر Piezometer tube – أو أنبوب المقياس الاجهادي). ويتكون المقياس من أنبوب مفتوح من أعلاه وملتصق بالإناء المطلوب قياس الضغط فيه.

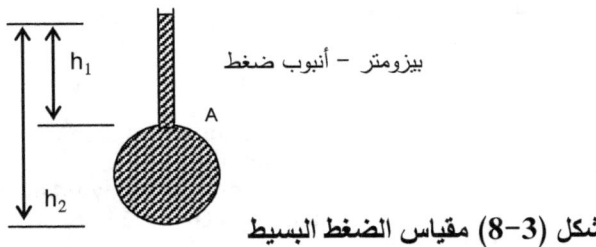

بيزومتر – أنبوب ضغط

شكل (3-8) مقياس الضغط البسيط

$$P_A = \gamma h_1 \qquad\qquad 3\text{-}34$$

مساوئ البيزومتر:

1.   غير ملائم لقياس الضغط السالب (دخول هواء إلى الإناء عبر الأنبوب)
2.   غير ملائم لقياس ضغط عالٍ (يحتاج إلى أنبوب طويل)
3.   المائع داخل الإناء ينبغي أن يكون سائلاً وليس غازاً.

المانومتر على شكل U

U-tube manometer

يتكون المانومتر على شكل U من أنبوب بهذا الشكل حاوٍ لمائع المقياس.

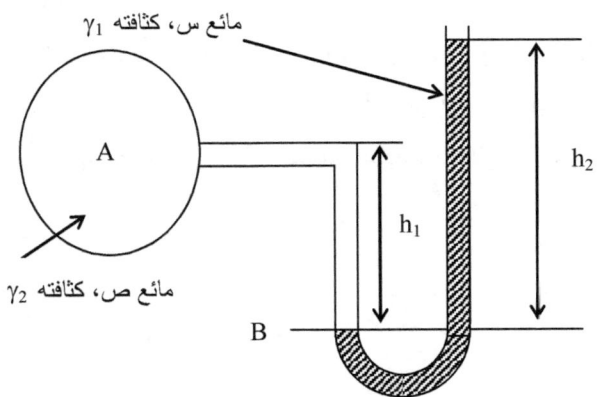

شكل (3-9) المانومتر على شكل U

94

طريقة عمل المقياس {1-15}

1. يبدأ من طرف معين (أي طرف لسطح للسائل الهلالي[5] meniscus إذا كانت الدائرة مستمرة) ويكتب الضغط عندها
2. يضاف للضغط في (1) أعلاه أي تغير في الضغط من السطح الهلالي الآخر (موجب إذا كان السطح الهلالي التالي أقل، سالب إذا كان أعلى)
3. يستمر الأمر حتى الوصول للطرف الآخر من المقياس (أو السطح الهلالي الابتدائي) ويتساوى التعبير الناتج للضغط على تلك النقطة

بالنسبة للرسم (9-43) تكتب معادلة الضغط على النحو التالي:

$$P_A + \gamma_1 * h_1 - \gamma_2 * h_2 = 0 \qquad 3-35$$

حيث:

P_A = الضغط عند النقطة A

γ_1 = كثافة المائع ص في جزء المانومتر الأيسر

h_1 = ارتفاع المائع إلى السطح الهلالي للمائع س في النقطة B

γ_2 = كثافة المائع س في جزء المانومتر الأيمن

h_2 = ارتفاع المائع س إلى النقطة C

0 = الضغط عند النقطة C

3 - 5 تمارين عامة

3 - 5 - 1 تمارين نظرية

1) ما دور علماء المسلمين في تقدم علوم الموائع؟
2) ما المقصود بمائع؟
3) ما الفرق بين السائل والغاز؟
4) ما العوامل المؤثرة على ضغط المائع في الإناء الحاوي له؟

[5] السطح الهلالي: سطح السائل المقعَّر أو المحدَّب بسبب الخاصية الشعرية (أنظر المورد للبعلبكي)

5) أكتب باختصار من التالي:

- المرواز البسيط.
- مرواز فورتن.
- البارجراف.
- الالتميتر.

6) وضح مزايا البارومتر ومناقصه.

7) ما المعني بالغاز المثالي؟

8) ما العوامل المؤثرة على ضغط الغاز المثالي؟

9) ما العوامل المؤثرة على الضغط في نقطة في مائع ساكن؟

10) أذكر منطوق قانون باسكال.

11) ما قانون سكون المائع لتغير الضغط؟

12) ما العوامل المؤثرة على ضغط مائع منضغط وآخر غير منضغط؟

3-5-2 تمارين عملية

1) ما الضغط بالباسكال إذا كان السمت الموازي 760 ملم (أ) من الزئبق (ب) من الماء (ج) زيت وزنه النوعي 8.5 كيلو نيوتن/م^2 (د) سائل كثافته 680 كجم/م^3. وما الضغط المطلق في كل حالة إذا كان الضغط الجوي 1.01 بار؟ (الإجابة: 101.4، 7.4، 6.5، 5.1، 202.4، 108.4، 107.4، 106.1 كيلو نيوتن/م^2)

2) أقصى عمق لبحيرة 35 متر ودرجة حرارة مائها 18°م. أوجد الضغط في أعمق جزء من البحيرة. (الإجابة: 35 كيلو نيوتن/م^2)

3) خزان مقفول به 0.52 م من الزئبق وعليه 2.2 م من الماء وعليه 3.2 م من زيت كثافته النوعية 0.6 وهناك هواء في الجزء الأعلى من الخزان. إذا كان الضغط عند قاعدة الخزان 2.4 بار أوجد ضغط الهواء في أعلى الخزان (الإجابة: 130.2 كيلو نيوتن/م^2)

4) مبنى ارتفاعه 200 متر. أوجد نسبة الضغط أعلى المبنى إلى ذلك على قاعدته بافتراض أن الهواء على درجة حرارة 15°م. (الإجابة: 0.98)

5) خزان مفتوح يحوي زيت بكثافة نوعية 0.78 على ماء، إذا كان الزيت 2.5 م وعمق الماء 3.6 م أوجد ضغط الجهاز والضغط المطلق عند أسفل الخزان إذا كان الضغط الجوي 1 بار. (الإجابة: 54.4، 154.4 كيلو نيوتن/م^2)

6) أوجد النسبة المطلوبة في المسألة (2) أعلاه بافتراض أن الهواء غير منضغط لكثافة = 12 نيوتن/م^3 وعلى ضغط 101.3×10^3 باسكال. (قيم الهواء للظروف القياسية) (الإجابة: 0.98)

7) بحيرة في منطقة جبلية على درجة حرارة 5°م، ومقياس الضغط يدل على 60 سم زئبق، والضغط المطلق على أقصى عمق في البحيرة 0.6 مجا باسكال. أوجد أقصى عمق للبحيرة. (الإجابة: 520 م)

8) صب زيت في أنبوب مائي ذي شعبتين، وكان عمود الزيت 20 سم عند النقطة أ وعمود الماء 17 سم في النقطة ب. أوجد كثافة الزيت علماً بأن كثافة الماء 1 جم/سم^3. (الإجابة: 0.85)

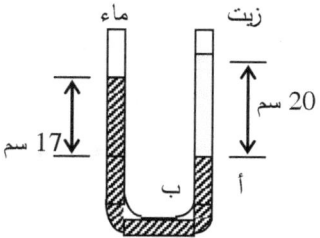

9) في مانومتر زئبقي طول عمود الكحول 12 سم وطول عمود الماء 10.5 سم. أوجد كثافة الكحول علماً بأن كثافة الماء 1 جم/سم^3. (الإجابة: 0.83)

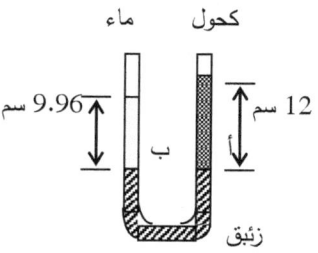

10) استعمل جهاز هير Hare لتعيين كثافة الجلسرين. وعند فتح المشبك ومص بعض الهواء من الأنبوب تلاحظ صعود الماء لارتفاع 22.2 سم، وصعود عمود الجلسرين لارتفاع 17.6 سم. أوجد كثافة الجلسرين علماً بأن كثافة الماء 1 جم/سم^3. (الإجابة: 1.26)

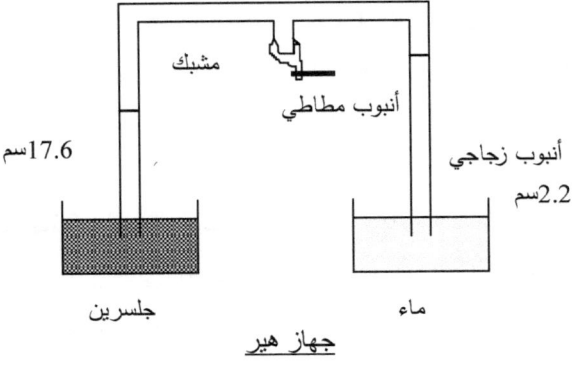

أنبوب زجاجي ← ماء

مشبك   أنبوب مطاطي   17.6سم   2.2سم

جلسرين   ماء

<u>جهاز هير</u>

11) أنبوب ذي شعبتين صبت فيه كمية من الماء ثم صب في إحدى شعبتيه عمود من الكيروسين (كثافته النسبية 0.85) طوله 15 سم. احسب المسافة العمودية بين سطحي الماء في الشعبتين. (الإجابة: 0.13متر)

12) أنبوب ذي شعبتين يحتوي على كمية من الزئبق، صب في إحدى شعبتيه عمود من ماء البحر طوله 20 سم، وفي الأخرى ماء نقي طوله 20.5 سم، وبذلك أصبح سطحا الزئبق في الشعبتين في مستوى واحد. أحسب كثافة ماء البحر. (الإجابة: 1.025)

13) أوجد فرق الضغط بين النقطتين أ و ب في المانومتر على شكل U علماً بأن السائل في كل من أ و ب ماء وزنه النوعي 9.81 كيلو نيوتن/م^3 والكثافة النوعية للزئبق 13.6. إذا تمت زيادة الضغط في أ بحوالي 8 كيلو باسكال أوجد الفرق الجديد في قراءة المانومتر الزئبقي. (الإجابة: 30.2 كيلو نيوتن/م^2، 32 ملم)

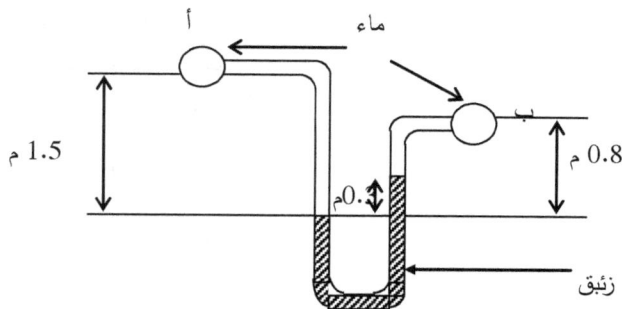

14) يحتوي الإناءان أ و ب على ماء تحت ضغط   kPa 250 و kPa 120 على
الترتيب أوجد التغير في مقياس الزئبق في الشكل. (الإجابة: ع = 2.1م)

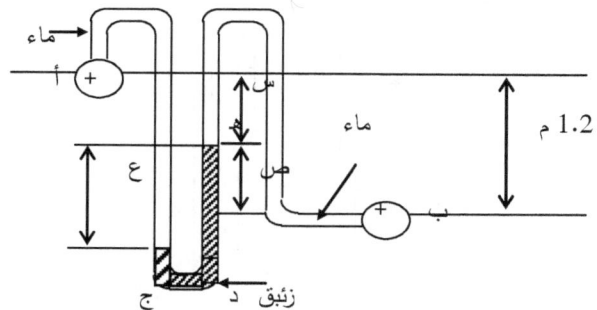

15) يحوي المانومتر المعكوس في الشكل زيت وماء. إذا كان فرق الضغط في الأنبوبين
(أ) و (ب) يعادل – kPa 4.8 (فراغي). أوجد فرق القراءة   h، علماً بأن الوزن
النوعي للماء 9.8 كيلونيوتن/متر مكعب والوزن النوعي للزيت 8.95 كيلونيوتن/متر
مكعب. (الإجابة: 0.64 متر)

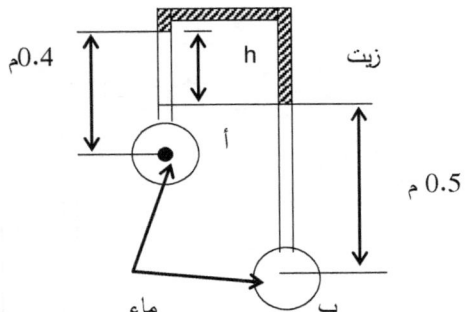

16) حساسية القياس بالمانومتر تزداد بتوسع نهايات الأنبوب كما موضح في الشكل. ملء جانب بماء كثافته النسبية 1.0 وملء الجانب الآخر بزيت كثافته النسبية 0.95. إذا كانت المساحة A تساوي 50 مرة مساحة الأنبوب a احسب فرق الضغط المقابل لحركة 25 ملم لسطح الانفصال بين الزيت والماء.

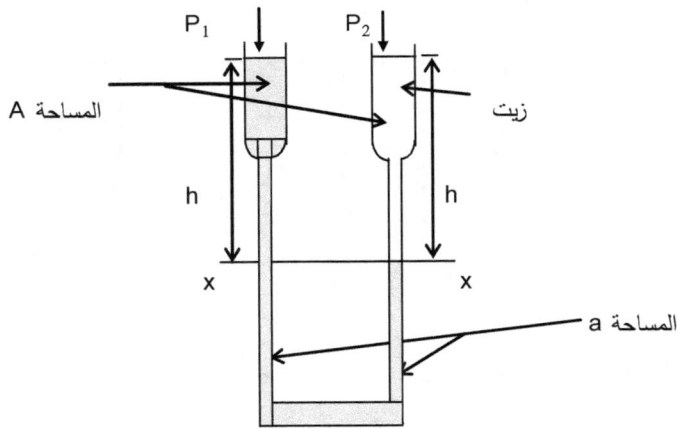

17) المائع في الانابيب ماء والمائع في المانومتر زيت كثافته النوعية 0.85. أوجد الفرق في الضغط بين A و B إذا كانت a = 60 سم، b = 120 سم، h = 80 سم. (الاجابة: 4.7 كيلو نيوتن/م^2)

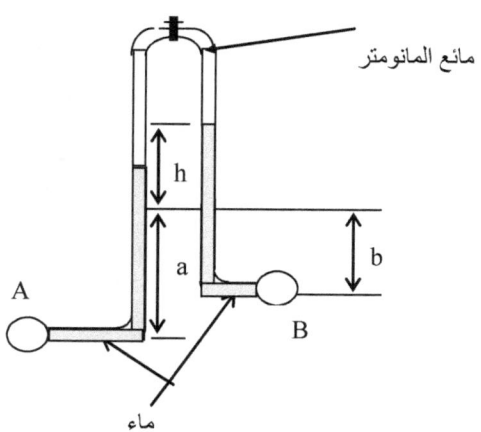

مائع المانومتر

h

a

b

A

B

ماء

18) 1/ فرق بين الضغط المطلق والضغط المقاس. متخذاً حالة مستوية تميل بزاوية φ مع الأفقي. أثبت أن محصلة الضغط الهايروستاتيكي على أي سطح مستوي تساوي حاصل ضرب المساحة والضغط عند مركز المساحة. مانومتر يحتوي على زئبق (S = 13.6) مربوط بماسورة عند النقطتين A , B والمسافة الأفقية بينهما 15m. الماسورة تنقل ماء وتميل مع الأفقي بزاوية 15°. إذا كانت قراءة المانومتر 150mm أوجد فرق الضغط بين النقطتين A, B. (جامعة السودان للعلوم والتكنولوجيا، 2002)

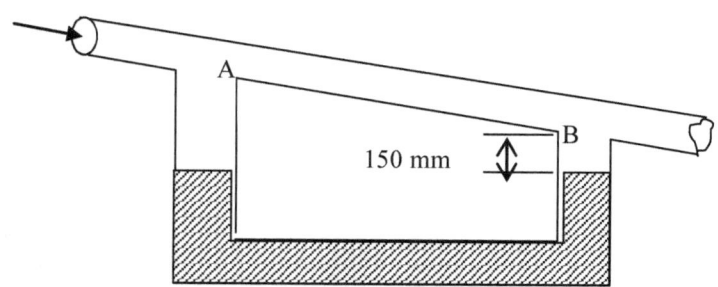

A

B

150 mm

19) الشكل يوضح خزان يحتوي على مجموعة موائع مختلفة الكثافة، مقياس فاكوم،
بيزومترات ومانومتر مستخدمة لاجراء تجارب   — اوجد ارتفاع السوائل في
البيزومترات E , F وارتفاع الزئبق (h) في المانومتر إذا علمت أن قراءة المقياس
عند A يساوي $-0.21kg/cm^2$.

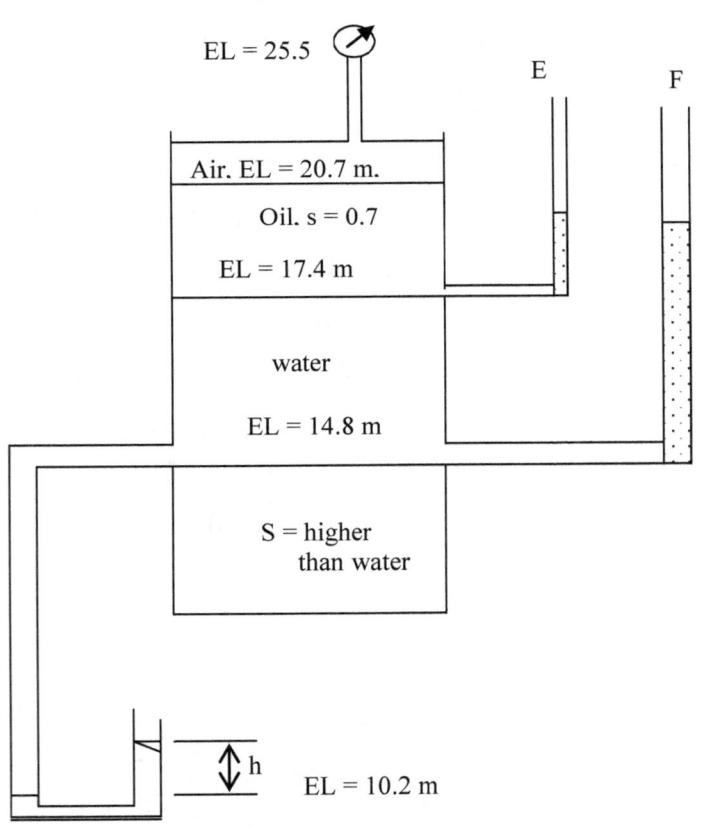

EL = 25.5

E   F

Air. EL = 20.7 m.

Oil. s = 0.7

EL = 17.4 m

water

EL = 14.8 m

S = higher
than water

h

EL = 10.2 m

20) أثبت قانون باسكال و الذي ينص علي أن شدة الضغط عند أي نقطة في أي سائل في حالة السكون يكون مساوياً في جميع الإتجاهات. جد قراءة المقياس عند M, L بالشكل إذا كان الضغط الجوي يساوي 755mm من الزئبق - لاحظ أن الأنبوب مغلق.

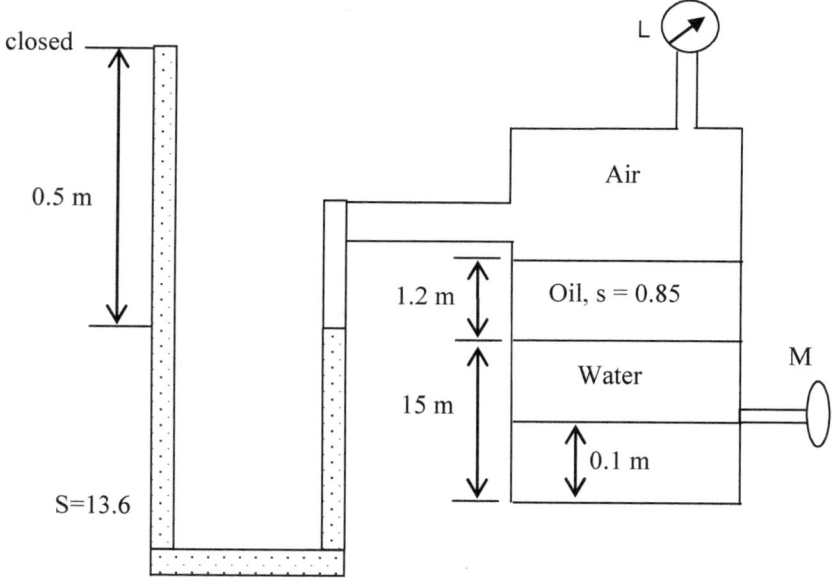

M

21) في الشكل جد معامل اللزوجة ( ) علماً بأن مساحة السطح المتحرك $1.0m^2$ و قوة السحب تعادل 29N.

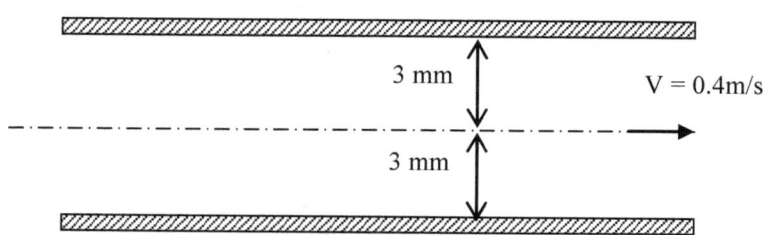

الفصل الرابع
القوى الهيدروستاتيكية
Hydrostatic Forces

4 – 1 مقدمة

يعرف المائع على أنه عنصر يتشوه باستمرار تحت تأثير أي قوى قص مهما بلغ قدرها وصغرها. ومن ثم فعندما يكون المائع في حالة سكون لتعمل عليه قوى قص، وعليه تكون كل القوى الفاعلة على المائع عمودية على الأسطح والمستويات الصلبة التي تؤثر فيها. فمثلاً تعمل القوة F عمودياً على السطح المستوي A–A (أنظر شكل 4-1).

شكل (4-1) القوى الفاعلة على السطح المستوي

أما إذا كان السطح منحني فيمكن اعتباره مكوناً من مجموعة من الأوتار تؤثر على كل منها قوى F_1 و F_2...F_n عمودياً على السطح في المقطع قيد الذكر (أنظر شكل 4-2).

عند غمر سطح ما في مائع تنتج قوى على السطح من المائع ومن المهم تحديد مقادير هذه القوى واتجاهاتها ونقاط عملها لعدة أسباب منها:

1)تصميم السفن ومواخر البحار

2)تصميم المنشآت الهندسية مثل أحواض الخزن والسدود والبوابات والحواجز   bulk heads

يقوم ضغط المائع بإحداث قوة دافعة   thrust   في كل أجزاء أي سطح يلامسه المائع. ومقدار هذه القوة واتجاهها ومنطقة تأثيرها تعتمد على نوع السطح على النحو التالي ذكره.

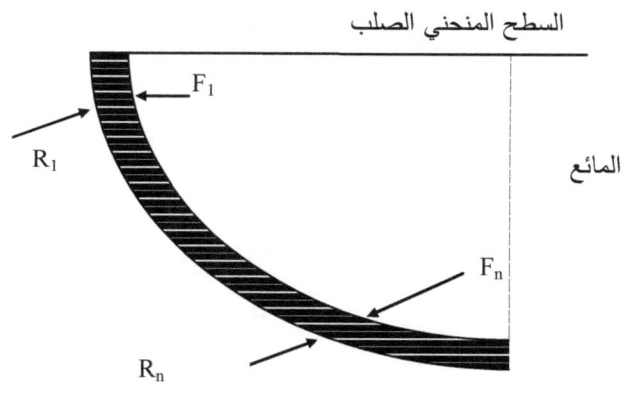

شكل (2-4) القوى الفاعلة على السطح المنحني

4 - 2 القوة على سطح مستو   Hydrostatic force on a plane surface

في حالة اتزان المائع وسكونه على السطح لا يتغير الضغط فوق السطح؛ والقيمة الكلية للقوة المؤثرة عبارة عن حاصل ضرب الضغط ومساحة السطح. أما اتجاهها فعمودي على السطح في الإتجاه السفلي على الوجه العلوي للسطح؛ وفي الإتجاه العلوي على الوجه السفلي للسطح. وتعمل في مركز ثقل السطح   Centroid. يمثل شكل   4-3   القوة التي تعمل على أرضية الخزان ويمكن إيجادها من معادلة 4-1.

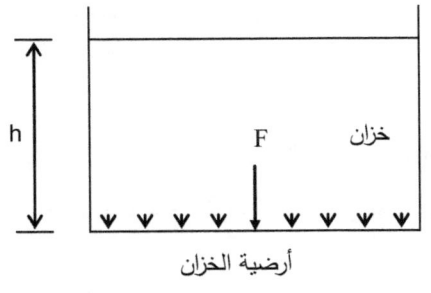

شكل (4-3) القوة على سطح مستو

$$F_R = p.A \qquad\qquad 4-1$$

حيث:

F_R = محصلة القوة المؤثرة على أرضية الخزان

p = الضغط المنتظم في أرضية الخزان

A = مساحة أرضية الخزان

$$F_R = \gamma h.A \qquad\qquad 4-2$$

h = ارتفاع الخزان

γ = كثافة المائع داخل الخزان

مثال 4-1

يوضح الشكل برميل به زيت وماء حسب الإرتفاعات الموضحة. أوجد القوة المؤثرة على أرضية البرميل إذا كانت (الثقل النوعي للزيت 0.9) قمته معرضة للهواء الجوي.

الحل

1- المعطيات: إرتفاعات الموائع في البرميل وكثافتها

2- ضغط المائع على أرضية البرميل منتظم عبر مساحة القاعدة نسبة لأن السطح أفقي والمائع ساكن

3- أوجد الضغط على أرضية البرميل باستخدام معادلة الضغط

$$P = P_{a\ tm} + \gamma_o\ h + \gamma_w.h$$

$$P = 0 + 0.9 \times 9.81 \times 0.5 + 9.81 \times 0.39 = 8.24\ k\ N/m^2$$

4- أوجد مساحة أرضية البرميل $A = \dfrac{\pi}{4} D^2 = \dfrac{\pi}{4}(0.58)^2 = 0.264\ m^2$

5- أوجد القوة المؤثرة على أرضية البرميل من الزيت والماء فوقها

$$F_R = P.A = 8.24 \quad x \quad 0.264 \quad = \quad 2.18 \quad kN$$

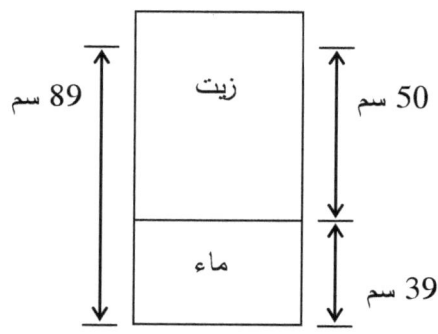

برنامج 4-1:

```
Public Class Form1
    Const gamma_w = 9.81

    Private Sub Form1_Load(ByVal sender As System.Object,
                    ByVal e As System.EventArgs)
                    Handles MyBase.Load
        Label1.Text = "للزيت النوعي الثقل"
        Label2.Text = "الزيت ارتفاع"
        Label3.Text = "الماء ارتفاع"
        Label4.Text = "الجوي الضغط"
        Label5.Text = "البرميل قطر"
        Label6.Text = "المؤثرة القوة"
        Label8.Text = "م"
        Label9.Text = "م"
        Label10.Text = "م2/نيوتن.ك"
        Label11.Text = "م"
        Label12.Text = "نيوتن.ك"
```

```
        Me.Text = "مثال 4-1"
        Button1.Text = "احسب القوة"
        TextBox6.Enabled = False
        Me.FormBorderStyle =
                Windows.Forms.FormBorderStyle.FixedSingle
    End Sub

    Private Sub Button1_Click(ByVal sender As
                              System.Object,
                              ByVal e As System.EventArgs)
                              Handles Button1.Click
        Dim gamma_o, h1, h2 As Double
        Dim p, p_atm, A, D As Double
        Dim p_o, p_w, F As Double

        gamma_o = Val(TextBox1.Text)
        h1 = Val(TextBox2.Text)
        h2 = Val(TextBox3.Text)
        p_atm = Val(TextBox4.Text)
        D = Val(TextBox5.Text)
        'Calculate Area
        A = (Math.PI / 4) * (D ^ 2)
        'Calculate pressures
        p_o = gamma_o * gamma_w * h1
        p_w = gamma_w * h2
        p = p_atm + p_o + p_w
        'Calculate force
        F = p * A
        TextBox6.Text = FormatNumber(F, 2)
    End Sub
End Class
```

مثال 4-2

يبين الشكل أدناه حائط رأسي مستطيل الشكل طوله 3 متر. إذا كان السائل جازولين كثافته النسبية 0.68 لإرتفاع متر، أوجد مقدار محصلة القوة المؤثرة على الحائط؛ وموضع مركز الضغط.

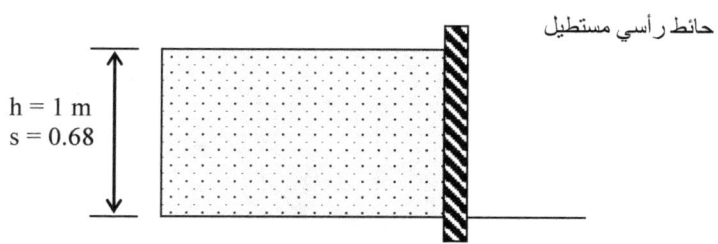

حائط رأسي مستطيل

h = 1 m
s = 0.68

الحل

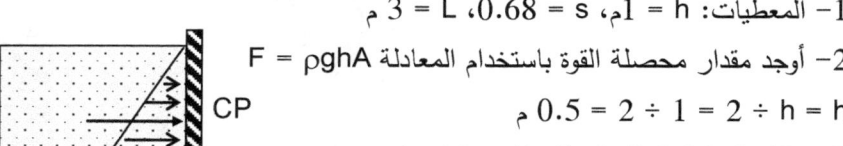

CP

1- المعطيات: h = 1م، s = 0.68، L = 3 م

2- أوجد مقدار محصلة القوة باستخدام المعادلة F = ρghA

h = h ÷ 2 = 1 ÷ 2 = 0.5 م

F = 0.68×9.81×0.5×(3×1) = 10 كيلونيوتن

3- أوجد مركز الضغط على بعد $\frac{h}{3}$ = 1 ÷ 3 = 0.33 متراً من أسفل الحائط

3 – 4 القوة على سطح مستو مائل   Hydrostatic force on an inclined surface

يمثل الشكل 4-4 حالة السطح المستوي المائل المغمور في مائع متزن. وبافتراض أن سطح المائع مفتوح للهواء الجوي، وبما أنه لا توجد قوى قص؛ فإن القوة المؤثرة تتعامد على السطح المستو. ومن أجل الحسابات يمكن مد السطح المستو المغمور ليقاطع مستوى السطح الحر بزاوية مقدارها θ

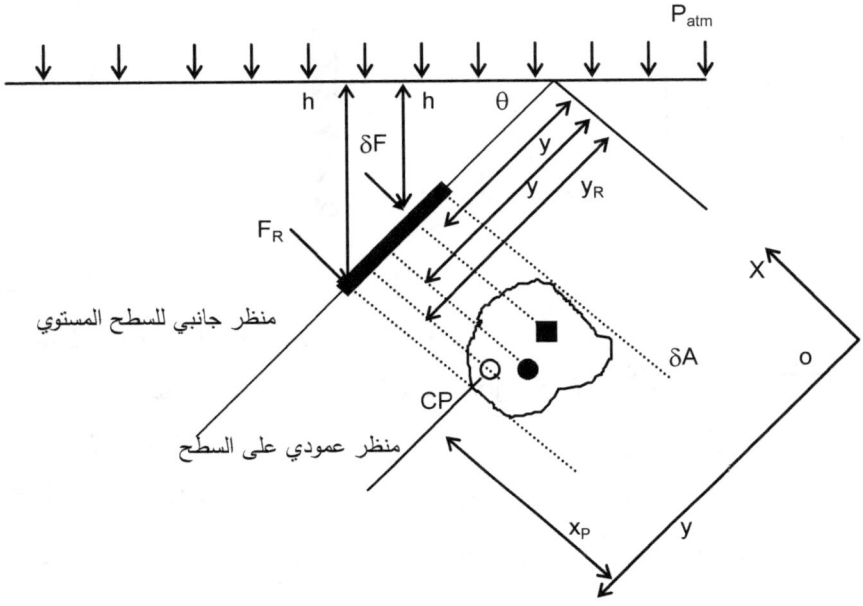

شكل (4-4) حالة السطح المستوي المائل المغمور في مائع متزن

CP = نقطة عمل محصلة القوى (مركز الضغط Centre of pressure)

C = مركز الثقل Centroid

δA = مساحة العنصر

باختيار المحورين السيني x والصادي y بحيث يكون اتجاه المحور الصادي في اتجاه السطح؛ وبافتراض مساحة عشوائية الشكل كما موضح في شكل 4-4 يمكن إيجاد مقدار محصلة القوة واتجاهها ونقطة عملها.

على أي ارتفاع h فإن القوة δF التي تعمل على المساحة التفاضلية δA يمكن إيجادها من المعادلة 4-3

$$\delta F = \gamma h \delta A \qquad\qquad 4-3$$

هي عمودية على السطح. وعليه يمكن إيجاد محصلة القوى بتجميع هذه القوى التفاضلية عبر كل المساحة كما في المعادلة 4-4.

$$F_R = \int_A dF = \int_A gh\,.dA = \int_A gy \sin q\,.dA = \rho g \sin q \int_A ydA \qquad 4-4$$

حيث:

F_R = محصلة القوى المؤثرة على السطح المستو المائل

ρ = كثافة المائع

g = عجلة الجاذبية الأرضية

h = ارتفاع المائع من نقطة عمل القوة التفاضلية δF

θ = زاوية ميل السطح المستوي على السطح الحر

$\int_A ydA$ = العزم الأول للمساحة first moment of area بالنسبة للمحور السيني x = $y_c.A$

$\bar{y}$ = الإحداثي السيني لمركز الثقل مقاس من المحور السيني الذي يمر عبر نقطة الأصل

وعليه تصبح القوة

$$F_R = \gamma A \bar{y} \sin\theta = \rho g A \bar{y} \sin\theta = \rho g A \bar{h} = \gamma A \bar{h} = p_g.A \qquad 4-5$$

$\bar{h}$ = المسافة العمودية من سطح المائع إلى مركز ثقل المساحة

P_g = الضغط على مركز ثقل المساحة

ومن المعادلة 4-5 يمكن استنباط التالي:

1. لا تعمتد محصلة القوة المؤثرة على السطح المائل المغمور على زاوية ميله بالنسبة للسطح الحر
2. تعتمد محصلة القوة المؤثرة على السطح على كثافة المائع، ومساحة السطح الكلية، وارتفاع مركز ثقل المساحة أدنى السطح الحر
3. تعمل محصلة القوى عمودياً على السطح المستوي المائل

بالإضافة لقيمة القوة الكلية المؤثرة على السطح المستوى يُحتاج إلى إيجاد نقطة تأثيرها. وبما أن كل القوى التفاضلية عمودية على السطح فينبغي أن تكون محصلتها أيضاً عمودية عليه. وهذه النقطة التي تعمل فيها محصلة القوى يطلق عليها مركز الضغط Centre of pressure أو مركز القوة الدافعة Centre of thrust. ولكي تكون محصلة القوى مساوية لكل القوى التفاضلية المنفردة يجب أن يكون عزمها حول أي محور مساو لمجموع عزوم هذه القوى التفاضلية المنفردة حول نفس المحور.

عزم القوة على مساحة العنصر حول المحور السيني $\rho g y \sin\theta.\delta A$ هو $\delta F.y$ أو $\rho g y^2 \sin\theta.\delta A$. وبافتراض أن احداثيات مركز الضغط CP هي (x_p, y_p) وعليه فالعزم الكلي حول المحور السيني كما موضح في المعادلة 4-6.

$$F.y_p = \int_A y.\delta F = \int_A \rho g y^2 \sin\theta dA \qquad 4\text{-}6$$

وباستخدام المعادلة 4-5 تنتج المعادلة 4-7

$$F = \rho g \bar{y} \sin qA \qquad 4\text{-}5$$

$$\therefore y_p = \frac{\int_A y^2 dA}{\bar{y}A} = \frac{I_{xx}}{\bar{y}A} \qquad 4\text{-}7$$

حيث:

I_{xx} = العزم الثاني للمساحة second moment of area (moment of inertia) بالنسبة للمحور السيني والمتكون من تقاطع المستوى الحادي على السطح والسطح الحر (المحور السيني).

بعبارة أخرى فإن الإرتفاع المائل Slant depth (أي الإرتفاع المقاس على طول السطح) لمركز الضغط يساوي (العزم الثاني للمساحة حول تقاطع مستواه مع ذلك السطح الحر (أو الهواء الجوي)) مقسومة على (العزم الأول للمساحة حول تقاطع مستواه مع ذلك السطح الحر). ودوماً يكون مركز الضغط أدنى من مركز الثقل Centroid (عدا عندما يكون السطح أفقياً).

وباستخدام نظرية المحاور المتوازية كما في المعادلة 4-8

$$I_{xx} = I_{xG} + Ay^2 \qquad 4\text{-}8$$

حيث:

I_{xG} = العزم الثاني للمساحة بالنسبة للمحور الذي يمر عبر مركز الثقل ويوازي المحور السيني

تنتج المعادلة 4-9.

$$y_p = \frac{I_{xc}}{\bar{y}A} + \bar{y} \qquad 4\text{-}9$$

هذه المعادلة تدل بوضوح على أن محصلة القوى لا تمر عبر مركز الثقل، بل تظل دوماً أدنى منه نسبة لأن $\frac{I_{xc}}{\bar{y}A}$ أكبر من الصفر.

من الملاحظ أنه كلما زاد غمر السطح المستو داخل المائع (أي كلما كبرت قيمة $\bar{y}$) كلما قلت الإضافة المقدمة من الحد $\frac{I_{xc}}{\bar{y}A}$ وكلما قرب مركز الضغط من مركز الثقل. وذلك لأنه كلما زاد الضغط بزيادة الإرتفاع، كلما قل تغيره نسبياً عبر مساحة محددة، مما يجعل توزيع الضغط أكثر انتظاماً. وعليه عندما يتلاشى تغير الضغط كلما أمكن أخذ مركزه مساوياً لمركز الثقل. وهذه ممكنة للسوائل فقط عندما يكون العمق كبير جداً والمساحة صغيرة، وفي الغازات نسبة لأن الضغط يتغير بصورة طفيفة مع العمق.

لإيجاد الإحداث السيني لمركز الضغط يمكن أيضاً إيجاده بجمع العزوم للقوى حول المحور الصادي. ولتسهيل الموضوع تم إعادة رسم شكل (4-4) في شكل (4-5) للتوضيح.

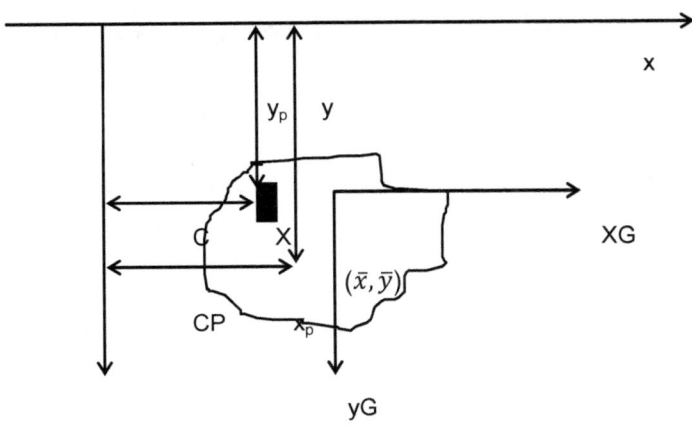

شكل (4-5) إيجاد الإحداث السيني لمركز الضغط

بتساوي عزوم محصلة القوى حول المحور الصادي مع عزم تغير الضغط وعزم δF هو $\rho g \sin\theta \delta A$ والعزم الكلي هو $F_R.X_p$ تنتج المعادلة 4-10

$$F_R . x_p = \int_A x dF = \int_A x . \gamma y \sin\theta . dA \quad 4-10$$

$$\gamma \sin\theta . \bar{y} . A . xp = \gamma \sin\theta \int_A xy dA \quad 4-11$$

ومن ثم

$$x_p = \frac{\int_A xy dA}{A\bar{y}} = \frac{I_{xy}}{\bar{y} A} \quad 4-12$$

حيث:

I_{xy} = ضرب القصور الذاتي product of inertia بالنسبة للمحورين السيني والصادي.

باستخدام نظرية المحاور المتوازية كما في المعادلة 4-13

$$I_{xy} = I_{xyG} + A\overline{x}\overline{y} \quad 4-13$$

تنتج المعادلة 4-14.

$$x_p = \frac{I_{xG}}{\bar{y} A} + \bar{x} \qquad 4-14$$

حيث:

I_{xyG} = ضرب القصور الذاتي بالنسبة لمحورين متعامدين يمران عبر مركز ثقل المساحة ويتكونان بنقل نظام المحورين السيني والصادي.

إذا كانت المساحة المغمورة متماثلة بالنسبة لمحور يمر حول مركز الثقل ويوازي أي من المحورين السيني أوالصادي تقع محصلة القوة على محور التماثل المار بمركز الثقل لاسيما و I_{xy} تكون صفراً.

يتضح من المعادلات المتعلقة بكل من y_p وx_p التالي:

1. موقع مركز الضغط لا يعتمد على الزاوية θ
2. موقع مركز الضغط لا يعتمد على كثافة المائع ρ، وينبغي ملاحظة أنه قد تم استخدام كثافة ρ ثابتة مما يعني أن هذه العلاقات تتحقق لمائع واحد متجانس.
3. رغم أن القوى الكلية تعمل على مركز الضغط غير أن مقدارها يعطي بحاصل ضرب المساحة والضغط المؤثر على مركز الثقل.
4. ينبغي ملاحظة أن قيمة الإرتفاع $\bar{h}$ المستخدمة لتقدير الضغط أعلى السطح المستو المغمور تتعلق بالسائل الذي يقوم ببلل السطح أعلى من مركز ثقله (أي في حالة وجود سوائل أخرى أعلاه يحسب الضغط المؤثر من كل منها بارتفاع السائل المعني).

مثال 4-4

سطح مستطيل الشكل ذو طول 2.1 متر وعرض 1.4 متر مغمور في الماء صانعاً زاوية 30 درجة مع الأفقي. باعتبار أن الجوانب ذات الطول 1.4 متر أفقية. احسب مقدار القوة المطبقة على وجه واحد من السطح المغمور، وعمق مركز الضغط إذا كانت الحافة العلوية للسطح:

1. محاذية لسطح الماء.

2. مغمورة لعمق 300 مم تحت سطح الماء.
3. مغمورة لعمق 50 متر تحت سطح الماء.

الحل:

المعطيات: d=2.1m , b= 1.4m , θ=30°

محصلة القوى المؤثرة على السطح:

$$F_R = \gamma A \bar{h}$$

حيث $\bar{h}$ تساوي البعد العمودي لمركز الثقل 1.05sin30 مضافاً إليه بعد الحافة العلوية من سطح المائع (x)، فتكون القوة مساوية لـ:

F_R = 1000×9.81×(1.4×2.1)×(x+1.05sin30)

F_R = 28841.4(x+1.05sin30)

عمق مركز الضغط :

$$y_p = \frac{I_{xG}}{\bar{y} A} + \bar{y}$$

حيث $\bar{y}$ تساوي البعد المائل للحافة العلوية من سطح الماء (x/sin30) مضافاً إليه بعد مركز الثقل.

فيصبح عمق مركز الضغط:

$$y_p = \frac{(bd^3/12)}{bd \times (2x + 1.05)} + (2x + 1.05)$$

أي:

$$y_p = \frac{2.1^2}{12 \times (2x + 1.05)} + (2x + 1.05)$$

1. الحافة العلوية تحاذي سطح الماء، أي: x=0

القوة تساوي:

F_R = 28841.4(1.05sin30) = 10.09 kN

بعد مركز الضغط من سطح الماء:

$$y_p = \frac{2.1^2}{12 \times 1.05} + 1.05 = 1.4 \; m$$

.2 x=0.3m

القوة تساوي:

F_R = 28841.4(0.3+1.05sin30) = 18.75 kN

بعد مركز الضغط من سطح الماء:

$$y_p = \frac{2.1^2}{12 \times (2 \times 0.3 + 1.05)} + 2 \times 0.3 + 1.05 = 1.87 \; m$$

أي يبعد 1.27m من الحافة العلوية للسطح.

.3 x=50m

القوة تساوي:

F_R = 28841.4(50+1.05sin30) = 1452.16 kN

بعد مركز الضغط من سطح الماء:

$$y_p = \frac{2.1^2}{12 \times (2 \times 50 + 1.05)} + 2 \times 50 + 1.05 = 101.05 \; m$$

أي يبعد 1.05m من الحافة العلوية للسطح.

برنامج 4-4:

```
Public Class Form1

    Private Sub Form1_Load(ByVal sender As System.Object,
                          ByVal e As System.EventArgs)
                          Handles MyBase.Load
        Label1.Text = "الطول"
        Label2.Text = "العرض"
        Label3.Text = "الزاوية الأفقية"
        Label4.Text = "عمق الحافة العلوية"
        Label5.Text = "القوة"
        Label6.Text = "عمق مركز الضغط"
        Me.Text = "مثال 4-4"
```

```
        Button1.Text = "احسب"
        Me.FormBorderStyle =
                Windows.Forms.FormBorderStyle.FixedSingle
    End Sub

    Private Sub Button1_Click(ByVal sender As
                        System.Object,
                        ByVal e As System.EventArgs)
                        Handles Button1.Click
        Dim d, b, theta, yp As Double
        Dim F, A, h, x As Double
        Dim radian As Double
        Const gamma_w = 1000
        Const g = 9.81

        d = Val(TextBox1.Text)
        b = Val(TextBox2.Text)
        theta = Val(TextBox3.Text)
        x = Val(TextBox4.Text)

        radian = theta * Math.PI / 180
        h = x + (1.05 * Math.Sin(radian))
        A = d * b
        'calculate force
        F = gamma_w * g * A * h
        'calculate depth
        yp = Math.Pow(d, 2)
        yp /= 12
        Dim step1 As Double = (2 * x) + 1.05
        yp /= step1
        yp += step1

        TextBox5.Text = FormatNumber(F, 2)
        TextBox6.Text = FormatNumber(yp, 2)
    End Sub
End Class
```

مثال 4-5

يوضح الشكل سد طوله 25 متر يحجز 6 أمتار من الماء العذب ويميل بزاوية 60 مع الأفقي. أوجد مقدار محصلة القوة المؤثرة على السد ومنطقة تأثيرها.

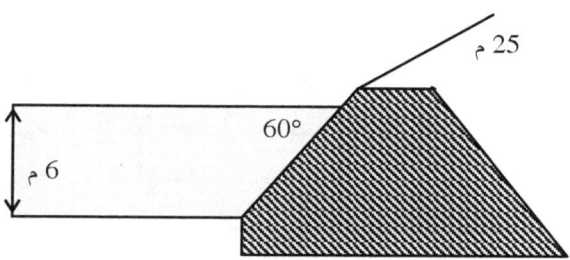

الحل

1- المعطيات: h = 6 متر، L = 25 م، θ = 60°

2- أوجد مساحة السد $\quad A = L . \dfrac{h}{\sin \theta} = 25 \times \dfrac{6}{\sin 60} = 173.2 \quad m^2$

3- أوجد محصلة القوى $\quad F_R = \gamma \dfrac{h}{2} A = 9.81 \times 1000 \times \dfrac{6}{2} \times 173.2 = 5.1 \ MN$

4- أوجد مركز الضغط $= \dfrac{h}{3} = \dfrac{6}{3} = 2$م من قعر السد

مثال 4-6

أوجد الضغط الكلي وموضع مركز الضغط لسطح مثلث الشكل مغمور في ماء كما مبين في الشكل

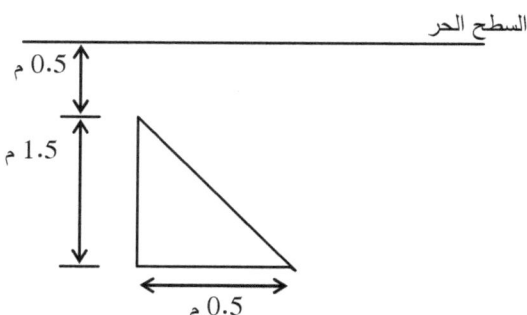

الحل

1- المعطيات: أبعاد المساحة المثلثة والمساحة المغمورة

2- أوجد بعد مركز ثقل المثلث من السطح الحر = 0.5 + (3÷2) × 1.5 = 1.5 م

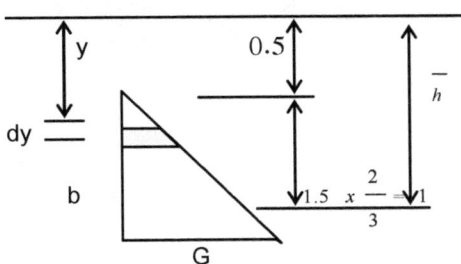

3- جد محصلة القوة الهيدروستاتيكية المؤثرة

$$F_R = \gamma A \bar{h} = 9.81 \ x 1000 \ x \frac{1}{2}(1.5 \ x 0.5)x 1.5 = 5.52 \ kN$$

4- جد عرض المساحة التفاضلية δA

$$\frac{b}{0.5} = \frac{y - 0.5}{1.5}$$

$$b = \frac{1}{3}(y - 0.5)$$

مساحة δA تساوي

$$\delta A = \frac{1}{3}(y - 0.5)dy$$

ومن ثم

$$\int y^2 dA = \int_{0.5}^{2} y^2 \left(\frac{1}{3}\right)(y - 0.5)dy = 0.885$$

$$\int y dA = \int_{0.5}^{2} \frac{1}{3}(y - 0.5)y.dy = 0.5625$$

وعليه

$$y_p = \frac{\int_A y^2 dA}{\int_A y dA} = \frac{0.885}{0.5625} = 1.57 \quad m$$

4 - 4 القوة الهيدروستاتيكية على أسطح منحنية Hydrostatic force on a curved surface

يسهل معالجة المسائل المتضمنة تقدير قيم محصلة الضغط الهيدروستاتيكي من المائع على سطح منحني بإعتبار مركباتها الأفقية والرأسية كل على حدة. ثم يمكن جمعها بطريقة الموجهات.

(أ) المركبة الأفقية Horizontal component للقوة المؤثرة على سطح منحني

يمكن اسقاط أي سطح منحني على مستو رأسي. فمثلاً للشكل (4-6) يمثل الخط أب اسقاط السطح المبين. وإذا مثلت F مركبة القوة الأفقية لمحصلة القوة الهيدروستاتيكية المؤثرة على السطح المائل فمن قانون نيوتن الثالث فإن السطح يؤثر بقوة $-F_x$ على المائع. وليظل المائع المحصور

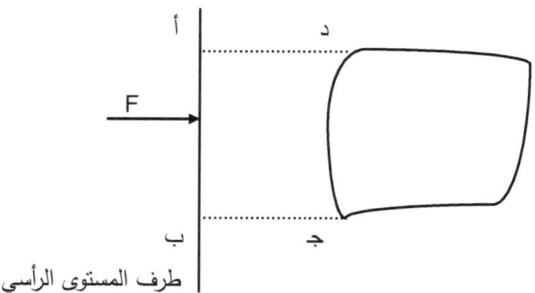

شكل (4-6) المركبة الأفقية للقوة المؤثرة على سطح منحني

بين السطح المائل وخطوط الإسقاط وطرف المستوى الرأسي (أ ب ج د)، في حالة الاتزان فينبغي أن تساوي F_x- القوة المؤثرة على طرف المستوى الرأسي F.

كما وينبغي أن تكون القوتان على مستوى واحد Colinear أي أن القوة F_x- ينبغي أن تعمل على مركز الضغط للإسقاط الرأسي. ومن ثم يمكن تعميم أن القوة الأفقية المؤثرة على أي سطح مائل في أي اتجاه تساوي القوة المؤثرة على اسقاط ذلك السطح على مستوى رأسي عمودي على الإتجاه المعين. ويتطابق خط عمل القوة الأفقية على المستوى المائل مع تلك القوة على الإسقاط الرأسي.

بالنظر إلى شكل (4-7) فإنه يمثل سطح ثلاثي الأبعاد وبه المساحة التفاضلية δA تعمل القوة الهيدروستاتيكية المؤثرة عليها بزاوية θ مع الأفقي. ونسبة لأن مركبة قوة الضغط الأفقية على السطح المائل تساوي قوة الضغط المؤثرة على اسقاط المساحة المائلة؛ فعليه هذه القوة δF_H المؤثرة على جانب واحد من المساحة δA يمكن تمثيلها في المعادلة 4-15.

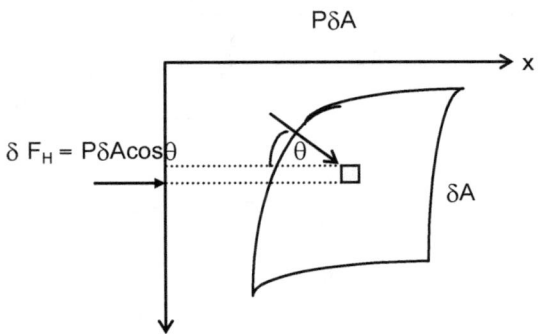

شكل (4-7) القوة الهيدروستاتيكية المؤثرة على السطح بزاوية

$$\delta F_H = \rho . \delta A \cos \theta \qquad\qquad 4\text{-}15$$

بجمع مركبات القوة على كل المساحة تنتج مركبة القوة الهيدروستاتيكية الأفقية كما في المعادلة 4-16.

$$F_H = \int_A \rho \cos \theta \, . dA \qquad\qquad 4\text{-}16$$

حيث:

$\cos\theta.dA$ = اسقاط المساحة δA على سطح عمودي على المحور السيني

(ب) المركبة الرأسية Vertical component للقوة المؤثرة على سطح منحنى

إن المركبة الرأسية لقوة الضغط المؤثرة على سطح منحنى تساوي وزن السائل مباشرة أعلى السطح المنحني والممتد إلى أعلى ليصل إلى السطح الحر. وبالنسبة لشكل (4-8) فتمثل المساحة التفاضلية δA وتعمل عليها قوة ضغط $p\delta A$ عمودية عليها. وبافتراض الزاوية θ بين العمودي على المساحة التفاضلية والمحور الرأسي فعليه تصبح مركبة القوة الرأسية المؤثرة F_V على المساحة هي $P\cos\theta\delta A$ ومقدار القوة الكلية كما موضح في المعادلة 4-17.

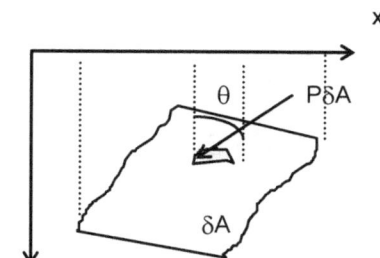

شكل (4-8) المركبة الرأسية للقوة المؤثرة على سطح منحنى

$$F_V = \int_A P \cos \theta \, . dA \qquad\qquad 4\text{-}17$$

حيث:

$P = \gamma h$

h = الإرتفاع من المساحة إلى السطح الحر

$\cos\theta\delta A$ = إسقاط المساحة التفاضلية δA على المستوى الأفقي ومن ثم بالتكامل تنتج المعادلة 4-18.

$$F_V = \gamma \int_A h \cos \theta \, . dA = \gamma \int_V d\forall \qquad \text{18-4}$$

حيث:

$\delta \forall$ = حجم المنشور الذي ارتفاعه h وقاعدته $\cos\theta.\delta A$. أو هو حجم السائل (أو الحجم التخيلي) أعلى المساحة التفاضلية ومن ثم تنتج المعادلة 4-19.

$$F_V = \gamma \forall \qquad \text{19-4}$$

أما نقطة تأثير المركبة الرأسية فيمكن إيجادها بمساواة العزوم لعناصر المركبة الرأسية أعلى محور محدد مع عزم محصلة القوة. وبأخذ مسافة x من النقطة (أ) كما في شكل (4-8) تصبح هذه العزوم كما مبينة في المعادلة 4-20.

$$F_V \, . \, \overline{x} = \gamma \int_V xd \, \forall \qquad \text{20-4}$$

غير أن $F_V = \gamma \forall$

$$\overline{x} = \frac{1}{\forall} \int_V xd \, \forall \qquad \text{21-4}$$

حيث:

$\overline{x}$ = تمثل المسافة من أ إلى خط عمل القوة وتمثل مسافة مركز الثقل لحجم الجسم المغمور.

عليه فإن خط عمل القوة الرأسية يمر عبر مركز ثقل الجسم الحقيقي (أو التخيلي) الممتد أعلى السطح المنحني إلى السطح الحر الحقيقي (أو التخيلي).

مثال 4-7

أسطوانة حديدية قطرها 2 متر وطولها 4 متر موضوعة في جدول ماء مكشوف. وارتفاع الماء أعلى التيار وأدناه بالنسبة للأسطوانة متران ومتراً واحداً على الترتيب كما موضح بالشكل. أوجد مقدار قوة الضغط المؤثرة على الأسطوانة واتجاهها ونقطة تأثيرها.

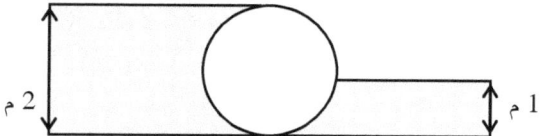

الحل

1- المعطيات: h1 = 2 م، h2 = 1 م، L = 4 م

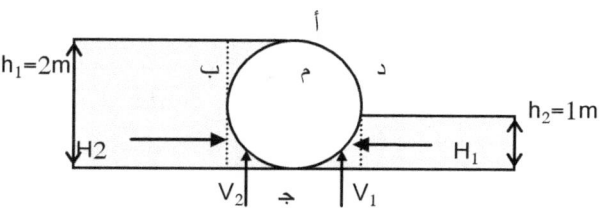

2- جد القوة الأفقية المؤثرة على الأسطوانة H_1 و H_2

$$H_1 = \rho g \, \overline{h_1} \, A$$

$$= \rho g \frac{h_1}{2} . h_1 = \frac{1}{2} \rho g h_1^2$$

$$= \frac{1}{2} \times 1000 \times 9.81 \times 2^2 = 19.6 \quad kN \ / \ m$$

$$H_2 = \frac{1}{2} \rho g h_2^2 = \frac{1}{2} \times 1000 \times 9.81 \times 1^2 = 4.9 \quad kN \ / \ m$$

ثم يمكن إيجاد محصلة القوى الأفقية F_H لتساوي:

$$F_H = H_1 - H_2 = 19.6 - 4.9 = 14.7 \quad kN \ / \ m$$

3- جد مقدار القوى الرأسية المؤثرة على الأسطوانة

V_1 = حجم الماء الذي يمكن أن يملأ المساحة أ ب ج م

$$V_1 = \frac{1}{2} \left(\frac{\pi}{4} (2)^2 \times 9.81 \times 1000 \right) = 15.41 \quad kN \ / \ m$$

V_2 = حجم الماء الذي يمكن أن يملأ المساحة ج د م

$$V_2 = \frac{1}{4} \left(\frac{\pi}{4} (2)^2 \times 9.81 \times 1000 \right) = 7.7 \quad kN \ / \ m$$

125

وعليه القوة الرأسية الكلية $F_V = V_1 + V_2 = 23.11$ kN

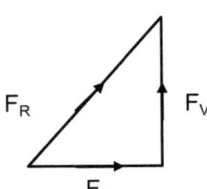

4- جد مقدار محصلة القوة thrust

$$F_R = \left(\sqrt{F_V^2 + F_4^2}\right) \times 4 = \left(\sqrt{23.11^2 + 14.71^2}\right) \times 4 = 109.6 \quad kN$$

5- جد اتجاه المحصلة $\theta = \tan^{-1} \frac{F_V}{F_H} = \frac{23.11}{14.71} = 57.5°$

وتمر المحصلة بالنقطة م.

برنامج 4-7:

```
Public Class Form1
    Const rho = 1000
    Const g = 9.81

    Private Sub Form1_Load(ByVal sender As System.Object,
                           ByVal e As System.EventArgs)
                           Handles MyBase.Load
        Label1.Text = "ارتفاع الماء 1-م"
        Label2.Text = "ارتفاع الماء 2-م"
        Label3.Text = "طول الأسطوانة-م"
        Label4.Text = "قطر الأسطوانة-م"
        Label5.Text = "القوى الأفقية"
        Label6.Text = "القوى الرأسية"
        Label7.Text = "محصلة القوى"
        Label8.Text = "زاوية المحصلة"
        Me.Text = "مثال 4-7"
        Button1.Text = "احسب القوى"
        Me.FormBorderStyle =
              Windows.Forms.FormBorderStyle.FixedSingle
    End Sub

    Private Sub Button1_Click(ByVal sender As
                              System.Object,
                              ByVal e As System.EventArgs)
```

```
                        Handles Button1.Click
Dim h1, h2, D, L As Double
Dim vH1, vH2, V1, V2 As Double
Dim FH, FV, FR, theta As Double

'collect inputs
h1 = Val(TextBox1.Text)
h2 = Val(TextBox2.Text)
L = Val(TextBox3.Text)
D = Val(TextBox4.Text)

'calculate horizontal forces
vH1 = rho * g * (h1 ^ 2)
vH1 /= 2
vH2 = rho * g * (h2 ^ 2)
vH2 /= 2
'calculate forces sum
If vH1 > vH2 Then
    FH = vH1 - vH2
Else
    FH = vH2 - vH1
End If

'calculate vertical forces
V1 = rho * g * (D ^ 2) * (Math.PI / 4)
V1 /= 2
V2 = rho * g * (D ^ 2) * (Math.PI / 4)
V2 /= 4
'calculate forces sum
FV = V1 + V2

'calculate total forces sum
FR = Math.Sqrt((FV ^ 2) + (FH ^ 2))
FR *= L

'calculate angle
Dim tan As Double = FV / FH
theta = Math.Atan(tan)
'convert to degrees
'radian = degree * Pi / 180
theta = theta * 180 / Math.PI

'show results
TextBox5.Text = FormatNumber(FH, 2)
TextBox6.Text = FormatNumber(FV, 2)
TextBox7.Text = FormatNumber(FR, 2)
```

127

```
        TextBox8.Text = FormatNumber(theta, 2)
    End Sub
End Class
```

4 - 5 تمارين عامة

4 - 5 - 1 تمارين نظرية

1)ما المقصود بمائع؟ مع إعطاء أمثلة.

2)ما فائدة معرفة مقدار القوة الهيدروستاتيكية وموقع عملها؟

3)ما العوامل المؤثرة على اتزان المائع وسكونه؟

4)ما العوامل المؤثرة على مقدار محصلة القوى الهيدروستاتكية الواقعة على أرضية خزان ماء أو سد مائي أو مستودع زيت؟

5) أيهما أكبر القوة المؤثرة على سطح أفقي أم تلك المؤثرة على مستوى مائل بافتراض ثبات المتغيرات الأخرى؟

6)ما العوامل المؤثرة على محصلة القوى العاملة على سطح مائل مغمور في مائع؟

7)لماذا يكون مركز الضغط أدنى من مركز الثقل؟

8)كيف يمكن تقدير المركبة الأفقية للقوة المؤثرة على سطح منحنى؟

9)كيف يتسنى إيجاد المركبة الرأسية للقوة المؤثرة على سطح منحنى؟ وما أهم العوامل المؤثرة فيها؟

10)اشرح بالرسم عمل الرافعة الهيدروليكية.

4 - 4 - 2 تمارين عملية

1)خزان مفتوح يحتوي على طبقة من زيت كثافته النوعية 0.75 على الماء. إذا كان عمق الزيت 2 متر وعمق الماء 3 متر، احسب ضغط الجهاز، والضغط المطلق اسفل الخزان إذا كان الضغط الجوي 1 بار. (الإجابة: 0.44 بار، 1.44 بار).

2) خزان مقفول يحتوي على 0.5 متر من الزئبق و 2 متر من الماء و 3 متر من زيت كثافته 600 كجم/م^3، وهناك هواء أعلى الزيت. إذا كان ضغط الجهاز أسفل الخزان 200 كيلو نيتون/م^2 ما ضغط الهواء في أعلى الخزان؟ (الإجابة: 96 كيلوباسكال).

3) سطح مستطيل الشكل ذو طول 3 متر وعرض 2 متر مغمور في الماء صانعاً زاوية 45 درجة مع الأفقي. باعتبار أن الجوانب ذات الطول 3 متر أفقية. احسب مقدار القوة المطبقة على وجه واحد من السطح المغمور، وعمق مركز الضغط إذا كانت الحافة العلوية للسطح:

1. محاذية لسطح الماء.
2. مغمورة لعمق 20 سم تحت سطح الماء.
3. مغمورة لعمق 10 متر تحت سطح الماء.

4) بوابة شكلها مثلث وضعت في الجزء الراسي من خزان مفتوح، ولها مفصلة حول المحور أ ب. أوجد عزم قوة الماء على البوابة بالنسبة للمحور أ ب.

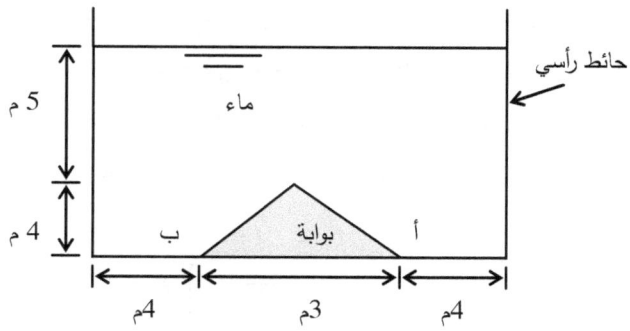

5) يحوي خزان مغلق طوله 6 متر كحول كثافته 7.7 كيلو نيوتن/م^3. إذا كان ضغط الهواء 30 كيلو باسكال، أوجد مقدار محصلة القوة المؤثرة على جانب من الخزان.

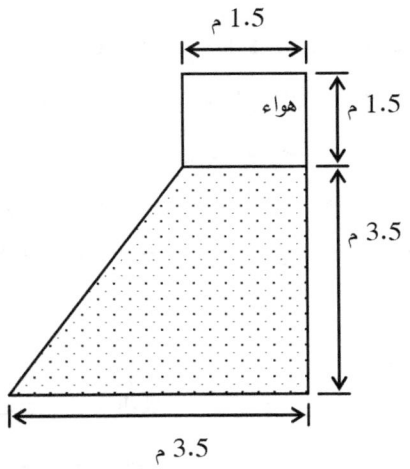

6) مانومتر على شكل U قطر الجزء الأسفل منه (ق 1) وجزءاه العلويان بقطر أكبر (ق 2). يحتوي الأنبوب بقطر (ق 1) على سائل كثافته النسبية ρ يعلوه في كل من الفرعين سائل كثافته النوعية S. السطوح الحرة موجودة في الأجزاء العليا الكبيرة القطر. أما السطوح المشتركة بين السائلين فموجودة في الجزء الأسفل وهي على نفس المستوى. أستنبط تعبيراً رياضياً يعطي الفرق في الضغط في غازين.

7) خزان أسطواني مفتوح قطره 2 م وارتفاعه 4 متر يحوي ماء وقعره منتصف كروي. جد مقدار قوة الماء المؤثرة على السطح المنحني واتجاهاه ومنطقة تأثيرها.

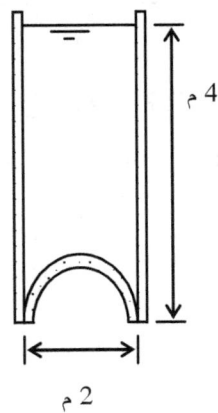

8) جد القوة الأفقية والرأسية ومحصلة القوة واتجاهها التي تؤثر على البوابة ربع الدائرة أ ب في الشكل التالي من جراء الماء في جهة والهواء في الجهة الأخرى، علماً بأن عرض البوابة 1.5 متراً ونصف قطرها متراً واحداً. (الإجابة: 29.43، 25.2، 38.7 كيلو نيوتن)

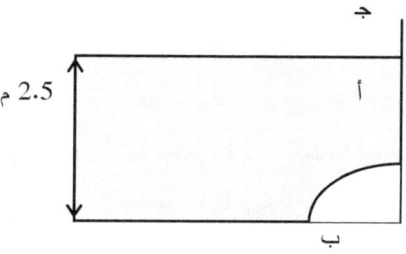

9) جد مقدار ونقطة تأثير القوة الأفقية والرأسية التي تعمل على ربع الدائرة أ ب (نصف قطرها متراً واحداً) في الحوض المبين على الشكل إذا كان طوله متران (المسافة العمودية على الرسم). أوجد مقدار القوة الأفقية والرأسية المؤثرة على البوابة أ ب إذا كان الماء على جانبيها بنفس ارتفاعه على الجانب الأيسر المبين في الشكل. (الإجابة: 68.67 كيلو نيوتن،   3.67 م؛   74.3 كيلو نيوتن،   0.48 م؛   68.67 كيلونيوتن، 74.3 كيلونيوتن)

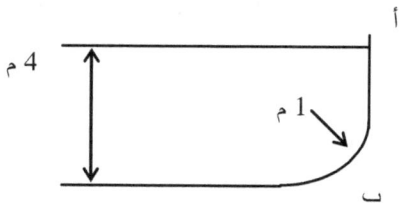

10)   يبين الشكل مقطع عبر سد له وجه في شكل قطع مكافئ parabolic وقمته في (أ). جد محصلة القوة الناتجة من الماء وموضعها بالنسبة للنقطة أ. (الإجابة: 7.1 مجانيوتن، 22.5 م)

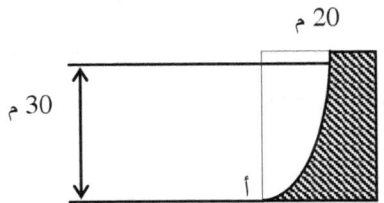

11) وضعت بوابة دائرية على الحائط المائل لخزان ماء كبير وحملت البوابة على عمود حول قطرها الأفقي. أوجد مقدار ونقطة تأثير محصلة قوة الضغط المؤثرة على البوابة من الماء. أوجد مقدار العزم المطلوب وضعه في العمود للتغلب على العزم الناتج من الماء. (الإجابة: 986 كيلونيوتن، 9.34 م، 98.6 كيلو نيوتن.متر)

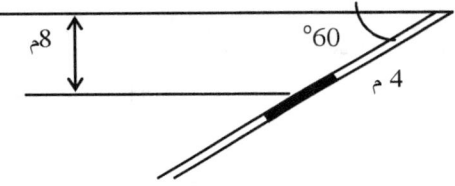

12) يحوي حوض زيت كثافته النوعية 0.85 والحوض تحت ضغط يقدر بمقياس الضغط 40 كيلو باسكال. للحوض فتحة مغطاة بلوح مربع طول ضلعه 0.5 متراً مربوطة بمسامير على جانبه. أوجد مقدار محصلة القوة المؤثرة على اللوح ومكان عملها. (الإجابة: 16.2 كيلو نيوتن، 0.25 م)

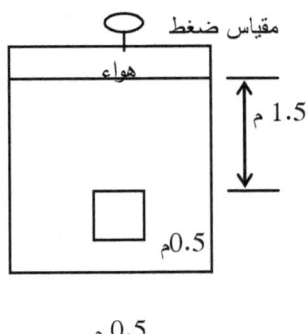

132

13) بوابة تحكم Sluice أ ب جـ في شكل قوس دائري نصف قطره 4 متر موضوعة لحجز ماء. أوجد مقدار محصلة قوة ضغط الماء على البوابة، ومكان عملها من النقطة د في خط عملها. (الإجابة: 79.8 كيلو نيوتن، 15°)

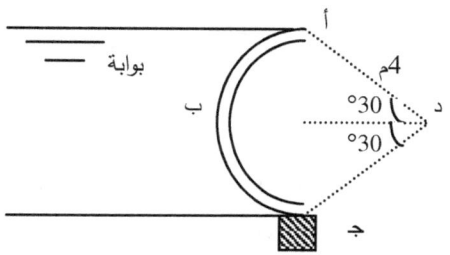

14) يحوي حوض أسطواني عرضه متراً واحداً ماء وزيت وسطحه العلوي معرض للهواء الجوي. أوجد مقدار محصلة القوة المؤثرة على أرضية الحوض من هذه الموائع الساكنة. (الإجابة: 23.9 كيلو نيوتن)

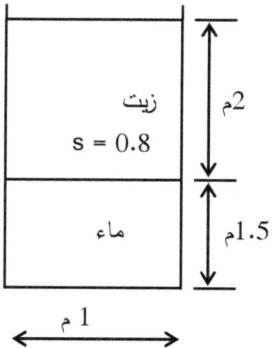

15) فتحة بشكل شبه منحرف في الجدار العمودي لخزان قفلت بقطعة من الصاج المسطح بمفصلة بالحافة العليا. قطعة الصاج متماثلة حول خط النصف وعمقها 1.2 م، طول حافتها العليا 1.08 م وطول الحافة السفلى 1.92 م. سطح الماء الحر على ارتفاع 75 سم من الحافة العليا للصاج. أوجد العزم حول المفصلة المطلوب لجعل الفتحة مغلقة. (الإجابة: 36.97 كيلو نيوتن.متر)

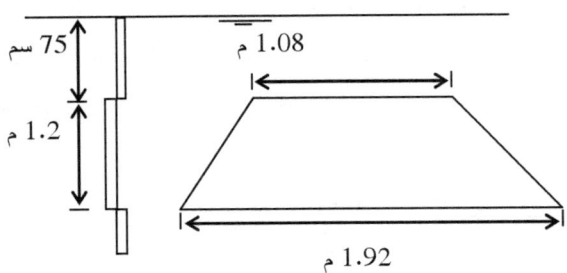

16) يوضح الشكل بوابة شبه اسطوانية بارزة في حوض زيتي (كثافته النسبية 0.8). أوجد مقدار مركبة القوة الأفقية المؤثرة على البوابة. أوجد صافي القوة الرأسية المؤثرة على البوابة. أوجد محصلة قوة الضغط المؤثرة على البوابة. (الإجابة: 20 كيلو نيوتن/متر طولي)

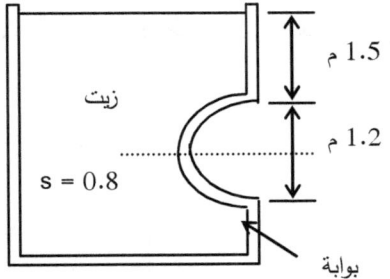

17) لوح مستطيل أبعاده 1.5م×1.8م غمر كلياً بالماء في وضع يكون فيه الضلع 1.5م أفقياً والضلع 1.8 م رأسياً. أوجد قوة الدفع على جانب واحد من اللوح وعمق مركز الضغط إذا كانت الحافة العليا للوح 0.3 متر من السطح الحر للماء. (الإجابة: 31.8 كيلو نيوتن، 1.425 م)

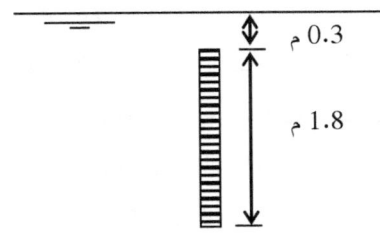

134

18) بوابة قطرها 1.2 متر موضوعة على حائط رأسي لحوض يحوي زيت كثافته النسبية 0.9. وتفتح البوابة حول مرتكز أفقي (أ) يقع على بعد 4 سم أدنى نقطة مركز الثقل CP. أوجد الإرتفاع "h" الذي يمكن أن يرتفع إليه الماء دون حدوث عدم توازن بعزم في اتجاه عكس اتجاه الطواف حول المرتكز (أ). وأوجد محصلة قوة الضغط المؤثرة علىالبوابة عند فتحها. (الإجابة: 1.65م، 22.5 كيلو نيوتن)

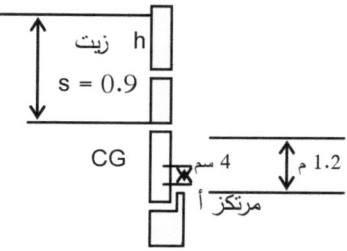

19) السد في الشكل ربع دائرة عرضها 30 متراً. أوجد مركبة القوة الأفقية والرأسية ومحصلة قوة الضغط المائي المؤثرة على السد. وأوجد نقطة تأثير هذه المحصلة. (الإجابة: 33.1 كيلو نيوتن، 52 كيلو نيوتن، 61.6 كيلو نيوتن، (5،6.4))

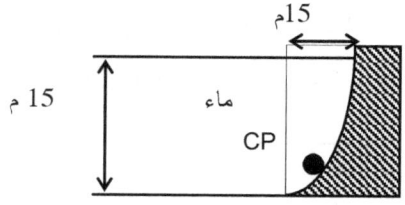

20) إناء أسطواني الشكل قطره 0.5 متر ومحوره رأسي ممتلئ بالماء لعمق 1.5 متر. أوجد الضغط الكلي على السطح المنحني. وأوجد محصلة القوة المؤثرة على هذا السطح. (الإجابة: 5.8 كيلو نيوتن)

21) خزان ذو واجهة أمامية منحنية مصممة تبعاً للعلاقة $Y = X^2/4$. إذا كان عمق الماء المحجوز بواسطة الخزان يساوي 12m. جد مقدار ومحصلة واتجاه القوى الهايدروستاتيكية الناتجة عن ضغط الماء على الخزان.

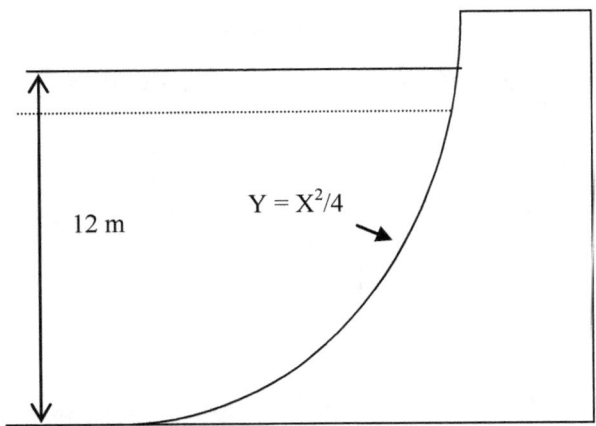

22) لوح دائري قطره 1.5 متر تم غمره تحت سطح ماء على درجة حرارة 20°م بحيث أن المسافة الرأسية لمحيطه تقع على أبعاد 0.5 م و 1.5 م أدنى سطح الماء كما موضح في الشكل. أوجد القوة الكلية المؤثرة على جانب اللوح والارتفاع الرأسي لمركز الضغط أدنى سطح الماء. (الإجابة: 17.3 كيلو نيوتن، 0.9 م)

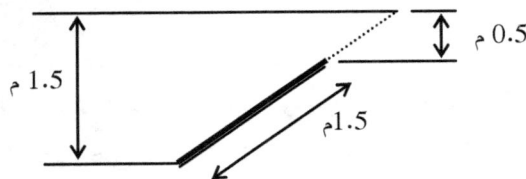

23) باب ماسورة AB قطره 1.8 متر يتأرجح حول مفصلة أفقية C 10سم تحت مركز الثقل. إلى أي عمق يمكن أن ترتفع المياه دون أن تسبب عزم غير موزون حول المفصلة. (الإجابة: 1.16 متر)

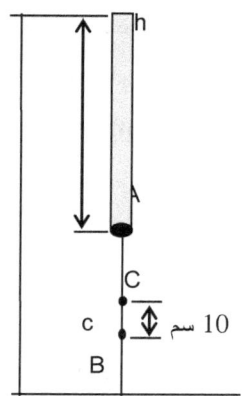

24) الشكل يوضح بوابة اسطوانية تحجز ماء. اذا كان طول البوابة 1 متر ونقطة التلامس عند A ناعمة أوجد وزن الاسطوانة وقوة الضغط عند A.

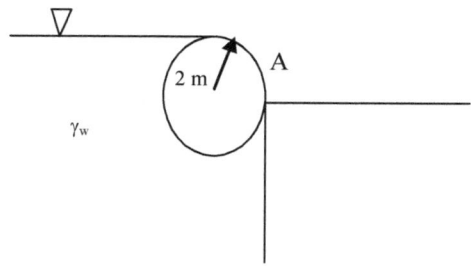

25) عرف المائع المثالي. أنبوب يتغير قطره من 200mm إلى 100mm إذا كان تصريف الماء المار في الماسورة $Q = 0.08m^3/s$ جد فاقد الضغط $\Delta\pi$ علماً بأن ارتفاع محور الماسورة عن خط الاسناد عند القطرين 200mm و 100mm هو 13.5m و 12.1m على الترتيب.

26) الشكل يوضح أن A ,B في مستوي أفقي واحد، أوجد التصريف الكلي Q و قارن الضغط بين A ,B لجريان الماء إذا كان:

D1 = 200mm	V1 = 0.6m/s
D2 = 250mm	V2 = 0.6m/s
D3 = 300mm	V3 = 0.4m/s

27) بوابة مستطيلة الشكل أبعادها 6 : 2 متر موصلة بمفصل عند القاعدة و مائلة بزاوية 60 درجة علي الأفقي ، الطرف العلوي للبوابة يظل ثابتاً في موضعه عن طريق وزن قدره 60 كيلو نيوتن و يؤثر بزاوية 90 درجة كما هو موضح بالشكل، بإهمال وزن البوابة أوجد مستوي الماء الذي يجعل البوابة تسقط.

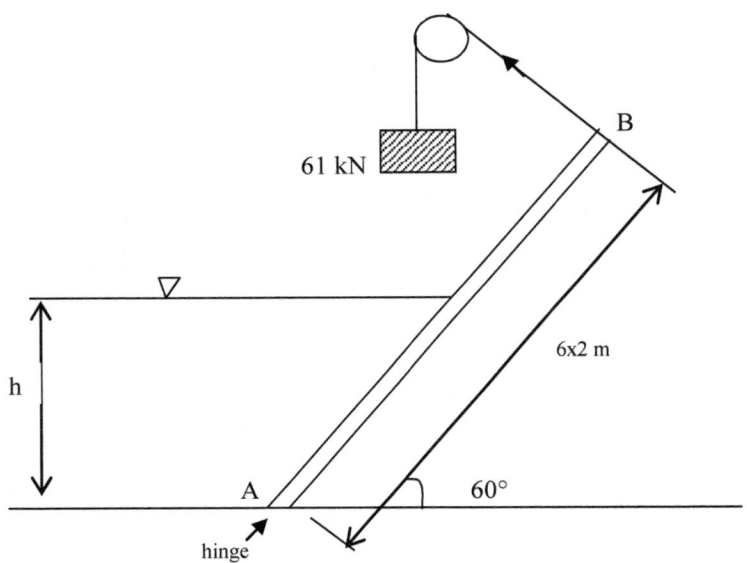

28) البوابة المستطيلة AB تحجز مائع كثافته النسبية 0.85 كما هو موضح بالشكل. إذا كان طول البوابة يساوي 3.0m وعرضها 2.0 أحسب: القوة التي يعمل بها المائع على البوابة AB، ومركز الضغط لهذه القوة، والقوة F_B المؤثرة عند النقطة B لجعل هذه البوابة مغلقة.

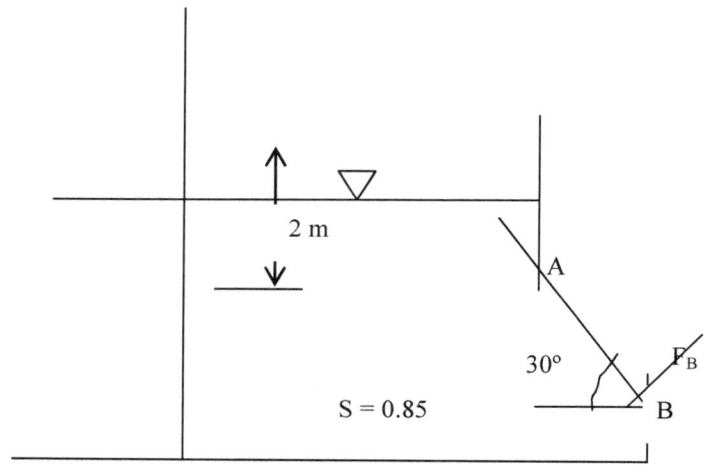

29) بوابة دائرية الشكل قطرها D بها فتحة دائرية صغيرة قطرها d إذا علمت أن D = 4d وكانت البوابة غاطسة كلياً في الماء ومائلة بزاوية ϕ مع الأفقي . أثبت أن محصلة الضغط على البوابة يمكن أن تعطي بالعلاقة:

$$\frac{\gamma \pi D^2}{64}\left[3\frac{1}{4}D\sin\phi + 15\,a\right]$$. كم تساوي المحصلة إذا كانت الفتحة مغلقة.

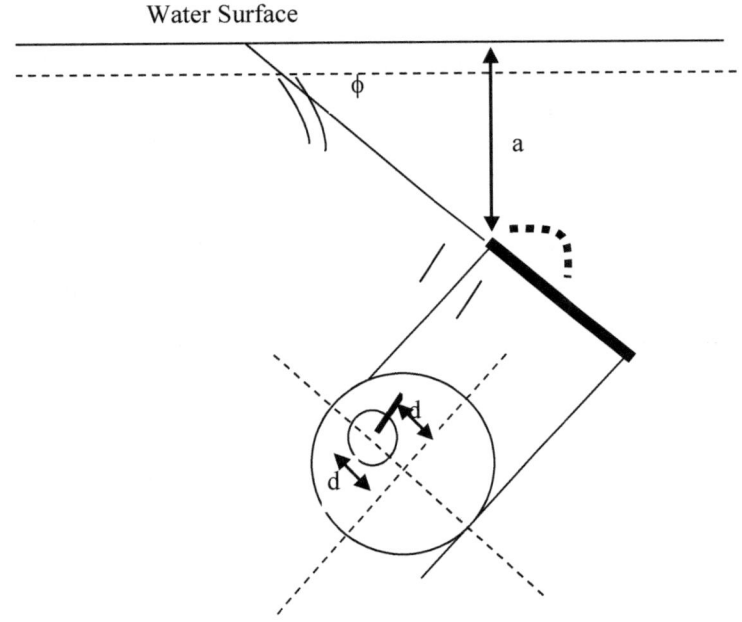

Water Surface

ϕ

a

d

d

الفصل الخامس

الطفو

Buoyancy

5 - 1 مقدمة

من الدروس السابقة اتضح أن الضغط في الموائع يزيد مع زيادة العمق ؛ ومن ثم فإن المائع سوف يبذل محصلة قوى رأسية على أي جسم مغمور جزئياً أو كلياً. وتسمى هذه القوة قوى الطفو.

ليس لقوى الطفو مركبة أفقية لأن الدفع الأفقي متساوي في كل الاتجاهات على سطح عمودي على الجسم. ويمثل VV في شكل 5-1 سطح عمودي على الجسم، وتتساوى المساحة المسقطة من كل من الجانبين على السطح؛ وبالتالي تكون القوى F من الجانبين متساوية ومتعاكسة؛ وتكون محصلة القوى الأفقية نتيجة لضغط المائع المحيط صفراً؛ ومن ثم فالقوة الوحيدة المبذولة من المائع على جسم مغمور هي قوى الطفو.

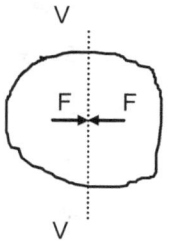

شكل (5-1) القوى الأفقية

بالنظر إلى الجسم جـ د هـ و في شكل 5-2 فإن قوى الدفع إلى أعلى upward upthrust على السطح الأسفل جـ و هـ يساوي وزن حجم المائع أعلى السطح؛ أي وزن حجم المائع ب جـ و هـ أ. وقوة الدف إلى أسفل downward thrust على السطح الأعلى جـ د هـ تساوي وزن حج المائع ب جـ د هـ أ. وعليه فإن محصلة قوى الدفع إلى أعلى من المائع على الجسم كما مبينة في المعادلة 5-1.

وزن حجم المائع (ب جـ و هـ أ) – وزن حجم المائع (ب جـ د هـ أ) = وزن حجم المائع (جـ د هـ و)   5-1

أي أن محصلة قوى الدفع إلى أعلى تساوي المائع المزاح بوساطة الجسم.

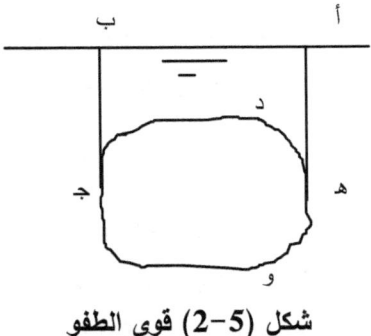

شكل (5-2) قوى الطفو

5 – 2 مركز الطفو Centre of Buoyancy

هذه هي نظرية ارخميدس "بما أن المائع في حالة اتزان لو تخيلنا أن الجسم المغمور قد أزيح ووضع مكانه حجم مساو من المائع سيكون هذا المائع المضاف في حالة اتزان تحت تأثير وزنه وقوى الدفع المسلطة عليه من المائع المحيط. ومحصلة قوى الدفع هذه هي قوى الطفو؛ التي لابد أن تكون مساوية ومعاكسة لوزن المائع المحتل مكان الجسم. ولابد أن تمر هذه المحصلة بمركز الثقل centre of gravity لذلك المائع. وإذا كان المائع منتظم الوزن لوحدة حجم فيتطابق هذا المركز مع المركز المتوسط للمائع centroid؛ وفي

هذه الحالة يكون أيضاً هو مركز الطفو. يعتمد هذا المركز على شكل وحجم المائع. وعادة يختلف عن مركز الثقل الذي يعتمد على طريقة توزيع وزن المائع عبر حجمه.

بالنسبة إلى شكل 5-3 إذا كان هناك جسماً مغموراً بحيث يكون جزء من حجمه (V_1) مغموراً في مائع بكثافة ρ_1 وبقية الجسم (V_2) مغموراً في مائع بكثافة ρ_2 غير قابل للاختلاط بالمائع الأول فإن:

قوى الدفع إلى أعلى على $V_1 = R_1 = \rho_1 \, g \, V_1$ تعمل عند G_1 مركز V_1.

وقوى الدفع إلى أعلى على $V_2 = R_2 = \rho_2 \, g \, V_2$ تعمل عند G_2 مركز V_2.

مجموع قوى الدفع إلى أعلى $= \rho_1 \, g \, V_1 + \rho_2 \, g \, V_2$ (5-2)

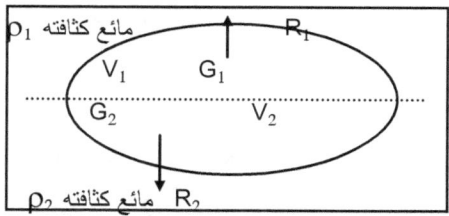

شكل (5-3) قوى الدفع على الجسم المغمور

فموضع G_1، G_2 ليس بالضرورة أن يكون على نفس الخط الرأسي وعليه فإن مركز الطفو للجسم كله ليس بالضرورة أن يمر بخط مركز الجسم.

مثال 5-1

عوامة مستطيلة طولها $L = 12$ م، وعرضها $B = 6$ م، وغاطسها $D = 1.5$ م تعمل في الماء العذب ($\rho = 1000$ كجم/م^3)، أحسب:

(أ) وزن العوامة،

(ب) غاطس العوامة في ماء البحر ($\rho = 1025$ كجم/م^3)،

(ج) الحمولة التي يمكن حملها (كيلو نيوتن) في الماء العذب إذا كان أكبر غاطس مسموح به 2 م.

الحل

1. المعطيات: L = 12 م، B = 6 م، D = 1.5 م كثافة الماء العذب ρ 1000 = كجم/م^3، كثافة ماء البحر ρ 1025 = كجم/م^3، أكبر غاطس مسموح به 2 م
2. عندما تكون العوامة دون حمولة فإن:

قوة الدفع إلى أعلى على الحجم المغمور = وزن العوامة

$$W = \rho gBLD = 1000 x 9.81 x 6 x 12 x 1.5 x 10^{-3} = 1059.5\ kN$$

3. أوجد الغاطس في ماء البحر من المعادلة:

$$D_s = \frac{W}{\rho gBL} = \frac{1059.5 \ x 10^3}{1025 \ x 9.81 \ x 6 \ x 12} = 1.46 \ m$$

4. أعلى حمولة يمكن حملها إذا كان أعلى غاطس هو 2 م:

قوى الدفع القصوى إلى أعلى = $\rho gBLD = 1000 \times 9.81 \times 6 \times 12 \times 2 = 1412$ كيلو نيوتن

الحمولة التي يمكن حملها = 1412− 1059 = 353 كيلو نيوتن

برنامج 5-1:

```
Public Class Form1
    Const g = 9.81

    Private Sub Form1_Load(ByVal sender As System.Object,
                           ByVal e As System.EventArgs)
                           Handles MyBase.Load
        Label1.Text = "العوامة طول"
        Label2.Text = "العوامة عرض"
        Label3.Text = "العوامة غاطس"
        Label4.Text = "العذب الماء كثافة"
```

```
        Label5.Text = "كثافة ماء البحر"
        Label6.Text = "أكبر غاطس مسموح"
        Label7.Text = "وزن العوامة"
        Label8.Text = "الغاطس في ماء البحر"
        Label9.Text = "الحمولة"
        Button1.Text = "احسب"
        Me.Text = "مثال 5-1"
        Me.FormBorderStyle =
                Windows.Forms.FormBorderStyle.FixedSingle
    End Sub

    Private Sub Button1_Click(ByVal sender As System.Object,
                          ByVal e As System.EventArgs)
                          Handles Button1.Click
        Dim W, rho, B, L, D As Double
        Dim rho_s, Ds, Dmax As Double

        L = Val(TextBox1.Text)
        B = Val(TextBox2.Text)
        D = Val(TextBox3.Text)
        rho = Val(TextBox4.Text)
        rho_s = Val(TextBox5.Text)
        Dmax = Val(TextBox6.Text)

        W = rho * g * B * L * D
        Ds = W / (rho_s * g * B * L)
        Dim upforce = rho * g * B * L * Dmax
        Dim weight = upforce - W

        TextBox7.Text = FormatNumber(W, 2)
        TextBox8.Text = FormatNumber(Ds, 2)
        TextBox9.Text = FormatNumber(weight, 2)
    End Sub
End Class
```

5-3 اتزان الأجسام الطافية Equilibrium of Floating Bodies

عندما يطفو جسم في وضع رأسي في حالة اتزان في سائل تكون القوى الحاضرة هي قوة الدفع إلى أعلى R (= ρgV) والتي تمر بمركز الطفو B ووزن الجسم W (= mg) والذي يمر بمركز الثقل G. وعند حالة الاتزان فلابد أن يتساوى R و W ويقعا على نفس الخط المستقيم (أنظر شكل 5-4).

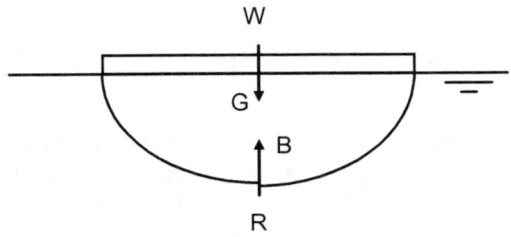

شكل (5-4) قوى الطفو

ومن ثم يمكن كتابة المعدلة 5-3 لاتزان القوى.

$$mg = ρgV$$ 5-3

أو

$$V = \frac{mg}{ρg} = \frac{m}{ρ}$$ 5-4

كما ذكر سابقاً فإن اتزان الجسم إما أن يكون مستقراً أو غير مستقر أو سلبي معتمداً على تأثير إزاحة صغيرة من وضع الاتزان؛ هل يجنح الجسم للعودة لحالة الاستقرار أم يتحرك بعيداً عن حالة الاتزان؟ أو يظل في حالة الإزاحة؟ ومن المؤكد أنه بالنسبة للأحجام الطافية مثل السفن فإن حالة الاستقرار ذات أهمية قصوى.

4-5 استقرار الأجسام المغمورة Stability of Submerged Bodies

بالنسبة للأجسام المغمورة كلياً في مائع يمر خط الوزن (W = mg) بمركز الثقل بالنسبة
للجسم بينما يمر خط قوة الدفع إلى أعلى بمركز وسط الجسم وهذا هو مركز الطفو . ومهما
يحدث من تحولات في الجسم تظل هاتان النقطتان في نفس الموضع بالنسبة للجسم .

من الشكل 5-5 يمكن ملاحظة أن إزاحة صغيرة θ من حالة الاتزان سوف تكون عزم
مقداره W.BG.θ . إذا كان مركز الثقل G تحت مركز الطفو B يكون هذا عزم إرجاع أو
عزم إصلاح ويجنح الجسم إلى العودة إلى حالة الاستقرار . أما إذا كان مركز الثقل G
أعلى من مركز الطفو B يكون هذا عزم قلب؛ ويكون الجسم في حالة عدم استقرار . لاحظ
أنه وبما أن الجسم مغمور غمراً كاملاً فإن شكل المائع المزاح لا يتغير عند إمالة الجسم،
وعليه يظل مركز الطفو في نفس الموضع بالنسبة للجسم .

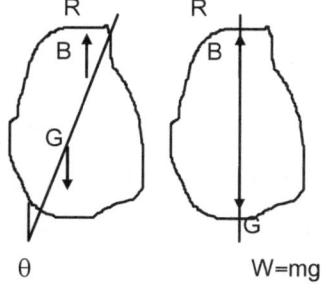

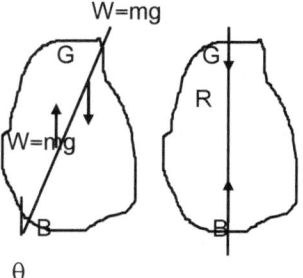

(ب) مستقر   (أ) غير مستقر

شكل 5-5 حالة الاستقرار

5-5 استقرار الأجسام الطافية Stability of Floating Bodies

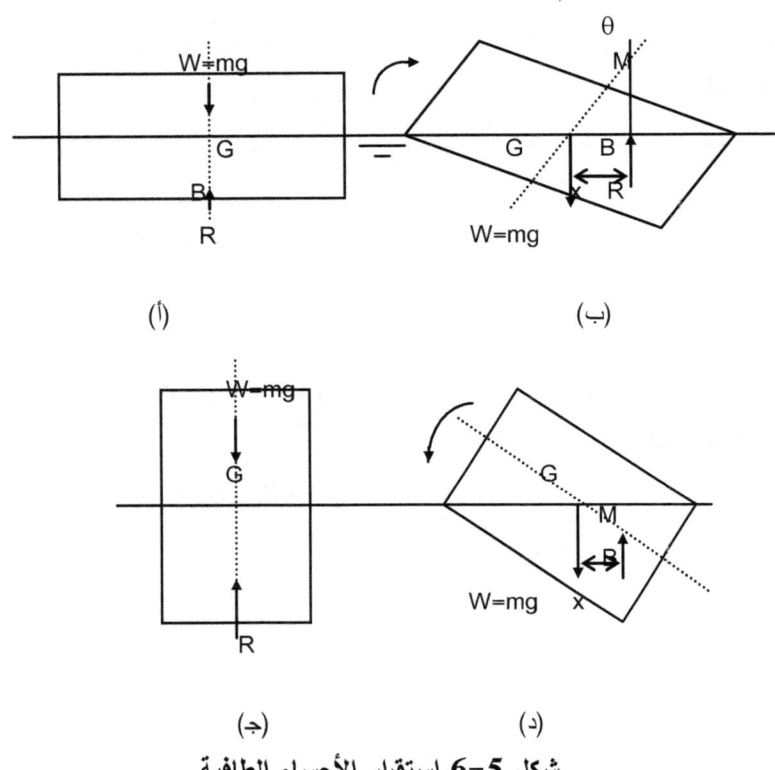

شكل 5-6 استقرار الأجسام الطافية

في الشكل 5-6 إن الجسم الطافي G في حالة اتزان، ويمر الوزن W (= mg) بمركز الثقل G، وتمر قوى الطفو التي تعمل إلى أعلى بمركز الطفو B على نفس الخط المستقيم. وعند إمالة الجسم بزاوية صغيرة θ (شكل ب)، يستمر الوزن ماراً بمركز الثقل G، وحجم السائل لم يتغير لأن R = W لكن تغير شكله وتحول موقع مركز الطفو كما مبين ولم يعد R و W يقعان على نفس الخط المستقيم. وعليه، يتكون عزم دوران قيمته W.x؛ وهو عزم إرجاع (أو عزم إصلاح). أما بالنسبة للشكل جـ فيقع كل من مركز الثقل ومركز الطفو على نفس الخط المستقيم. وإذا تمت إمالة صغيرة للجسم يغير الوضع كما مبين في الرسم د، ويظل مركز الثقل في نفس المكان لأن الحجم لم يتغير. أما الشكل

فتغير ومن ثم تحول مركز الطفو وتكون عزم W.x ولكنه في هذه الحالة عزم انقلاب يجنح الجسم معه للحركة في نفس اتجاه الإمالة. وإذا كانت النقطة M هي نقطة التقاء خط فعل قوي الدفع R مع الخط الرأسي المار بمركز الثقل(G) في الوضع الابتدائي (أي قبل الإمالة) تنتج المعادلة 5-5.

$$x = GM.\theta \qquad 5-5$$

إذا كانت الزاوية θ صغيرة بحيث أن: $\sin\theta = \tan\theta = \theta$ (radians) فتسمى النقطة M بالمركز البيني Metacentre والمسافة GM تسمى الارتفاع البيني Metacentric height

بمقارنة الشكل (ب) والشكل (د) يتضح التالي:

1) إذا كانت M تقع أعلى من G يتكون عزم إرجاع مقداره: W.GM.θ ويكون اتزان الجسم مستقراً و GM بقيمة موجبة.

2) إذا كانت M أسفل G يتكون عزم انقلاب مقداره: W.GM.θ، ويكون الاتزان غير مستقر، وتكون GM بقيمة سالبة.

3) إذا تطابق موقع M و G فان الجسم يكون سلبي الاتزان.

بما أن الجسم الطافي يمكن أن يميل في أي اتجاه فمن المعروف بالنسبة للسفن إذا كانت الإزاحة حول الخط الطولي للسفينة يسمى هذا عطوفاً (rolling)، وإذا كانت الإزاحة حول خط العرض يسمى هذا ترجحاً. وموقع الارتفاع البيني سيكون مختلفاً عند العطوف أو الترجح.

5-6 تحديد الارتفاع البيني Determination of the Metacentric height

يمكن تحديد الارتفاع البيني لمركب إذا عُرفت زاوية الميل θ التي تحدث عند تحويل حمولة P مسافة معلومة x على سطح المركب.

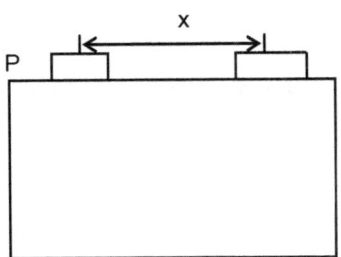

شكل 5-7 تحديد الارتفاع البيني

عزم القلب الناتج من تحويل الحمولة P هو P.x، إذا كان GM الارتفاع البيني و W (= mg) هو وزن المركب بما في ذلك P فإن: عزم الإصلاح = W.GM.θ. لحدوث الاتزان في حالة الإمالة لابد أن يتساوى عزم الإصلاح وعزم القلب حسب المعادلة 5-6.

$$W.GM.\theta = Px \qquad 5-6$$

وعليه

$$GM = \frac{Px}{W\ \theta} \qquad 5-7$$

الارتفاع البيني الحقيقي هو القيمة عندما (θ→0)

5-7 تحديد موضع المركز البيني بالنسبة لمركز الطفو Determination of the position of the metacentre in relation to the centre of buoyancy

يمكن تحديد مركز الطفو B للمركبات المعلومة الشكل والإزاحة بسهولة نسبياً، كما يمكن حساب موضع المركز البيني M بالنسبة لمركز الطفو كما يلي:

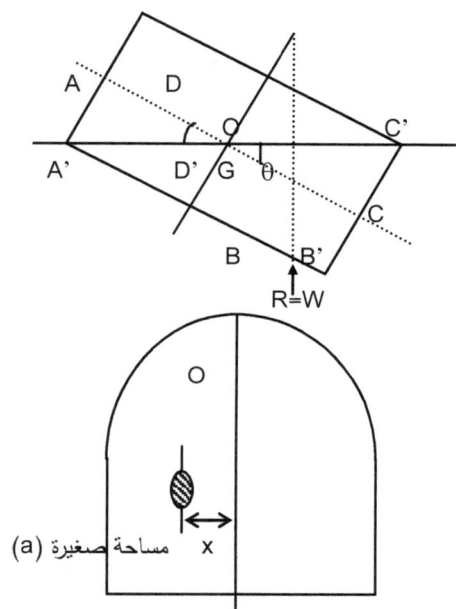

شكل (5-8) المركز البيني ومركز الطفو

في الرسم AC هو سطح خط الماء الأصلي، و B مركز الطفو في حالة الاتزان. وعند إمالة المركب بزاوية صغيرة θ يتحول مركز الطفو إلى 'B نتيجة للتغيير في شكل المائع المزاح. 'A'C هو سطح خط الماء في حالة الإزاحة، وإذا كانت الزاوية θ صغيرة تنتج المعادلة 5-8.

$$BM = \frac{BB'}{\theta} \qquad\qquad 5-8$$

إن تحرك مركز الطفو وهو مركز ثقل المائع المزاح من B إلى 'B نتيجة لإزاحة حجم من المائع مناظر للإسفين 'AOA وإضافة الإسفين 'COC ويبقى وزن الماء المزاح ثابتاً لأنه يساوي وزن المركب وبالتالي فإن:

وزن الإسفين 'AOA = وزن الإسفين 'COC.

151

إذا كانت (a) مساحة صغيرة في سطح خط الماء على مسافة x من محور الإمالة OO فإنها سوف تولد حجماً صغيراً يبدو مظللاً في الشكل 5-8 عند إمالة المركب.

الحجم المزاح بالمساحة (a) = $DD' \times a = ax\theta$

بتجميع كل الأحجام المماثلة وبعد الضرب في الوزن النوعي ρg للمائع فإن:

وزن الإسفين $AOA' = \sum_{x=O}^{x=AD} \rho g a x \theta$ 9-5

وبالمثل

وزن الإسفين $COC' = \sum_{x=O}^{x=CD} \rho g a x \theta$ 10-5

وبما أنه لا يوجد تغيير في الإزاحة نحصل من المعادلتين السابقتين على المعادلة 5-11.

$$\rho g \theta \sum_{x=0}^{AD} ax = \rho g \theta \sum_{x}^{CD} ax$$ 5-11

لكن ax هو العزم الأول لمساحة سطح خط الماء حول OO ولذا لابد أن يمر المحور OO عبر المركز المتوسط لسطح خط الماء.

الآن يمكن حساب المساحة BB′ إذ أن العزم المكون من حركة الإسفين AOA′ إلى COC′ لابد أن يساوي العزم الناتج عن حركة R من B إلى B′.

العزم حول OO لوزن المائع المزاح بوساطة مساحة (a) = $\rho g a x \theta \times x$

العزم الكلي الناتج عن الإزاحة = $\rho g \theta \sum ax^2$

إذا كان: $I = \sum ax^2$ العزم الثاني لمساحة سطح خط الماء حول OO ينتج:

العزم الكلي الناتج عن الإزاحة = $\rho g \theta I$ 12-5

والعزم الناتج عن حركة R = $R.BB' = \rho g V.BB'$ 13-5

حيث:

V = حجم المائع المزاح

بتساوي المعادلتين 5-12 و 5-13 تنتج المعادلة 5-14.

$$\rho g \theta I = \rho g V . BB'$$
         5-14

ومنها:

$$BB' = \frac{\theta I}{V}$$
         5-15

من ثم يمكن إيجاد نصف القطر المركز البيني   Metacentric radius   كما ممثل في المعادلة 5-16.

$$BM = \frac{BB'}{\theta} = \frac{I}{V}$$
         5-16

حيث:

BM = نصف القطر المركز البيني.

مثال 5-2

طوف أسطواني قطره 2.14 م، وارتفاعه 1.8 م، ووزنه 14 كيلو نيوتن يطفو في ماء البحر حيث الكثافة 1025 كجم/م^3، ومركز الثقل على بعد 0.575 م من الأسفل. إذا وضعت حمولة 3 كيلو نيوتن على أعلى الطوف، أوجد أعلى ارتفاع يكون عليه مركز ثقل الحمولة من الأسفل ليظل الطوف في حالة اتزان مستقر.

الحل

1) المعطيات:

2) بافتراض أن G تمثل مركز ثقل الطوف، و G_1 مركز ثقل الحمولة على ارتفاع Z_1 من أسفل الطوف، G' مركز ثقل الطوف والحمولة مجتمعين على ارتفاع Z' من أسفل،

عندما تكون الحمولة في موضعها حجم ماء البحر المزاح   V وعمق غاطس الطوف
Z.

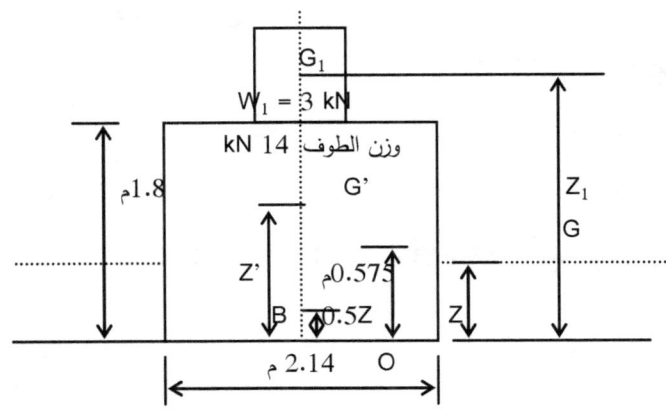

2) أوجد قوة الطفو = وزن ماء البحر المزاح $= \rho g \left(\dfrac{\pi}{4} d^{\,2} \right) Z = \rho g V$

ولحالة الاتزان لابد أن تتساوى قوى الطفو مع وزن الطوف والحمولة

$$W + W_1 = \rho g \frac{\pi}{4} d^{\,2} Z$$

$$= \frac{4\,(W + W_1)}{\rho g\ \pi d^{\,2}} = \frac{4\,(14 + 3)\,x1000}{1025\ \ x\,9.81\ \ xpx\ \ 2.14^{\,2}} = 0.47 \quad m$$

مركز الطفو B سيكون عند مركز ثقل المائع المزاح

$$= \frac{1}{2} Z = 0.235 \quad m$$

إذا كان الطوف والحمولة عند حالة اتزان مستقر، فإن المركز البيني M يتطابق مع مركز
الثقل G′ للطوف والحمولة المشترك وعليه سيكون الارتفاع البيني   G′M′ = 0 وعندها
يكون BG′ = BM

$$BG' = BM = \frac{I}{V} = \frac{\dfrac{\pi d^{\,4}}{64}}{\dfrac{\pi d^{\,2}}{4} \times Z} = \frac{d^{\,2}}{16\ Z} = \frac{2.14^{\,2}}{16 \times 0.47} = 0.609 \quad m$$

∴ موضع G' يكون

$$Z' = \frac{1}{2}Z + BG = 0.5 \times 0.47 + 0.609 = 0.844 \ m$$

قيمة Z_1 المقابلة لقيمة Z' هذه يتم الحصول عليها بأخذ العزوم حول O

$$W_1 Z_1 + 0.575 W = (W_1 + W) Z'$$

أعلى ارتفاع لمركز ثقل الحمولة من أسفل =

$$Z_1 = \frac{(W + W_1)Z' - 0.575 \ W}{W_1} = \frac{17 \times 10^3 \times 0.844 - 0.575 \times 14 \times 10^3}{3 \times 10^3} = 2.1 \ m$$

برنامج 5-2:

```
Public Class Form1
    Const rho = 1025
    Const g = 9.81

    Private Sub Form1_Load(ByVal sender As System.Object,
                    ByVal e As System.EventArgs)
                    Handles MyBase.Load
        Label1.Text = "نيوتن-الطوف وزن"
        Label2.Text = "نيوتن-الحمولة"
        Label3.Text = "الطوف قطر"
        Label4.Text = "الثقل مركز ارتفاع"
        Me.Text = "مثال 5-2"
        Button1.Text = "احسب"
        Me.FormBorderStyle =
                Windows.Forms.FormBorderStyle.FixedSingle
    End Sub

    Private Sub Button1_Click(ByVal sender As System.Object,
                    ByVal e As System.EventArgs)
                    Handles Button1.Click
        Dim W, W1, d As Double
        Dim Z, Z1, Z2, BG As Double

        W = Val(TextBox1.Text)
        W1 = Val(TextBox2.Text)
```

```
        d = Val(TextBox3.Text)

        Z = (4 * (W + W1)) / (rho * g * Math.PI * d * d)
        BG = (d * d) / (16 * Z)
        Z2 = (Z / 2) + BG
        Z1 = (((W + W1) * Z2) - (0.575 * W))
        Z1 /= W1

        TextBox4.Text = FormatNumber(Z1, 2)
    End Sub
End Class
```

مثال 5-3

بارجة مستطيلة القاعدة أبعادها 12م×6م تطفو في ماء البحر بغاطس 1.2 م. ومركز ثقل البارجة على ارتفاع 950 ملم من أسفلها. إذا تعرضت البارجة إلى عزم لي حول محورها الطولي بمقدار 163 كيلو نيوتن.م، أوجد زاوية الجنوح. (كثافة ماء البحر = 1025 كجم/م^3)

الحل

1) المعطيات:

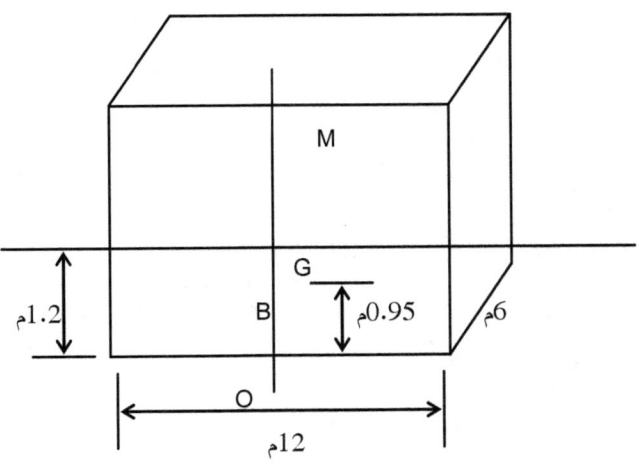

OB = 1.2/2 = 0.6 m

OG = 0.95 m

BG = 0.95 − 0.6 = .35 m

$$BM = \frac{I}{V} = \frac{12 \times 6^3}{12 \times 12 \times 6 \times 1.2} = 2.5\ m$$

GM = 2.5 − 0.35 = 2.15 m

$W = \rho gV = 1025x9.81x12x6x1.2x10^{-3} = 868.77\ kN$

$W.GM.\theta = Px$

$868.7336x2.15x\theta = 163$

$$\theta = \frac{163}{868.77 \times 2.15} = 0.087\ Rad$$

$$\theta = 0.087 \times \frac{180}{\pi} = 5°$$

برنامج 5-3:

```
Public Class Form1
    Const rho = 1025
    Const g = 9.81

    Private Sub Form1_Load(ByVal sender As System.Object,
                           ByVal e As System.EventArgs)
                           Handles MyBase.Load
        Label1.Text = "طول البارجة"
        Label2.Text = "عرض البارجة"
        Label3.Text = "طول الغاطس"
        Label4.Text = "مركز الثقل"
        Label5.Text = "مقدار العزم"
        Label6.Text = "زاوية الجنوح"
        Button1.Text = "احسب"
        Me.Text = "مثال 5-3"
        Me.FormBorderStyle =
              Windows.Forms.FormBorderStyle.FixedSingle
    End Sub
```

```
    Private Sub Button1_Click(ByVal sender As System.Object,
                              ByVal e As System.EventArgs)
                              Handles Button1.Click
        Dim OB, OG, BG, BM, GM As Double
        Dim L, D, d2, W As Double
        Dim T, theta As Double

        L = Val(TextBox1.Text)
        D = Val(TextBox2.Text)
        d2 = Val(TextBox3.Text)
        OG = Val(TextBox4.Text)
        T = Val(TextBox5.Text)

        OB = d2 / 2
        BG = OG - OB
        BM = (L * Math.Pow(D, 3)) / (L * L * D * d2)
        GM = BM - BG
        W = rho * g * (L * D * d2)
        'convert to kN
        W /= 1000

        theta = T / (W * GM)
        'convert to degrees
        theta = theta * 180 / Math.PI
        TextBox6.Text = FormatNumber(theta, 2)
    End Sub
End Class
```

مثال 5-4

سفينة مستطيلة القاعدة أبعادها 14.4 م×25 م وكتلتها 5600×10^{3} كجم. تسبب تحويل جزء من حمولة كتلتها 28×10^{3} كجم مسافة 6.25 م في زاوية جنوح 5°، إذا كانت كثافة ماء البحر 1025 كجم/م^3 أوجد:

(أ) ارتفاع المركز البيني من مركز الطفو

(ب) ارتفاع مركز الثقل من مركز الطفو

الحل

W.GM.θ = Px

$5628 \times 10^3 \times GM \times 5\pi/180 = 28 \times 10^3 \times 6.35$

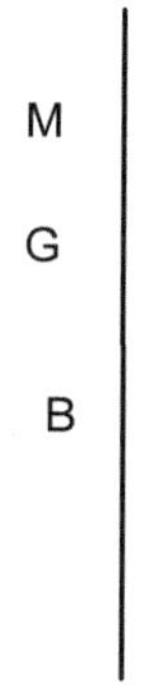

M

G

B

ح

$$GM = \frac{28 \times 180 \times 6.35}{5628 \times 5 \times \pi} = 0.36 \ m$$

$$BM = \frac{I}{V} = \frac{25 \times 14.4^3}{12 \times V}$$

$$V = \frac{5628 \times 10^3}{1025} = 5490.7317 \ m^3$$

$$BM = \frac{I}{V} = \frac{25 \times 14.4^3}{12 \times 5490.7317} = 1.133 \ m \quad (أ$$

$$.BG = 1.133 - 0.362 = 0.771 \ m \quad (ب$$

5-8 تمارين عامة

5-8-1 تمارين نظرية

1) عرف التالي: قوة الطفو، ومركز الطفو، والمركز البيني. وضح إجابتك برسومات مناسبة.

2) ما مقدار محصلة القوى الأفقية على جسم مغمور في سائل.

3) ما مقدار محصلة القوى الرأسية على جسم مغمور في سائل.

4) بين نظرية أرخميدس وفوائدها في الحياة العملية.

5) ما العوامل المؤثرة على نقطة مركز الطفو لجسم مغمور في سائل؟

6) هل من الضروري أن يمر مركز الطفو كله بمركز الجسم؟ لماذا؟

7) ما الفرق بين الاتزان المستقر والاتزان غير المستقر للجسم المغمور في مائع؟

8) ما العوامل المؤثرة على استقرار الأجسام الطافية؟

9) وضح تجربة عملية لتحديد الارتفاع البيني لأنموذج مركب.

5-8-2 تمارين عملية

1) جد العمق الذي تهبط إليه كتلة طولها متران ونصف، وقطرها متر واحد في ماء عذب؛ علماً بأن كثافتها النسبية 0.4، وأن مركز ثقل الكتلة أعلى سطح الماء نسبة لأن كثافتها النسبية أقل من 0.5. (الإجابة: 0.42م)

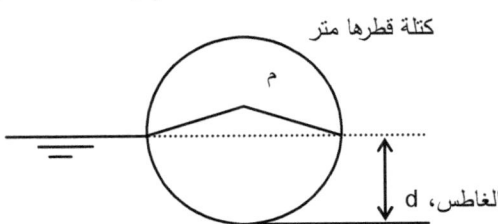

كتلة قطرها متر

م

الغاطس، d

2) أسطوانة متجانسة كثافتها النوعية s وقطرها D وطولها L تطفو في ماء بحر كثافته ρ أثبت أن شرط الطفو المتزن للأسطوانة على المحور العمودي هو

$$\left(\frac{D}{L}\right)^2 \ge 8s(1-s)$$

3) تزن سفينة 60 ميجا نيوتن ومقطع خط الماء لها كما مبين في الشكل أدناه. إذا علم أن مركز الطفو على بعد 1.5 متر أدنى مستوى سطح ماء البحر، أوجد أقصى ارتفاع مسموح به لمركز الثقل أعلى خط الماء لحالة اتزان سكوني (كثافة ماء البحر = 1025 كجم/م^3). (الإجابة: 1.74 م)

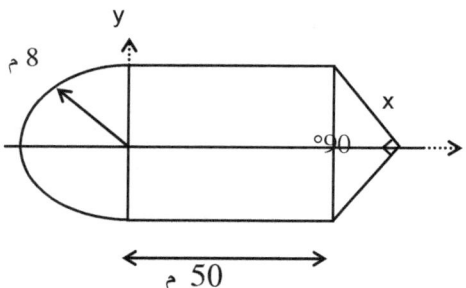

4) بنطون على شكل متوازي مستطيلات عرضه   8 متر وطوله   15 متر وغاطسه (draught) 1.5 م في الماء العذب الذي على درجة حرارة 20°م:

- جد وزن البنطون
- جد الغاطس في ماء بحر كثافته 1025 كجم/م^3.
- جد الحمل الذي يمكن أن يتحمله البنطون في الماء العذب إذا كان أقصى غاطس مسموح به حوالي 2.2 متر. (الإجابة: 1762 كيلو نيوتن، 1.46 م، 499 كيلو نيوتن)

5) طافية إرشاد buoy أسطوانية الشكل ارتفاعها 3 م وقطرها 1.5 م وكتلتها 800 كجم. أثبت أن الطافية لا يمكنها الطفو على محورها للأعلى في ماء البحر. إذا تم ربط أحد أطراف السلسلة الرأسية إلى قاعدة الطافية، أوجد مقدار الشد المناسب المطلوب لجعل الطافية رأسية. يمكن أخذ مركز الطافية على منتصف الارتفاع (كثافة ماء البحر 1025 كجم/م^3). (الإجابة: 10.6 كيلو نيوتن)

6) بارجة في شكل صندوق مقفول طولها 20 م وعرضها 4 م تطفو فوق الماء. إذا كان أسفل البارجة 1.5 م تحت السطح الحر للماء ما قوى الماء المسلطة على جانب طولي من البارجة وما عمق مركز الضغط من سطح الماء؟ إذا تم تسليط ضغط جهاز

منتظم داخل البارجة مقداره 50 كيلو نيوتن/م^2 ما محصلة القوى على الجانب الطولي؟ وما عمق مركزها من سطح الماء إذا كانت الحافة العليا للبارجة على ارتفاع 0.2 م من سطح الماء؟ (الإجابة: 220.7 كيلو نيوتن، 1م، 1479 كيلو نيوتن، 0.6 م)

7) قطعة من المعدن قوة الجاذبية الأرضية عليها 2 نيوتن في الهواء، ووجد أن قوة الجاذبية عليها 1.6 نيوتن عند غمرها في الماء. جد حجم القطعة وكثافتها النسبية. (الإجابة: 3.3)

8) أثبت أن اسطوانة مربعة يمكنها الطفو في اتزان متعادل لحالة $0 < S < 0.1465$ و $0.8535 < S < 1$ حيث S الكثافة النسبية للأسطوانة المربعة.

9) خط مواسير حديد ينقل غاز بقطر داخلي 120 سم وقطر خارجي 125 سم موضوعة على قاع النهر ومغمورة كلياً بالماء ومثبتة على مسافات كل 3 متر على طولها. احسب قوة الطفو (بالنيوتن) لأعلى في كل مرسى مثبت. كثافة الحديد 7900 كجم/م^3، وكثافة الماء 1000 كجم/م^3. (الإجابة: 13742 نيوتن)

الفصل السادس

التماثل والتحليل البعدي والنماذج

Similitude, Dimensional

Analysis and Modeling

6-1 مقدمة

يفيد التحليل البعدي dimensional analysis في تخطيط التجارب وتنفيذها، كما يفيد في فهم البيانات وإيجاد صلاتها حسب نواتج التجارب الأخرى. والتحليل البعدي طريقة مفيدة للبحث في المشاكل في كافة الأفرع الهندسية وبخاصة في ميكانيكا الموائع. والمجموعات المتكونة بالتحليل البعدي هي مجموعات لا بعدية لمتغيرات ونواتج، ولا تعتمد على نظام الوحدات المختار.

يُعنى التماثل similitude بالقياسات التي تُجرى على نظام واحد (أنموذج model) واستخدامها لوصف أداء نظم أخرى مماثلة (نموذج أولي prototype).

6-2 نظرية باي لبكنجهام Buckingham pi theorem

يوجد واحد من تطبيقات التحليل البعدي في نظرية باي لبكنجهام؛ والتي تنص على أنه "إذا كانت هناك معادلة متجانسة بُعدياً من k من المتغيرات، يمكن تخفيضها إلى علاقة بين نواتج $(k - r)$ لا بعدية ومستقلة independent (حدود باي Pi−terms)؛ حيث r

عبارة عن أقل رقم من الوحدات المرجعية reference dimensions ذات الصلة لوصف المتغيرات".

3-6 تحديد حدود باي

احد من الطرق المستخدمة لتحديد حدود باي هو نظرية المتغيرات المتكررة repeating variables ويمكن إيجاز طريقتها على النحو التالي:

1) يتم وضع قائمة بكل المتغيرات الداخلة في المسألة (الشكل وخواص المائع والمؤثرات الخارجية) بما فيها الثوابت البعدية واللا بعدية.
2) توضع كل المتغيرات بدلالة الأبعاد (الوحدات) الرئيسة basic dimensions (MLT, FLT).
3) توجد أعداد حدود باي المطلوبة والتي تساوي عدد المتغيرات مطروح منها عدد الوحدات المرجعية (k−r).
4) يتم اختيار عدد من المتغيرات المتكررة، حيث يكون الرقم المطلوب مساو لعدد الوحدات المرجعية (عادة يساوي عدد الأبعاد الرئيسة).
5) يتم تكوين حد باي بضرب واحد من المتغيرات بناتج المتغيرات المتكررة، كل منها مرفوع لقوة تجعل من الدمج بينها لا بعدي.
6) يتم تكرار الخطوة (5) لكل من المتغيرات غير المتكررة المتبقية.
7) يتأكد من أن كل حدود باي الناتجة لا بعدية.
8) يتم تحديد الشكل النهائي للعلاقة بين حدود باي؛ ويتم التفكر في معناها على النحو المبين في المعادلة 6−1.

$$\pi_1 = \phi(\pi_2, \pi_3, \ldots \pi_{k-r}) \qquad 6-1$$

مثال 6−1

بالأخذ في الحسبان دفق منتظم لمائع نيوتوني غير منضغط عبر أنبوب دائري أفقي وطويل وأملس الجدران، فإن أهم معامل للتصميم هو فقد الضغط Δp_f لكل وحدة طولية والذي ينمو عبر الأنبوب بسبب الاحتكاك. وتضم العوامل المؤثرة قطر الأنبوب D، وكثافة

المائع ρ، ولزوجة المائع μ، والسرعة المتوسطة v التي يتدفق بها المائع خلال الأنبوب. وبافتراض أن علاقة الضغط هي $\Delta p_f = f(D, \rho, \mu, v)$ أوجد شكل المعادلة التي تربط المتغيرات باستخدام التحليل البعدي.

الحل

1) حدد المتغيرات $\Delta p_f, D, \rho, \mu, v$ ومن ثم فإن قيمة k = 5

2) بين المتغيرات في الأبعاد الرئيسة:

$$\Delta P_f \doteq FL^{-2}$$
$$D \doteq L$$
$$\rho \doteq FL^{-4}T^{2}$$
$$\mu \doteq FL^{-2}T$$
$$v \doteq LT^{-1}$$

3) جد حدود باي: $k - r = 5 - 3 = 2$

4) اختر المتغيرات المتكررة (= الأبعاد المرجعية = 3) D, v, ρ (غير متغيرة الأبعاد)

5) شكل حدود باي:

- ابدأ بمتغير دالة في آخر dependent variable واجمعه مع متغيرات متكررة

$$\pi_1 = \Delta P_f \,.\, D^{a} .\, v^{b} .\, \rho^{c}$$

وبما أن هذا الجمع لا بعدي فمن ثم يوضح التحليل البعدي أن:

$$F^0 L^0 T^{-0} = (FL^{-3}\, T)(L)^a (LT^{-1})^b (FL^{-4}T^2)^c$$

$$1 + c = 0 \text{ (for F)}$$
$$-3 + a + b - 4c = 0 \text{ (for L)}$$
$$-b + 2c = 0 \text{ (for T)}$$

وعليه $a = 1,\ b = -2,\ c = -1$

إذن $\pi_1 = \Delta P_f . D/\rho\, v^2$

- بتكرار الخطوة 5 لتشكيل الحد الثاني من باي للمتغيرات غير المتكررة المتبقية، μ

$$\pi_2 = \mu D^a . v^b . \rho^c$$

$$F^0 L^0 T^{-0} = (FL^{-2} T)(L)^a (LT^{-1})^b (FL^{-4}T^2)^c$$

$$1 + c = 0 \text{ (for F)}$$

$$-2 + a + b - 4c = 0 \text{ (for L)}$$

$$1 - b + 2c = 0 \text{ (for T)}$$

ومن ثم $a = -1, \quad b = -1, \quad c = -1$

وعليه $\pi_2 = \mu/\rho\, D\, v$

6) تأكد من أبعاد حدود باي:

$$p_1 = \frac{DP_f D}{\rho v^2} = \frac{(FL^{-3})(L)}{(FL^{-4}T^2)(LT^{-1})^2} = F^0 L^0 T^0$$

$$\pi_2 = \frac{m}{\rho D v} = \frac{(FL^{-2})(T)}{(L)(L\ T^{-1})(FL^{-4}T^2)} = F^0 L^0 T^0$$

7) وضح النتيجة للتحليل البعدي على النحو التالي:

$$\frac{\Delta P_f D}{\rho v^2} = \phi\left(\frac{m}{\rho D v}\right)$$

أو:

$$\frac{\Delta P_f D}{\rho v^2} = \phi\left(\frac{\rho D v}{m}\right)$$

حيث:

$$\frac{\rho D v}{\mu} = \text{Re}$$

Re = رقم رينولدز

يوضح جدول (6-1) أشهر المتغيرات اللابعدية، والمجموعات المستخدمة في ميكانيكا الموائع. وهذه القائمة غير شاملة غير أنها تضم معظم الأرقام المستخدمة عملياً وتطبيقياً في علوم الموائع. ويعتبر رقم رينولدز من أشهر هذه العوامل لتقدير نسبة قوى القصور الذاتي العاملة في عنصر من المائع إلى قوى اللزوجة فيه. وفي حالة قلة رقم رينولدز ($Re << 1$) أي Re أقل من الوحدة فإن هذا مؤشر إلى أن القوى الفاعلة هي قوى اللزوجة؛ مما يعني إمكانية تجاهل قوى القصور الذاتي أو كثافة المائع كمتغير؛ ويشار إلى الدفق على الرقم القليل لرينولدز على أنه دفق زاحف creeping flow.

جدول (6-1) أشهر المتغيرات اللابعدية والمجموعات المستخدمة في علوم الموائع

المجموعة اللابعدية	الاسم	الرمز	العلاقة	نوع الاستخدام
$\frac{\rho v l}{\mu}$	رقم رينولدز	Re	قوة القصور الذاتي ÷ قوة اللزوجة	مهم في كافة أنواع الدفق
$\frac{v}{\sqrt{gl}}$	رقم فرود	Fr	قوة القصور الذاتي ÷ قوة الجاذبية الأرضية	الدفق في سطح حر
$\frac{\rho v^2 l}{\sigma}$	رقم ويبر	We	قوة القصور الذاتي ÷ قوة التوتر السطحي	مهم في مسائل التوتر السطحي
$\frac{P}{\rho v^2}$	رقم أويلر	Eu	قوة الضغط ÷ قوة القصور الذاتي	مهم في مسائل الضغط
$\frac{v}{c}$	رقم ماش	Ma	قوة القصور الذاتي ÷ قوة الانضغاطية	مهم في مسائل الانضغاطية
$\frac{\rho v^2}{Ev}$	رقم قوشي	Ca	قوة القصور الذاتي ÷ قوة الانضغاطية	مهم في مسائل الانضغاطية
$\frac{\omega l}{v}$	رقم استروهال	St	قوة القصور الذاتي المحلية ÷ قوة القصور الذاتي الحملي	مهم للدفق غير المنتظم بتذبذب متردد

حيث ρ = الكثافة

v = السرعة

μ = درجة اللزوجة

g = عجلة الجاذبية الأرضية

L = الطول

P = الضغط

Ev = الانضغاطية، معدل التغير الحجمي

c = سرعة الصوت

ω = تردد تذبذب الدفق

σ = التوتر السطحي

4-6 النماذج والتماثل Modeling and Similitude

النموذج هو محاكاة لنظام فيزيائي يمكن استخدامه للتنبؤ بسلوك النظام في إطار مرغوب. وللحصول على كمية بيانات صائبة ودقيقة من دراسة الأنمذجة ينبغي وجود تماثل ديناميكي بين الأنموذج والأنموذج الأولي prototype ويحتاج هذا التماثل إلى التالي:

1. وجود تماثل هندسي فعلي مضبوط،
2. ثبات النسبة بين الضغوط الديناميكية للنقاط ذات الصلة (أي وجود تماثل كينامتيكي kinematic لكي تكون خطوط الانسياب متماثلة هندسياً)

ولتسهيل التشابه بين الأنموذج والأنموذج الأولي الحقلي

1. تتم مساواة كل حدود باي ذات الصلة بين الأنموذج والأنموذج الأولي (تماثل ديناميكي).
2. وجود تشابه هندسي تام بين الأنموذج والأنموذج الأولي (أي ينبغي أن يكون الأنموذج صورة قياسية scaled version للأنموذج الأولي.
3. وجود تشابه كينامتيكي بين الأنموذج والأنموذج الأولي (نسبة السرعة، نسبة العجلة).

5-6 نسبة الأنموذج Model Scale

تُعني نسبة الأنموذج أو قياس الأنموذج بالنسبة بين بُعد خطي للأنموذج linear dimension وآخر للأنموذج الأولي حسب منطوق المعادلة 6-2.

$$\lambda = \frac{\dim_m}{\dim_P} \qquad 6\text{-}2$$

حيث:

λ = نسبة الأنموذج (قياس الأنموذج)

$\dim_m$ = البعد الخطي للأنموذج

$\dim_p$ = البعد الخطي للأنموذج الأولي

من ثم يمكن تقدير الطول القياسي والسرعة القياسية كما في المعادلات 6-3 و6-4.

$$\lambda_l = \frac{l_m}{l_P} \qquad 6\text{-}3$$

$$\lambda_v = \frac{v_m}{v_P} \qquad 6\text{-}4$$

6-6 الدفق فوق أجسام مغمورة Flow over immersed bodies

في حالة الأجسام المغمورة فإن الجسم يحاط إحاطة تامة بالمائع ويسمى الدفق دفق خارجي external flow. ويمكن معالجة مسألة الدفق الخارجي على أنها متكونة بصورة عامة من نظامين محددين: أحدهما مجاور مباشرة لسطح الجسم حيث تسود اللزوجة وحيث تنتج قوى الاحتكاك، ونظام آخر خارج الطبقة الحدية boundary layer حيث يتم تجاهل اللزوجة غير أن السرعات والضغوط تتأثر بالوجود الفيزيائي للجسم مع الطبقة الحدية المتعلقة به.

إن نشأة الدفق الخارجي وسهولة وصفه وتحليله تعتمد دوماً على طبيعة الجسم بداخل الدفق. ومن أهم أقسام الأجسام:

1) الأجسام ذات البعدين (حيث تتميز بطول لا نهائي، وثبات مساحة المقطع والشكل والحجم).

2) أجسام متماثلة المحور axisymmetric (تتكون بتدوير شكل مقطعها حول محور تماثل).

3) أجسام ثلاثية الأبعاد (قد تحتوي على خط أو مستوى متماثل أو لا تحتوي عليه)

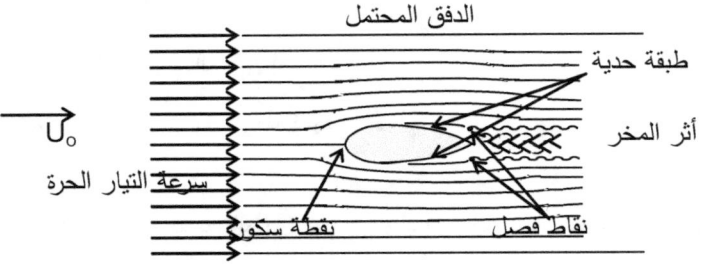

شكل (6-1) نظام الدفق حول جسم مغمور

يبين شكل 6-1 أن هناك نقطة فصل في الجزء الأمامي من الجسم والتي لا تلبث أن تستطيل إلى منطقة سكون إذا كان الجسم متوازي الجانبين blunt، كما وهناك منطقة دفق خلف الجسم تسمى أثر المخر wake. ويبدأ أثر المخر من نقطة، أو نقاط، يحدث فيها فصل الطبقة الحدية بسبب ميل الضغط العكسي؛ أي أن $\frac{\partial P}{\partial x}$ أكبر من صفر؛ وعند جمع هذه مع قوى اللزوجة في السطح تنتج دفق معاكس مما يجعل الانسياب يفصل نفسه من السطح. ويحدث نفس الوضع في الحافة الخلفية للجسم؛ لا سيما وتمثل انفصال فيزيائي للسطح الصلب. وفي كلا الحالتين فإن إنعكاس الدفق ينتج دوامة خلفية vortex.

6-7 الرفع والإعاقة Lift and drag

بصورة عامة عند حدوث دفق حول جسم والذي إما أن يكون لا متماثل (لا منتظم) asymmetrical أو محوره منتظم مع الدفق فإن حقل الدفق يصبح غير منتظم والسرعات الموضعية والضغوط في أي وجه من الجسم تكون مختلفة؛ وتتولد قوة عمودية على الدفق القادم. ويلازم هذا الوضع حالة جهد الاحتكاك في الطبقات الحدية فوق سطح الجسم لتنتج قوة عبر اتجاه الدفق القادم. وتسمى هذه القوى من خلفيتها للطيران aeronautical بالرفع والإعاقة على التوالي. إن محصلة القوة في اتجاه السرعة أعلى اتجاه التيار هي السحب، ومحصلة القوة التي تعمل عمودياً على السرعة أعلى الدفق هي الرفع.

أما الدفق في منطقة أثر المخر فعادة شديد الاضطراب ويتكون من تيارات دوامية عالية القياس. ويحدث معدل عالي لتبديد الطاقة فيه؛ مما ينتج عنه انخفاض الضغط في منطقة أثر المخر؛ وتحدث هذه حالة زيادة ضغط في الجزء الأمامي من الجسم (ضغط ساكن) مقارنة مع ذلك المؤثر على خلفية الجسم. وعليه تكون محصلة القوة المؤثرة على الجسم في اتجاه يتناسب مع حركة المائع (أي قوة إعاقة).

بالنظر إلى شكل 6-1 لعنصر سطحي جنيح airfoil (سطح انسياب هوائي) أو مغمور (سطح انسياب مائي hydrofoil) مساحته dA يؤثر عليه ضغط P وجهد احتكاك τ_w يمكن تقدير الإعاقة التفاضلية على العنصر كما مبين في المعادلة 6-5.

$$dD = P.dA.\sin\varphi + \tau_w.dA.\cos\varphi \qquad 6-5$$

وبتكامل المعادلة 6-5 تنتج المعادلة 6-6.

$$D = \int_s P.dA.\sin\varphi + \int_s \tau_w.dA.\cos\varphi \qquad 6-6$$

غير أن:

$$D = D_p + D_f \qquad 6-7$$

حيث

D = قوة الإعاقة

D_p = ضغط الإعاقة (شكل الإعاقة) والذي يعتمد على شكل الجسم وانفصال الدفق

D_f = إعاقة الاحتكاك (إعاقة الاحتكاك الجلدي skin frictional drag) والذي يعتمد على مدى الطبقة الحدية وخواصها

P = الضغط

φ = الزاوية بالنسبة لاتجاه الدفق أعلى التيار

τ_w = جهد قص الجدار

أما الرفع التفاضلي على العنصر فيمكن تمثيله في المعادلة 6-8.

$$dL = -P.dA.\cos\varphi + \tau_w.dA.\sin\varphi \qquad 6\text{-}8$$

$$L = -\int_s P.dA.\cos\varphi + \int_s \tau_w.dA.\sin\varphi \qquad 6\text{-}9$$

حيث:

$\int_s$ = التكامل لسطح الجسم

عادة يمكن تجاهل إضافة الجهود الاحتكاكية للرفع عندما تكون هذه الجهود قليلة مقارنة مع الضغط، وأنها تعمل في اتجاه تقريباً عمودي على الرفع؛ ومن ثم تستخدم المعادلة 6-10.

$$L = -\int_s P.dA.\cos\varphi \qquad 6\text{-}10$$

6-8 التحليل البعدي للرفع والإعاقة

يعطي التحليل البعدي مفهوم معامل الرفع C_L ومعامل السحب C_D حسب ما مبين في المعادلتين 6-11 و 6-12.

$$C_L = \frac{L}{\frac{\rho v^2 A}{2}}$$ 6-11

$$C_D = \frac{D}{\frac{\rho v^2 A}{2}}$$ 6-12

حيث:

A = المساحة الخاصة للجسم (المساحة الأمامية)

V = السرعة.

يمكن عزل الإعاقة الاحتكاكية بالأخذ في الحسبان الدفق المار من لوح مستو رقيق موازي للدفق القادم (أنظر شكل 6-2)

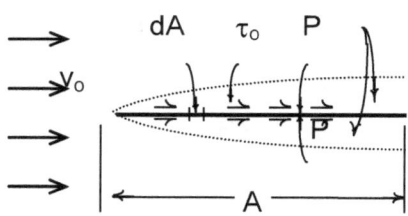

شكل (6-2) لوح موازي لاتجاه الدفق

هنا فإن: $\sin\varphi = 0, \cos\varphi = 1, D_p = 0$

$$D = D_f = \int_s \tau_w . dA$$ 6-13

ويمكن عزل ضغط السحب بدراسة الدفق عبر لوح مستو عمودي على الدفق القادم (أنظر شكل 6-3)

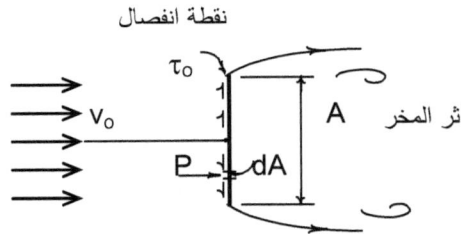

شكل (6-3) لوح عمودي على الدفق

وفيه: $\cos\varphi = 0, \sin\varphi = 1, D_f = 0$

وعليه

$$D = D_P = \int_s P.dA \qquad 6\text{-}14$$

6-9 التحليل البعدي باستعمال المصفوفات Matrices

حسب نظرية بكنجهام فإن عدد المؤثرات غير البعدية في مجموعة متغيرات بعدية لأي ظاهرة يساوي عدد المتغيرات البعدية n المكونة للظاهرة ناقصاً مرتبة المصفوفة rank, r (الدرجة الثانية، الثالثة .. الخ). ومن المعلوم أن يكون في المصفوفة عدد الصفوف أكبر من عدد الاعمدة أو العكس، بينما يكون في المحدودة determinent عدد الصفوف بالضرورة مساوٍ لعدد الاعمدة (والذي يحدد المرتبة r). عليه يمكن أن تكون هناك محدودة داخل مصفوفة ذات مرتبة (r). تحديد هذه المحدودة المأخوذ من المصفوفة إذا وجدت قيمة التمديد ذات قيمة خلاف الصفر فإن مرتبة المحددة، وبالتالي مرتبة المصفوفة، هي (r)؛ وإذا وجدت قيمة التمديد صفراً فإن مرتبتها تكون أقل من (r).

يعتبر المثال التالي لفهم طريقة استعمال المصفوفات وبالتالي مزيداً من الفهم لنظرية بكنجهام.

ويفترض أن ظاهرة ما بها المتغيرات البعدية االتالية:

$$F\ L\ V\ \mu\ \rho\ g\ C\ \sigma \qquad 6\text{-}15$$

إذاً عدد المتغيرات البعدية $n = 8$

لمعرفة عدد المؤثرات غير البعدية (π's) حسب النظرية ينبغي أن يكون

$$\pi\text{'s} = n - r \qquad 6\text{-}16$$

لتحديد (r) توضع المتغيرات البعدية في جدول 6-2 ويدلل لكل متغير بعدي بوساطة MLT (النظام المطلق)

جدول (6-2) المتغيرات البعدية

	1	2	3	4	5	6	7	8
	F	L	V	μ	ρ	g	C	σ
M	1	0	0	1	1	0	0	1
L	1	1	1	-1	-3	1	1	0
T	-2	0	-1	-1	0	-2	-1	-2

هذه المصفوفة matrix بها 3 صفوف فقط (كما هو الحال دائماً للتعبير عن MLT). عليه يمكن أن يؤخذ منها محدودة Determinent بها 3 أعمدة و 3 صفوف (من الدرجة الثالثة r=3) وتمدد هذه المحدودة اذا نتيجة التمديد ليس صفراً فإن مرتبة المحدودة هي الثالثة (r=3) Rank ؛ وبالتالي تكون مرتبة المصفوفة (r=3). وبأخذ مثلاً الثلاثة المحددة بالجهة اليمنى (8، 7، 6) وتحدد

$$\begin{vmatrix} 0 & 0 & 1 \\ 1 & 1 & 0 \\ -2 & -1 & -2 \end{vmatrix} = 1(1 \times -1 - -2 \times 1) = 1(-1+2) = \underline{\underline{1}}$$

بما أن القيمة ليست صفر فإن مرتبة المحددة وبالتالي المصفوفة (r=3) وبالرجوع للمعادلة 16-6

$$\therefore \pi\text{'s} = 8 - 3 = 5\pi\text{'s} \qquad 16\text{-a}$$

للحصول على متغيرات غير بعدية فإن ذلك يتطلب أن يكون مجموع أس كل مسمى MLT يساوي صفر

بالرجوع لجدول المتغيرات البعدية يمكن كتابة المعادلات الثلاث التالية لكل من M و L و T

$$k_1 + k_4 + k_5 + k_8 = 0 \qquad 17\text{-a}$$

$$k_1 + k_2 + k_3 - k_4 - 3k_5 + k_6 + k_7 = 0 \qquad 17\text{-}b$$

$$-2k_1 - k_3 - k_4 - 2k_6 - k_7 - 2k_8 = 0 \qquad 17\text{-}c$$

للحل تحسب قيم الثلاثة k's الأخيرة k_6, k_7, k_8 بوساطة الـ k's الأخرى k_1, k_2, k_3, k_4, k_5

بطريقة التعويض يتم الحصول على القيم

$$k_6 = k_1 + k_2 - k_4 \qquad 18\text{-}a$$

$$k_7 = -2k_1 - 2k_2 - k_3 + 4k_4 + k_5 \qquad 18\text{-}b$$

$$k_8 = -k_1 - k_4 - k_5 \qquad 18\text{-}c$$

بعد ذلك توضع $k_1 = 1, k_2 = 0, k_3 = 0, k_4 = 0, k_5 = 0$

وتعوض قيم (k_6, k_7, k_8) بالجدول 6-3 مقابل π_1

يلي ذلك وضع $k_2 = 1, k_1 = 0, k_3 = 0, k_4 = 0, k_5 = 0$ وتعوض قيم (k_6, k_7, k_8) بجدول 6-3 أمام π_2 وهكذا يتم الحل كما بالجدول 6-3

جدول (6-3) ايجاد قيم باي

	1	2	3	4	5	6	7	8	
	F	L	V	μ	ρ	g	C	σ	
π_1	1	0	0	0	0	1	-2	-1	$\frac{Fg}{C^2\sigma}$
π_2	0	1	0	0	0	1	-2	0	$\frac{Lg}{C^2}$
π_3	0	0	1	0	0	0	-1	0	$\frac{V}{C}$
π_4	0	0	0	1	0	-1	+4	-1	$\frac{\mu C^4}{g\sigma}$
π_5	0	0	0	0	1	0	1	-1	$\frac{\rho C}{\sigma}$

وعليه يمكن التعبير عن هذه الظاهرة بالمعادلة 6-19

$$\pi = f(\pi_1, \pi_2, \pi_3, \pi_4, \pi_5) \qquad 6-19$$

$$\pi = f\left(\frac{Fg}{C^2\sigma}, \frac{Lg}{C^2}, \frac{V}{C}, \frac{\mu C^4}{g\sigma}, \frac{\rho C}{\sigma}\right) \qquad 6-20$$

وللتأكد من أن هذه القيم غير بعدية يتم تعويض MLT مثلاً

$$\pi_1 = \frac{Fg}{C^2\sigma} = \frac{ML \times LT^2 T^2}{T^2 T^2 L^2 M} = 1 \quad (أ)$$

غير بعدي

6-10 تمارين عامة

6-10-1 تمارين نظرية

1) ما نظرية باي لبكنجهام؟
2) عرف التالي: رقم رينولدز، والوحدات المرجعية، والطول القياسي.
3) ما فائدة الأنمذجة في الحياة العملية للمشاريع المائية؟
4) بين نوع استخدام المتغيرات اللابعدية التالية: رقم فرود، ورقم ماش، ورقم ويبر، ورقم أويلر.
5) ما الفرق بين الأنموذج والأنموذج الأولي؟

6-10-2 تمارين عملية

1) أوجد وحدات معامل A و B في المعادلة المتجانسة الوحدات التالية:

$$\frac{d^2 y}{dx^2} + A\frac{dy}{dx} + By = 0$$ حيث: y = الطول و x = الزمن. (الإجابة: T^{-1}, T^{-2})

2) يمكن توضيح قوة السحب على لوح في شكل وردة washer وضعت عمودية على انسياب مائع معين على النحو المبين في المعادلة التالية: $F = f(D, d, u, \mu, \rho)$ حيث: D = القطر الخارجي، و d = القطر الداخلي، و u = سرعة انسياب الدفق، و μ = لزوجة المائع، و ρ = كثافة المائع. وبافتراض إجراء

تجارب في نفق هوائي لإيجاد قوة السحب، أوجد القيم اللابعدية التي تفيد لترتيب البيانات؛ ويمكن في هذا الصدد استخدام D و u و ρ كمتغيرات متكررة. (الإجابة:

$$\frac{F}{D^2 u^2 \rho} = \phi\left(\frac{d}{D}, \frac{\rho u D}{\mu}\right)$$)

3) انقبض أنبوب قطره D فجاءة إلى قطر d.علماً بأن هبوط الضغط في منطقة الانقباض دالة في كل من القطر D و d وسرعة الدفق ف الأنبوب الكبير U وكثافة المائع ρ ولزوجته μ:

- أوجد مجموعة مناسبة من المعايير اللابعدية باستخدام كل من D و U و μ كمتغيرات متكررة.
- اكتب شكل المعادلة التي تربط محددات باي.
- لماذا لم يتم تضمين سرعة الدفق داخل الأنبوب الأصغر كمتغير إضافي؟

(الإجابة: $\frac{\Delta PD}{\mu U}, \frac{d}{D}, \frac{\rho DU}{\mu}, \frac{\Delta PD}{\mu U} = \phi\left(\frac{d}{D}, \frac{\rho DU}{\mu}\right)$)

4) بافتراض أن الدفق عبر أنبوب شعري أفقي يعتمد على هبوط الضغط وحدة الطول، وقطر الأنبوب، واللزوجة؛ أوجد شكل المعادلة له. (الإجابة:

$$Q = C\,\frac{\Delta P}{L}\frac{D^4}{\mu}$$)

5) اللزوجة الكينامتيكية لزيت 3×10^{5} م^2/ث. استخدم هذا الزيت في أنموذج أولي تسود فيه قوى اللزوجة والجاذبية الأرضية. وقد وضع أنموذج مقاسه 1 : 3. أوجد لزوجة مائع الأنموذج المطلوب للحصول على نفس رقم رينولدز ورقم فرود لكل من الأنموذج والأنموذج الأولي. (الإجابة: 5.77×10^{-6} م^2/ث)

6) أنموذج 1 : 40 لمركب لها مقاومة موجية 0.03 نيوتن على سرعة 1.5 م/ث. أوجد المقاومة الموجية للأنموذج الأولي المماثل. وما مقدار السرعة في الأنموذج الأولي. (الإجابة: 1920 نيوتن، 9.5 م/ث)

7) معامل الرفع والسحب لجنيّح airfoil تقريباً مستطيل الشكل له بحر span 30 متراً ووتره 6 أمتار هما 0.5 و 0.05 على الترتيب عند زاوية هجوم angle of

attack 6 درجات. أوجد الطاقة المطلوبة لقيادة هذا الجنيح على طيران أفقي بسرعة 500 كيلو متر في الساعة عبر هواء ساكن وقياسي لارتفاع 3 كيلو مترات. وأوجد قوة الرفع المتحصل عليها عند استنفاد هذه الطاقة. ثم أوجد رقم رينولدز ورقم ماش. (الإجابة: 11 مجا وات، 789 كيلو نيوتن، 45×10^{6}، 0.42)

8) نموذج مخرج من خزان (مطفح spillway) بني بمقياس 1 : 25 على مسيل flume عرضه 2 قدم. الأصل prototype ارتفاعه 37.5 قدم والسمت الأعظمي المتوقع فيه 5 قدم.

- ما الارتفاع وما السمت في النموذج؟
- إذا كان التصرف Q_m في النموذج 0.7 قدم^3/ثانية عند السمت 0.2 قدم، ما مقدار Q_p في الأصل؟ (الإجابة: 1.5 قدم، 0.2 قدم، 2187.5 قدم^3/ثانية)

9) بافتراض أن طائرة ورقية kite على شكل لوح مستو مساحة وجهه 0.9 متر مربع وكتلتها 800 جرام تحلق على زاوية مع الأفقي. الشد في الحبل الممسك للطائرة 40 نيوتن عندما كانت سرعة الرياح الأفقية 30 كيلو متر في الساعة لزاوية 30 درجة يميل بها الحبل مع الاتجاه الأفقي. بافتراض أن كثافة الهواء 1.2 كجم/م^3، أوجد معامل الرفع والسحب للطائرة في الوضع المعطى (الإجابة: 0.74، 0.92)

الفصل السابع
حركة الموائع
Fluid Kinematics

7-1 مقدمة

الموائع عموماً تنقصها القدرة على مقاومة قوى التشوه مثل الأجسام الصلبة. وتنساب الموائع تحت تأثير مثل هذه القوى ولا تملك إلا التشوه باستمرار طالما كانت تلك القوى فعالة؛ ولا تستطيع الموائع أن تبقى على شكل غير مسنود، وتنساب تحت تأثير وزنها، وتأخذ شكل الحاوية الصلبة التي تحتويها. أما التشوه (deformation) فتسببه قوى القص مثل تلك المبينة في الرسم 7-1 وهي تسلط مماسياً على الأسطح التي تقع عليها وتتسبب في تغيير وضع المادة التي كانت تحتل المسافة ABCD إلى الوضع AB□ C□ D.

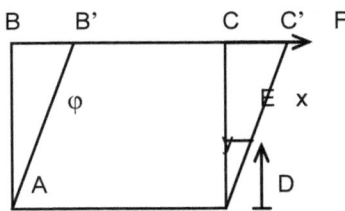

شكل (7-1) التشوه بقوى القص

2-7 قوى القص في الموائع المتحركة Shear force in moving fluids

لا تكون هناك قوى قص وذلك عندما يكون المائع ساكناً؛ ولكن بمجرد تحرك المائع تظهر قوى القص، وذلك عندما تتحرك بعض جزيئات المائع بالنسبة لبعضها البعض؛ ومن ثم تكون للجزيئات سرعات مختلفة. وهذا الأمر يجعل الشكل الأساسي للمائع في موضع مشوه. أما إذا كانت سرعة المائع بنفس القيمة عند كل نقطة فلن تكون هناك قوى قص؛ لأن أجزاء المائع ستكون في هذه الحالة في سكون بالنسبة لبعضها البعض.

عادة يكون الاهتمام بالانسياب بجانب جسم صلب؛ والموائع المتصلة بأجسام صلبة تستسلم لها وتكون سرعة المائع هي نفس سرعة الحدود الصلبة الحاوية لها. وفي الرسم 1-7 إذا كان ABCD يمثل عنصر من المادة بعرض (S) في اتجاه عمودي للرسم؛ فإن القوى F ستكون مؤثرة على مساحة A حيث: $A = BC \times S$ وقوى القص τ تكون القوة لوحدة مساحة $\frac{F}{A}$ ؛ ويقاس التشوه بالزاوية ϕ؛ وانفعال القص Shear Strain يصبح متناسب مع إجهاد القص. وفي الأجسام الصلبة تكون ϕ بقيمة ثابتة لكل قيمة من قيم τ لأن الجسم الصلب يقاوم قوى القص دوماً وباستمرار في الموائع. يستمر انفعال القص ϕ في الزيادة مع الزمن وينساب المائع. أثبتت التجارب المعملية أن معدل انفعال القص (انفعال القص لوحدة زمن) للمائع الحقيقي يتناسب طردياً مع قوى القص. وبافتراض أنه في زمن (t) تحرك جزءاً صغيراً من المائع عند E (أنظر الرسم 1-7) مسافة x حيث E تبعد المسافة y من AD باعتبار زاوية صغيرة فإن انفعال القص $\phi = \frac{x}{y}$

ومعدل انفعال القص $= \frac{x}{yt} = \frac{x / t}{y} = \frac{u}{y}$

حيث:

$u = \frac{x}{t} =$ سرعة جزء المائع عند E

إذا كانت النتائج المعملية بأن قوى القص تتناسب مع معدل انفعال القص صحيحة فإن

$$\tau = const \times \frac{u}{y} \qquad 7-1$$

حيث:

$\frac{u}{y}$ = تغيير السرعة بالنسبة لـ y ويمكن كتابتها في شكل تفاضلي $\frac{du}{dy}$ وإذا كان ثابت التناسب هو اللزوجة الدينمائية (μ) يمكن التعويض في المعادلة 7-1

$$\tau = \mu \frac{du}{dy} \qquad 7-2$$

وهذا يمثل قانون نيوتن للزوجة؛ وتعتمد قيمة μ على نوع المائع.

3-7 معادلة الاستمرارية Equation of Continuity

معادلة الاستمرارية تعبر عن أن المطلوب عند سريان المائع أن تكون العملية مستمرة، وأن الكتلة التي تمر عبر أي مقطع في وحدة زمن تكون ثابتة. ولابد أن يكون نوع الانسياب معلوماً، مثلاً في بعد واحد أو بعدين أو ثلاثة أبعاد.

أما الانسياب في بعد واحد فهو تبسيط للحالة العامة للانسياب في ثلاثة أبعاد، ولا يوجد حقيقة انسياب في بعد واحد فقط؛ إذ أن سرعة الانسياب تتغير فعلاً في اتجاه عمودي للانسياب العام. في العموم يسمى الانسياب في بعد واحد عندما تكون خواص الانسياب (مثل السرعة، والضغط، والكثافة، واللزوجة) لا تتغير عند أي مقطع عمودياً لاتجاه الانسياب العام. أما إذا كانت التغييرات في تلك الخواص صغيرة ويمكن أخذ متوسط لها عبر فترة زمن قصيرة ومسافات صغيرة فيمكن وصف الانسياب بأنه أحادي البعد؛ ويمكن تطبيق قوانين الانسياب في بعد واحد بالدقة المطلوبة.

يمكن كتابة معادلة الاستمرارية في بعد واحد كالآتي:

كتلة الانسياب في وحدة زمن $\dot{m}$ = الكثافة × الحجم لوحدة زمن

$$\dot{m} = \rho A u \qquad 7-3$$

حيث:

A = مساحة مقطع الانسياب

u = متوسط سرعة الانسياب

إذا كانت الكثافة ثابتة يسمى الانسياب غير قابل للانضغاط incompressible ويكون ذلك عادة في السوائل. ويمكن كتابة المعادلة 7-3 على النحو المبين في المعادلة 7-4.

$$q = \frac{\dot{m}}{\rho} = Au \qquad 7-4$$

أما الانسياب في بعدين فيكون عندما يكون الانسياب بنفس القيمة في كل المستويات المتوازية، وان خواص الانسياب تتغير فقط في بعدين مثل x و y أي أن خواص الانسياب لها معدل انحدار في اتجاهين. أما الانسياب في ثلاثة أبعاد فيحدث عندما تكون لخواص الانسياب معدل انحدار في الاتجاهات x و y و z. في حالة الانسياب في ثلاثة أبعاد تكون للسرعة المتجهة ثلاث مركبات u و v و w في الاتجاهات x و y و z على الترتيب وفي الحالة العامة عندما تكون الكثافة متغيرة تكون معادلة الاستمرارية كما في المعادلة 7-5.

$$\frac{\partial \rho}{\partial t} + \frac{\partial(\rho u)}{\partial x} + \frac{\partial(\rho v)}{\partial y} + \frac{\partial(\rho w)}{\partial z} = 0 \qquad 7-5$$

أما إذا كان المائع غير قابل للانضغاط فإن

$$\frac{\partial u}{\partial x} + \frac{\partial v}{\partial y} + \frac{\partial w}{\partial z} = 0 \qquad 7-6$$

تنعدم سرعة الانسياب في بعدين w=0 ومن ثم تصبح المعادلتين 7-5 و 7-6 كما مبين في المعادلة 7-7.

$$\frac{\partial \rho}{\partial t} + \frac{\partial(\rho u)}{\partial x} + \frac{\partial(\rho v)}{\partial y} = 0 \qquad 7-7$$

$$\frac{\partial u}{\partial x} + \frac{\partial v}{\partial y} = 0 \qquad 7-8$$

7-4 كمية الحركة للمائع Fluid Momentum

ينص قانون نيوتن الثاني للحركة على أن معدل تغيير كمية الحركة يتناسب طردياً مع القوة المؤثرة وتكون في اتجاه تلك القوة. وباعتبار كتلة من المائع m تتحرك بسرعة u ، فإن معدل التغيير في كمية الحركة يساوي:

$$ma \;=\; m\,\frac{du}{dt} \;=\; \frac{d}{dt}(mu) \qquad\qquad 7-9$$

حيث:

a = عجلة الكتلة

F = القوة المؤثرة والتي تمثل بالمعادلة 7-10.

$$F = ma \qquad\qquad 7-10$$

هذا القانون يطبق على انسياب المائع خلال حجم تحكم يعرف بأنه منطقة يتحرك المائع خلالها ومحددة بسطح تحكم

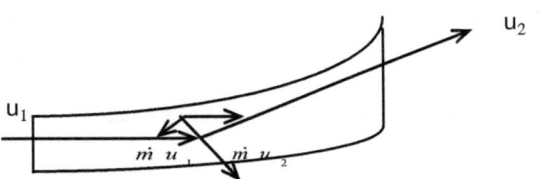

شكل (7-2) انسياب المائع خلال حجم تحكم

بالإشارة للرسم 7-2 يمكن اعتبار حجم التحكم الذي يدخل إليه المائع بمتوسط سرعة u_1 ويخرج بمتوسط سرعة u_2 ومن ثم:

كمية الحركة عند الدخول = $dm\, u_1$

كمية الحركة عند الخروج = $dm\, u_2$

حيث:

dm = كتلة المائع عند الدخول والخروج من حجم التحكم في زمن dt

$\dot{m} = \dfrac{dm}{dt}$ معدل دخول وخروج الكتلة

$\dot{m}\, u_2$ = معدل اكتساب كمية الحركة

معدل خسارة كمية الحركة = $\dot{m}\,u_1$

يتطلب معدل اكتساب كمية الحركة قوة مقدارها $\dot{m}\,u_2$ في اتجاه u_2. ويتطلب معدل خسارة كمية الحركة قوة مقدارها $\dot{m}\,u_1$ في اتجاه معاكس للسرعة u_1. وبإكمال متوازي القوى تكون المحصلة F في القيمة والاتجاه؛ وهذه هي القوة المؤثرة على المائع بوساطة الوسط المحيط لكي تتغير كمية الحركة حسب المعادلة 7-11.

$$F = \dot{m}\,u_2 - \dot{m}\,u_1 \qquad\qquad 7-11$$

كمية الحركة هي كمية موجهة. ومن المعادلة 7-11

$$\dot{m} = \rho_1 A_1 u_1 = \rho_2 A_2 u_2 = const \qquad 7-12$$

$$F = \dot{m}\,(u_2 - u_1) = \dot{m}\,\Delta u$$

في العادة يكون المطلوب هو رد فعل المائع على الوسط المحيط؛ ورد الفعل R يساوي F في القيمة ولكن يعاكسها في الاتجاه؛ كما بقانون نيوتن الثالث الذي ينص على أن لكل فعل رد فعل مساوٍ له في القيمة ومعاكس له في الاتجاه.

$$R = -F = -\dot{m}\,\Delta u \qquad\qquad 7-13$$

$$R = \dot{m}\,(u_1 - u_2)$$

حتى الآن لم يؤخذ في الحسبان القوى الخارجية مثل قوى الضغط وقوى الجاذبية الأرضية. وباعتبار حجم تحكم به الضغط عند الدخول p_1 وسرعة u_1 ومساحة مقطع A_1 والقيم المقابلة عند الخروج p_2 و u_2 و A_2 إذا كان وزن المائع في حجم التحكم $w = mg$ وهذا سوف يعمل عند مركز ثقل الكتلة m

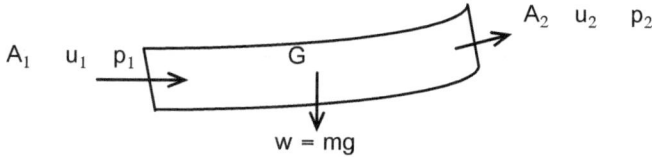

شكل (7-3) القوى المؤثرة على حجم التحكم

الآن القوى المؤثرة على المائع في حجم التحكم:

1) القوة نتيجة للضغط عند الدخول p_1A_1
2) القوة نتيجة للضغط عند الخروج p_2A_2
3) القوة نتيجة لمعدل الكسب في كمية الحركة لحجم التحكم = $\dot{m}u_2$
4) القوة نتيجة لمعدل الخسارة في كمية الحركة لحجم التحكم = $\dot{m}u_1$
5) القوة نتيجة إلى وزن المائع في حجم التحكم w

بافتراض حالة استقرار؛ حيث لا تتغير مقادير الانسياب مع الزمن؛ فإن محصلة القوى المؤثرة بوساطة المائع على الأجواء المحيطة يمكن التعبير عنه بالمعادلة 7-14.

$$R = (p_1A_1 + \dot{m}u_1) + (p_2A_2 + \dot{m}u_2) + w \quad 7\text{-}14$$

لكن:

$$\dot{m} = \rho_1A_1u_1 = \rho_2A_2u_2$$

من الملاحظ أن $\dot{m}u_1$ و $\dot{m}u_2$ في اتجاهين متعاكسين حيث ينظر إلى رد الفعل على القوى المسببة للتغيير في كمية الحركة وليس للقوة ذاتها، ومن ثم يمكن كتابة المعادلة 7-15.

$$\begin{aligned} R &= (p_1A_1 + \rho_1A_1u_1^2) + (p_2A_2 + \rho_2A_2u_2^2) + w \\ &= A_1(p_1 + \rho_1u_1^2) + A_2(p_2 + \rho_2u_2^2) + w \end{aligned} \quad 7\text{-}15$$

حيث:

$\rho_1u_1^2$ و $\rho_2u_2^2$ يسميان ضغط كمية الحركة عند الدخول والخروج على الترتيب.

لمائع غير قابل للإنضغاط $\rho_1 = \rho_2$ تصبح المعادلة 7-15 كما موضح في المعادلة 7-16

$$R = A_1(p_1 + \rho u_1^2) + A_2(p_2 + \rho u_2^2) \quad 7\text{-}16$$

يعتبر وزن المائع w صغيراً ويمكن تجاهله بالنسبة للقيم الأخرى.

يمكن ملاحظة أن المعادلتين الأخيرتين   7-15 و 7-16 بقيم متجهة وأن حل أغلب المسائل يتم بالرسم. أيضاً يجب ألا ينسى أن التحليل السابق يتجاهل تأثير اللزوجة والاحتكاك إذ أن قيمتيهما صغيرة بالنسبة للقيم الأخرى.

مثال 7-1

تم تثبيت بعض الريش لقيادة الانسياب حول منحنى بزاوية   90° في أنبوب مربع ضلعه 1م. أوجد القوة على المنحنى عندما ينساب الهواء بسرعة 30 م/ث وكثافة الهواء 1.289 كجم/م^3 ويمكن اعتبار قوى الاحتكاك والقص عبر الريش بقيم صغيرة ويتم تجاهلها. التنظيم مبين بالرسم. حجم التحكم يتمثل في الريش.

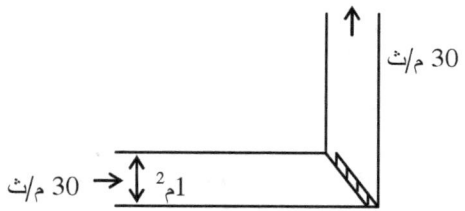

الحل

من معادلة:) $R = \dot{m} \, \Delta u = \dot{m} \, (u_1 - u_2)$

$\dot{m} = \rho \Delta u = 1.289 \quad x \, 1 \, x \, 30 = 38.67 \quad kg \, / \, s$

ويمكن الحصول على (u$_1$-u$_2$) بالرسم:

رسم ab = 30 م/ث

رسم ac = 30 م/ث

قياس bc

أو يمكن الحصول عليها بالتحليل

بما أن المثلث abc مثلث بزاوية قائمة

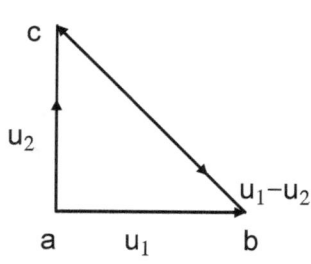

$$cb^2 = ab^2 + ac^2$$

$$= 30^2 + 30^2 = 1800$$

$$u_1 - u_2 = cb = \sqrt{1800} = 42.42 \text{ m/s}$$

$$\therefore R = 38.67 \times 42.42 = 1641 \text{ N}$$

برنامج 7-1:

```
Public Class Form1

    Private Sub Form1_Load(ByVal sender As System.Object,
                           ByVal e As System.EventArgs)
                           Handles MyBase.Load
        Label1.Text = "المربع ضلع"
        Label2.Text = "الهواء سرعة"
        Label3.Text = "الهواء كثافة"
        Label4.Text = "القوة"
        Button1.Text = "احسب"
        Me.Text = "مثال 7-1"
        Me.FormBorderStyle =
              Windows.Forms.FormBorderStyle.FixedSingle
    End Sub

    Private Sub Button1_Click(ByVal sender As System.Object,
                              ByVal e As System.EventArgs)
                              Handles Button1.Click
        Dim rho, L, v, m, R, u As Double

        L = Val(TextBox1.Text)
        v = Val(TextBox2.Text)
        rho = Val(TextBox3.Text)

        m = rho * L * v
        u = Math.Sqrt((v * v) + (v * v))
        R = u * m

        TextBox4.Text = FormatNumber(R, 2)
    End Sub
End Class
```

مثال 7-2

أنبوب مياه قطره 15 سم يخفض قطره إلى 10 سم بوساطة منحنى تخفيض؛ والذي يغير اتجاه الانسياب بدرجة 60° ، ضغط الماء عند الدخول والخروج من المنحنى 1.38 و 1.24 بار على الترتيب. إذا كان معدل انسياب الماء عبر المنحنى 2.4 م³/دقيقة، أوجد محصلة القوى المؤثرة بوساطة الماء على المنحنى قيمة واتجاهاً.

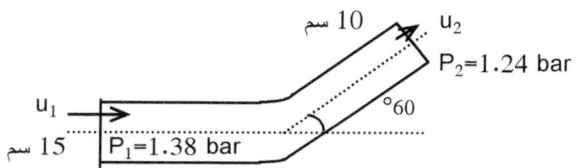

الحل

من المعادلة : $R = A_1(p_1 + \rho u_1{}^2) + A_2(p_2 + \rho u_2{}^2)$

$$\dot{m} = \rho_1 A_1 U_1 = \rho_2 A_2 U_2 = \frac{2.4 \times 10^3}{60} = 40 \ kg/s$$

$\rho_1 = \rho_2$ (مائع غير قابل للانضغاط)

$$U_1 = \frac{\dot{m}}{\rho A_1} = \frac{40}{10^3} \times \frac{4}{\pi} \times \frac{1}{(0.15)^2} = 2.26 \ m/s$$

$$U_2 = \frac{\dot{m}}{\rho A_2} = \frac{A_1 U_1}{A_2} = \frac{(0.15)^2 \times 2.26}{(0.1)^2} = 5.09 \ m/s$$

$$P_1 A_1 = 1.38 \times 10^5 \frac{\pi}{4} (0.15)^2 = 2438.7 \ N$$

$$\rho A_1 u_1{}^2 = \dot{m} u_1 = 40 \times 2.36 = 90.4 \ \square N$$

$$P_2 A_2 = 1.24 \times 10^5 \frac{\pi}{4} (0.1)^2 = 974 \ N$$

$$\dot{m} u_2 = 40 \times 5.09 = 203.6 \ \square N$$

189

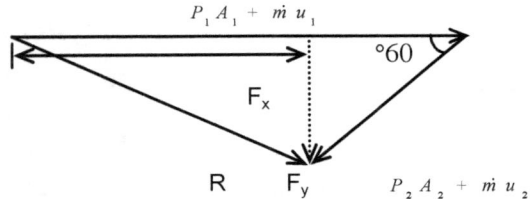

المركبة الأفقية

$$F_x = (P_1A_1 + \dot{m}u_1) - (P_2A_2 + \dot{m}u_2) \cos 60 = (2438.7 + 94.4) -$$
$$(974 + 203.6) \ \square \ \ 0.5 = 2533.1 - 588.8 = 1944.3 \ N$$

المركبة الرأسية

$$F_y = (P_2A_2 + \dot{m}u_2) \sin 60 = (974 + 203.6) \times 0,866 = 1019.8 \ N$$

$$R = \sqrt{F_x^2 + F_y^2} = \sqrt{1944.3^2 + 1019.8^2} = 2196 \ N$$

اتجاه R بزاوية θ للرأسي حيث

$$\tan \theta = \frac{1021}{1941.6} = 1.9$$

$$\theta = 62° \ 15\square$$

يمكن حل مثل هذا المثال بالرسم حيث رسم القوى بمقياس رسم وقياس R و θ.

برنامج 7-2:

```
Public Class Form1

    Private Sub Form1_Load(ByVal sender As System.Object,
                      ByVal e As System.EventArgs)
                      Handles MyBase.Load
        Label1.Text = "الأنبوب قطر 1"
        Label2.Text = "الأنبوب قطر 2"
        Label3.Text = "الانحناء زاوية"
```

```
        Label4.Text = "ضغط الماء 1"

        Label5.Text = "ضغط الماء 2"

        Label6.Text = "معدل الانسياب"

        Label7.Text = "محصلة القوى"

        Label8.Text = "زاوية المحصلة"

        Button1.Text = "احسب المحصلة"

        Me.Text = "مثال 7-2"

        Me.FormBorderStyle =
            Windows.Forms.FormBorderStyle.FixedSingle
End Sub

Private Sub Button1_Click(ByVal sender As System.Object,
                    ByVal e As System.EventArgs)
                    Handles Button1.Click
        Dim A1, A2, U1, U2, m As Double
        Dim P1, P2, angle, flow As Double

        A1 = Val(TextBox1.Text)
        A2 = Val(TextBox2.Text)
        angle = Val(TextBox3.Text)
        P1 = Val(TextBox4.Text)
        P2 = Val(TextBox5.Text)
        flow = Val(TextBox6.Text)

        m = flow * 1000 / angle
        U1 = (m * 4) / (1000 * Math.PI * (A1 ^ 2))
        U2 = ((A1 ^ 2) * U1) / (A2 ^ 2)

        Dim P1A1, P2A2, mu1, mu2 As Double
        Dim Fx, Fy As Double
        Dim R, tan, theta As Double

        P1A1 = P1 * (10 ^ 5) * (Math.PI / 4) * (A1 ^ 2)
        mu1 = m * U1
        P2A2 = P2 * (10 ^ 5) * (Math.PI / 4) * (A2 ^ 2)
        mu2 = m * U2

        'convert angle to radians
        angle = angle * Math.PI / 180
        'calculate sum of forces
        Fx = (P1A1 + mu1) - ((P2A2 + mu2) * Math.Cos(angle))
        Fy = (P2A2 + mu2) * Math.Sin(angle)
        R = Math.Sqrt((Fx ^ 2) + (Fy ^ 2))
```

191

```
        tan = Fy / Fx
        theta = Math.Atan(tan)
        theta = theta * 180 / Math.PI

        TextBox7.Text = FormatNumber(R, 2)
        TextBox8.Text = FormatNumber(theta, 2)
    End Sub
End Class
```

مثال 7-3

نافورة مياه قطرها 7.5 سم تتدفق منها المياه بسرعة 30 م/ث. وضعت لوحة منحنية فتغير اتجاهها 120° أوجد القوة المؤثرة بوساطة النافورة على اللوحة قيمةً واتجاهاً. يمكن تجاهل قيمة الاحتكاك.

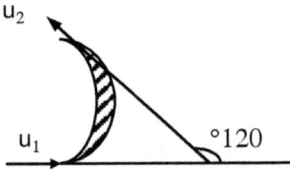

إذا تم تجاهل تأثير الاحتكاك $u_2 = u_1$

$$R = \dot{m}(u_1 - u_2)$$

$$\dot{m} = \rho A u = 10^3 \times \frac{\pi}{4}(0.075)^2 \times 30 = 132.5 \quad kg/s$$

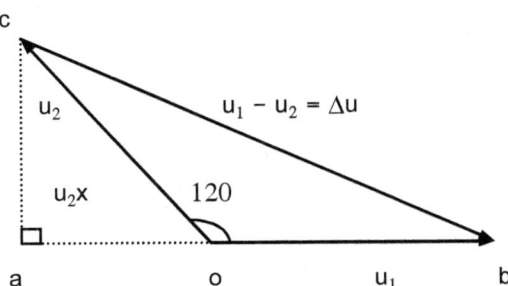

$u_2x = u_2\cos 60 = 30 \times 1/2 = 15 \text{ m/s}$

$\therefore ab = 30 + 15 = 45 \text{ m/s}$

$$\overline{u}_1 - \overline{u}_2 = \Delta u = \frac{ab}{\cos 30} = 45 \times \frac{2}{\sqrt{3}} = 51.9 \quad m/s$$

القوة المؤثرة بوساطة النافورة على اللوحة

$R = 132.5 \times 51.9 = 6887 \text{ N}$

اتجاه R هو 30° إلى الأفقي.

مثال 7-4

إذا كانت اللوحة المنحنية في المثال السابق 7-3 تتحرك في اتجاه النافورة بسرعة 15 م/ث ما قيمة واتجاه محصلة القوى على اللوحة بالنسبة لاتجاه النافورة؟

(1) باعتبار لوحة واحدة فقط

(2) باعتبار أن اللوحة واحدة من سلسلة. وفي الحالة (ب) أوجد الشغل على سلسلة اللوحات وكفاءة النظام بافتراض أن الطاقة الممتدة إلى النظام هي طاقة النافورة.

الحل

يمكن حل مثل هذا المثال بنفس الطريقة التي تم بها حل المثال السابق إذا افترضنا أن سرعة 15 م/ث توجهت إلى اتجاه معاكس للنافورة؛ هذا يجعل اللوحة تبدو كأنها ساكنة وستمر عليها النافورة بالسرعة النسبية. وهنا لابد من ملاحظة أن كتلة الماء التي تمر على اللوحة لوحدة الزمن هي $\rho A u_r$ حيث u_r هي السرعة النسبية.

$u_r = 30 - 15 = 15 \text{ m/s}$

$$\dot{m} = \rho A u_r = 10^3 \times \frac{\pi}{4}(0.075)^2 \times 15 = 66.25 \quad kg/s$$

$$\Delta u_r = 22.5 \times \frac{2}{\sqrt{3}} = 25.95 \quad m/s$$

R = 66.25 × 25.95 = 1720 N

باتجاه 30° إلى اتجاه النافورة

(ب) في حالة مرور ماء النافورة على واحدة أو أخرى من اللوحات

$\dot{m} = 132.5 \quad kg / s$

$\Delta u_r = 25.95 \quad m / s$

R = 132.5 × 25.95 = 3440 N

في اتجاه 30 إلى اتجاه النافورة

الشغل = مركب القوة في اتجاه تحرك اللوحة× سرعة اللوحة

Fx = R cos 30 = 3440x0.866 = 2980 N

الشغل = 2980×15×10 $^{-3}$ = 44.7 كيلو وات

الكفاءة = الشغل الناتج ÷ الطاقة التي يتم إمدادها = $\dfrac{44700 \quad x100}{\frac{1}{2} x132.5 \quad x30^{2}}$ = 75 %

5-7 أنواع الانسياب

ينساب الماء عبر كل مساحة مقطع أنبوب المياه اعتماداً على كميته، والضغط الواقع عليه بانسيابية معينة منها:

- السريان المضطرب Turbulent flow : في هذا النوع من الدفق يتحرك المائع في مسارات غير منتظمة حاثة لتبادل دفع بين أجزائه. وينتج الدفق المضطرب قوى قص كبيرة عبر كل المائع، كما ويحدث فاقد لا معكوس.

$\tau = \eta^*(du/dy)$ 7-17

حيث:

τ = إجهاد القص

η = اللزوجة الدوامية

du/dy = ممال (انحدار) السرعة

- السريان الصفحي (أو الطبقي أو الرقائقي أو اللزج)   Laminar flow : عندما
  يسري سائل حقيقي بسرعة ما أقل من سعة معينة فإن سريان السائل يكون عبارة
  عن انزلاق طبقاته فوق بعضها البعض (أو انسياب جزيئاته في شكل صفائح   أو
  طبقات أو رقائق) ويسمى السريان عندئذٍ لزجاً   Laminar وفيه تكون جزيئات
  السائل تتحرك في خطوط انسياب مستقيمة وغير متقاطعة إذا كان السريان منتظماً.
  وإذا زادت السرعة عن تلك الحدود المعينة فإن حركة جزيئات السائل تصبح غير
  منتظمة المسار وتكون خطوط سريانها متقاطعة وفي شكل دوامات؛ وتكون حركة
  السائل كلها متداخلة؛ ويسمى السريان في هذه الحالة مضطرباً   Turbulent. لقد
  درس العالم الإنجليزي رينولدز   Reynolds هذين النظامين عن طريق تجربته
  المشهورة؛ والتي استخدم فيها محلول ملون وتركه يسري في شكل شعيرة دقيقة جداً
  في إناء كبير يحتوي على سائل خلال أنبوب زجاجي ينتهي بمحبس (أنظر شكل
  4-7). وفي حالة السريان اللزج احتفظت الشعيرة بلونها المميز وكانت على هيئة
  خيط دقيق يوازي محور الأنبوب الذي يسري فيه السائل حتى حدود معينة من
  السريان؛ وبعد تلك الحدود لاحظ رينولدز أن شعيرة السائل الملون قد اختلطت ببقية
  السائل وامتزجت به وأصبح السائل كله بلون واحد.

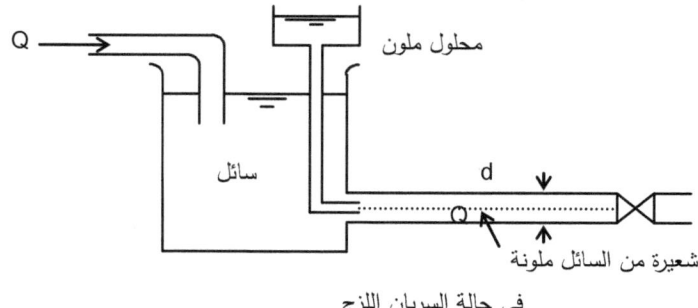

في حالة السريان اللزج

شكل (7-4) تجربة رينولدز

لقد وجد رينولدز حدوداً عملية لتميز السريان اللزج عن السريان المضطرب وذلك عن طريق ما يعرف برقم رينولدز Reynolds number وهو رقم مطلق؛ ويعرف على أنه نسبة قوة القصور الذاتي إلى قوة اللزوجة.

قوة القصور الذاتي Inertia Force يمكن إيجادها من المعادلة 7-18

$$\text{Ma} \;=\; \frac{\rho L^{3} V^{2}}{L} \;=\; \rho L^{2} V^{2} \qquad\qquad 7\text{-}18$$

قوة اللزوجة Viscous Force (قانون نيوتن اللزوجة) توجد من المعادلة 7-19.

$$\tau A \;=\; \mu \frac{V}{L} L^{2} \;=\; \mu \, VL \qquad\qquad 7\text{-}19$$

من ثم فرقم رينولدز Re هو (كمية عديمة الوحدات؛ أي رقم مطلق):

$$\text{Re} \;=\; \frac{\rho L^{2} V^{2}}{\mu \, VL} \;=\; \frac{\rho LV}{\mu} \qquad\qquad 7\text{-}20$$

حيث:

L = الطول المميز للسريان

V = السرعة المميزة

ρ = كثافة السائل

μ = لزوجة السائل

في حالة الأنابيب الدائرية تكون L هي قطر الأنبوب d وبالتالي يكون رقم رينولدز Re في هذه الحالة مساوياً:

$$\text{Re} \;=\; \frac{\rho v d}{\mu} \;=\; \frac{v d}{\upsilon} \qquad\qquad 7\text{-}21$$

حيث:

v = السرعة المتوسطة للسائل

υ = اللزوجة الكينماتيكية للسائل.

يكون رقم رينولدز مساوياً أو في حدود 2000 تقريباً للسريان المنتظم اللزج؛ ويكون أكبر من 2300 للسريان المضطرب؛ وبين هذين الحدين فإن السريان يكون في حالة انتقال.

تسمى السرعة التي يتحول عندها السريان من لزج إلى مضطرب بالسرعة الحرجة؛ ويسمى عدد رينولدز في هذه الحالة بعدد رينولدز الحرج ويساوي 2000.

أما في حالة القطاعات غير الدائرية فيستخدم ما يعرف بنصف القطر الهيدروليكي أو القطر الهيدروليكي Hydraulic Diameter ويرمز له بـ D_h

$$D_h = \frac{4A}{P} \qquad 7\text{-}22$$

حيث:

A = مقطع مساحة السريان

P = محيط المجرى أو الأنبوب المبتل

ويحسب رقم رينولدز من العلاقة

$$Re = \frac{vD_h\rho}{\mu} \qquad 7\text{-}23$$

- السريان المثالي Ideal flow : يتم الدفق لمائع عديم الاحتكاك، غير لزج، وغير منضغط ويمكن عكس عمليات تدفقه .
- السريان الكاظم للحرارة أو الدفق الأديباتي Adiabatic flow : وفي هذا النوع من الدفق يتم نقل الحرارة من وإلى المائع.
- السريان المستقر[6] Steady flow : وفي هذا النوع من الانسياب لا تتغير حالة المائع على أي نقطة في المائع بالنسبة للزمن، أي أن الانسياب لا يحدث فيه تغير للكثافة، أو الضغط، أو الحرارة بالنسبة للزمن. ومن ثم يكون الانسياب مستقراً إذا كانت سرعة جسيمات المائع لا تتغير مع الزمن، وبالتالي تكون السرعة ثابتة بالنسبة للزمن؛ أو $\frac{du}{dt} = 0$. لكن هذه السرعة يمكن أن تتغير بالنسبة للمسافة، وتعني هذه العبارة أن خواص المائع الأخرى (مثل الضغط والكثافة ومعدل الانسياب) لا تتغير مع الزمن.

[6] انسياب مستقر - مطرد Steady flow أي لا يوجد تغير في الدفق مع الزمن

ومعظم المسائل الهندسية تنطوي على حالات استقرار مثال ذلك أنابيب تحمل سائل تحت سمت ثابت أو الانسياب عبر فوهة تحت سمت ثابت. إن الانسياب المستقر يمكن أن يكون منتظماً أو غير منتظم.

$$\frac{\partial \rho}{\partial t} = 0, \quad \frac{\partial P}{\partial t} = 0, \quad \frac{\partial T}{\partial t} = 0 \qquad\qquad 7\text{-}24$$

حيث:

ρ = الكثافة

P = الضغط

T = درجة الحرارة

t = الزمن

يحدث الدفق المستقر والمنتظم في القني المكشوفة عندما تكون مائلة وطويلة جداً وثابتة المقطع في المناطق التي تصل فيها السرعة إلى السرعة النهائية terminal؛ أي عندما يتم مد فواقد الطاقة الاحتكاكية بالانخفاض في فاقد طاقة الوضع للهبوط في مستوى أرضية المجرى. ويطلق على العمق للدفق المستقر والمنتظم العمق العادي normal depth ($\frac{dy}{dx} = 0$ حيث: y = العمق)

- الانسياب غير المستقر Unsteady flow : وفى هذا النوع من الدفق تتغير الخواص في أي نقطة في المائع مع الزمن. أما الدفق المنتظم وغير المستقر فيندر حدوثه في القني المكشوفة.

- الانسياب المنتظم Uniform flow : وفي هذا النوع من الانسياب يتطابق موجه السرعة على أي نقطة في المائع في المقدار والاتجاه في أي زمن؛ أي لا تتغير سرعة السائل مع الإزاحة (في المقدار والاتجاه). وهذا لا يحدث إلا إذا لم يتغير مقطع الأنبوب. وهي تعني أن كل متغيرات المائع لا تتغير مع المسافة: $\frac{du}{ds} = 0$

$$\frac{dP}{ds} = 0 \quad \text{و} \quad \frac{d\rho}{ds} = 0 \quad \text{و}$$

$$\partial v/\partial s = 0 \qquad\qquad 7-25$$

حيث:

s = الإزاحة في أي اتجاه

v = موجه السرعة

يكون انسياب السوائل عبر الأنابيب الطويلة تحت الضغط منتظماً إذا كانت أقطار الأنابيب ثابتة بصرف النظر عما إذا كان الانسياب مستقراً أو غير مستقر.

- الانسياب غير المنتظم Non-uniform flow : وفي هذا النوع من الانسياب يتغير موجه السرعة من منطقة وأخرى مع تغير الزمن.

$$\partial v/\partial s \neq 0 \qquad\qquad 7-26$$

يحدث الدفق المستقر وغير المنتظم في القني المكشوفة غير المنتظمة والتي لا يتغير فيها الدفق مع الزمن، كما ويحدث أيضاً في القني المنتظمة عندما يتغير عمق الدفق (ومن ثم السرعة المتوسطة) من مقطع لآخر. أما الدفق غير المنتظم وغير المستقر فيحدث بسبب تغير ظروف العمق والسرعة مع الزمن نسبياً مع نقطة ثابتة في أرضية القناة (مثلاً لحركة الموج).

عندما يتحرك جسيم المائع من موقع لآخر فإن محصلة القوى المؤثرة عليه يمكن توضيحها في المعادلة 7-27.

$$\overline{F} = m* \ \overline{a} \qquad\qquad 7-27$$

حيث:

F = محصلة أقوى المؤثرة على جسيم المائع

m = كتلة الجسيم

$\overline{a}$ = عجلة (تسارعية أو تناقصية) الجسيم = معدل تغير سرعة الجسيم بالزمن

الخطوط الانسيابية Stream lines إن الخطوط الانسيابية منحنيات وهمية ترسم عبر المائع لتوضح اتجاه الحركة في مقاطع مختلفة من انسياب المائع. ويمثل المماس عند أي نقطة على المنحنى اتجاه السرعة الآنية للمائع عند تلك النقطة. وبما أن متجه السرعة له مركبة بقيمة صفر في الاتجاه العمودي للخط الانسيابي فإنه من الواضح ألا يكون هناك انسياب عبر الخط الانسيابي في أي نقطة.

تتحرك الجسيمات في خط انسياب streamline يعرف على أنه "خط مستمر عبر المائع بحيث أن له اتجاه موجه السرعة في أي نقطة؛ ولا يحدث دفق خلال خط الانسياب. ويتكون أنبوب الانسياب stream tube من عدة خطوط انسياب مارة عبر منحنى مغلق لتكون مسار أسطواني الشكل. أما مقطع أنبوب الانسياب وسطحه الذي لا يحدث خلاله دفق فيسمى سطح الانسياب stream surface.

بالنسبة لدفق في اتجاهين في المستوىx–y يكون للعجلة مركبتين

- عجلة خط الانسياب Streamline acceleration

$$a_s = dv/dt = (\partial v/\partial s)(\partial s/\partial t) = v(\partial v/\partial s) \qquad 7-28$$

حيث:

a_s = عجلة خط الانسياب

s = المسافة المقاسة عبر خط الانسياب

- عجلة عمودية على خط الانسياب Acceleration normal to streamline

$$a_n = \overline{v}^2/R \qquad 7-29$$

حيث:

a_n = العجلة العمودية على خط الانسياب = العجلة الطاردة المركزية centrifugal acceleration

R = نصف قطر الانحناء لمسار الجسيم (انحناء خط الانسياب)

$\overline{v}$ = سرعة الجسيم

ومن ثم فإن صافي قوة الضغط على الجسيم وصافي قوة الجاذبية الأرضية عليه يساوي كتلة الجسيم مضروبة في عجلته.

الأنابيب الانسيابية Stream Tubes يمثل الأنبوب الانسيابي جزيئات من مائع منساب محاط بمجموعة من الخطوط الانسيابية التي تحدد الانسياب. إذا كانت مساحة مقطع أنبوب الانسياب صغيرة بالقدر الكافي فيمكن اعتبار السرعة عند منتصف المقطع كمتوسط للسرعة للمقطع كله.

7-6 معادلة الطاقة The Energy Equation

إن قانون بقاء الطاقة ينص على أن "الطاقة لا تستحدث ولا تفنى ولكن يمكن تحويلها من شكل إلى آخر". وبتطبيق هذا القانون على مائع منساب يحتوي على طاقة داخلية وطاقات نتيجة للضغط والسرعة والموضع بين مقطعين يتحصل على المعادلة التالية:

|الطاقة في مقطع 1| + |الطاقة المضافة| − |الطاقة المفقودة| = |الطاقة المستخلصة| = الطاقة في مقطع 2

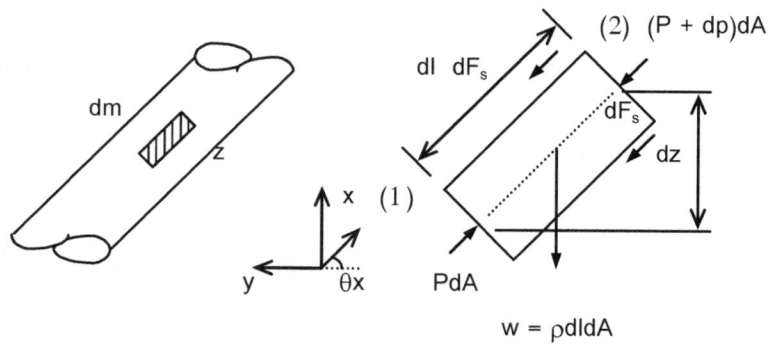

شكل (7-5) الطاقة في مائع منساب

باعتبار أن لجسم حر كتلة ابتدائية من المائع dm كما مبين في الرسم 7-5 فإن الحركة تكون في الاتجاه العمودي على الورقة؛ وقد تم اختيار اتجاه x ليكون في اتجاه السريان.

القوى المؤثرة في اتجاه x هي:

1) قوى الضغط على المساحات النهائية
2) مركبة الكتلة
3) قوة القص المؤثرة بوساطة أجزاء المائع المجاورة

من معادلة الحركة $\Sigma F_x = ma_x$

وعليه

$$PdA - (P + dP)dA - \rho dAdl \sin\theta_x - dF_s = \rho \frac{dAdl}{g}\frac{dv}{dt} \qquad 7\text{-}30$$

وبالقسمة على ρdA وبتعويض $\left(v = \frac{dl}{dt}\right)$ تنتج المعادلة 7-31

$$\frac{P}{\rho} - \frac{(P + dP)}{\rho} - dl \sin\theta_x - \frac{dF_s}{\rho dA} = \frac{dvl}{g} \qquad 7\text{-}31$$

$\frac{dF_s}{\rho dA}$ تمثل المقاومة للانسياب في الطول dl، ويمكن استبدال قوى القص dF_x بإجهاد القص $\tau\times$ المساحة المؤثرة عليها

$$dF_x = \tau\, dP\, dl \qquad 7\text{-}32$$

حيث:

dP = المحيط

$$\frac{dF_x}{\rho dA} = \frac{\tau dPdl}{\rho dA} = \frac{\tau dl}{\rho R} \qquad 7\text{-}33$$

حيث:

$R = \frac{dA}{dP}$ = نصف القطر الهيدروليكي المعرف بمساحة المقطع مقسومة على المحيط المبتل

تساوي مجموع إجهادات القص جملة الطاقة المفقودة نتيجة للانسياب

$$dh_l = \frac{\tau \, dl}{\rho R}$$ 7-34

تصبح المعادلة 7-30 بعد استبدال ($dz = dl \sin\theta_x$) والتعويض عن $\frac{\tau \, d}{\rho R}$

$$\frac{dP}{\rho} + v \frac{dv}{g} + dz + dh_l = 0$$ 7-35

تسمى المعادلة 7-35 بمعادلة أويلر عند تطبيقها على مائع مثالي (السمت المفقود = صفر). عند إجراء التكامل عليها لمائع كثافته ثابتة تسمى معادلة برنولي. إن معادلة 7-35 والتي هي لحالة انسياب مستقر هي معادلة أساسية لانسياب الموائع.

تعرف كمية حركة الجسيم على أنها حاصل ضرب كتلته m في سرعته v. وعلى حسب قانون نيوتن الثاني للحركة فإن معدل تغير كمية حركة الجسم تتناسب مع القوة المؤثرة عليه وتحدث في اتجاه تلك القوة.

معادلة أويلر Euler's Equation للحركة عبر خط الانسياب

بالأخذ في الحسبان مقطع قصير لأنبوب انسياب محيط بخط الانسياب وله مساحة مقطع صغيرة للدرجة التي يمكن افتراض ثبات السرعة عبرها (أنظر شكل 7-6). AB و CD قطاعين مفصولين بمسافة قصيرة δs. وعلى القطاع AB فإن السرعة v والضغط P والارتفاع z. أما عند CD فالقيم الموازية لها هي $A+\delta A$ و $v+\delta v$ و $p+\delta p$ على الترتيب. ويؤثر المائع بضغط P_s على جوانب العنصر. وبافتراض أن المائع غير لزج (لا توجد إجهاد قص على جوانب أنبوب الانسياب)

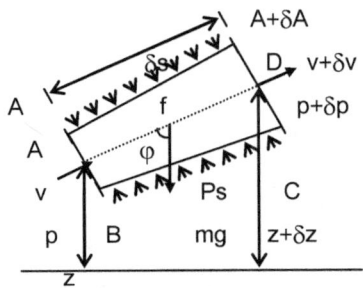

شكل (7-6) معادلة اويلر

وتعمل P_s عمودياً فإن:

- وزن العنصر mg يعمل رأسياً للأسفل بزاويةϕ على الخط المركزي
- الكتلة المنسابة عبر وحدة الزمن $= \rho*A*v$
- معدل زيادة كمية الحركة من AB إلى CD $= \rho*A*v*[(v + \delta v) - v] = \rho*A*v*\delta v$

أما القوى العاملة لإحداث هذه الزيادة في كمية الحركة في اتجاه الحركة فهي:

قوة من P في اتجاه الحركة $= P*A$

قوة من $P + \delta P$ معاكسة للحركة $= (P + \delta P)*(A + \delta A)$

قوة من P_s تنتج مركبة في اتجاه الحركة $= P_s*\delta A$

قوة بسبب mg تنتج مركبة معاكسة للحركة $= m*g*\cos\phi$

ومن ثم فالمحصلة في اتجاه الحركة $= P*A-(P+\delta P)(A+\delta A)+P_s*\delta A-m*g*\cos\phi$

وتتغير قيمة P_s من P حول AB إلى $P + \delta P$ على CD ويمكن أخذها مساوية:

$$P_s = P + k*\delta P \qquad\qquad 7-36$$

حيث:

k = جزء

أما وزن العنصر فيمكن تقديره من المعادلة7-37.

Weight of element = m*g = $\rho*g*$volume

$$= \rho*g*(A + \delta A/2)*\delta s \qquad 7-37$$

$$\cos\phi = \delta z/\delta s \qquad 7\text{-}38$$

وباستخدام المعادلات أعلاه يمكن إيجاد محصلة القوى في اتجاه الحركة لتساوي

$$= -P*\delta A - A*\delta P - \delta P*\delta A + P*\delta A + k*\delta P*\delta A - \rho*g*(A+\delta A/2)*\delta s(\delta z/\delta s)$$

وبتجاهل النواتج الصغيرة تصبح محصلة القوى في اتجاه الحركة

$$= -A*\delta P - \rho*g*A*\delta z$$

ومن قانون نيوتن الثاني للحركة تنتج المعادلة 7-39.

$$\rho*A*v*\delta v = -A*\delta P - \rho*g*A*\delta z \qquad 7\text{-}39$$

وبالقسمة على $\rho*A*\delta s$

$$(1/\rho)*(\delta P/\delta s) + v*(\delta v/\delta s) + g*(\delta z/\delta s) = 0 \qquad 7\text{-}40$$

المعادلة 7-40 هي معادلة الدفق المستقر لأويلر Euler's equation. لا يمكن تكامل هذه المعادلة إلا إذا علمت العلاقة بين الكثافة ρ والضغط P. وبالنسبة لمائع غير منضغط (ρ = ثابت) فينتج تكامل المعادلة 7-40 عبر خط انسياب بالنسبة إلى المعادلة 7-41. وفي هذه المعادلة تمثل الحدود الطاقة في وحدة الوزن (معادلة برنولي Bernoulli's equation). وتتحقق معادلة برنولي لدفق مستقر ومائع غير احتكاكي له كثافة ثابتة.

$$P/\rho*g + v^2/2g + z = \text{constant} = H \qquad 7\text{-}41$$

عند تكامل المعادلة 7-40 عبر خط الانسياب بين نقطتين 1 و 2 يمكن كتابة المعادلة كما في معادلة 7-42.

$$(P_1/\rho*g) + (v_1^2/2g) + z_1 = (P_2/\rho*g) + (v_2^2/2g) + z_2 \qquad 7\text{-}42$$

بالنسبة لمائع منضغط فتكامل المعادلة 7-40 يظل شبه مكتمل على النحو المبين في المعادلة 7-43.

$$\frac{dP}{\rho g} + \frac{v^2}{2g} + z = H \qquad 7-43$$

حيث:

P = الضغط على قطاع معين (باسكال)

γ = الوزن النوعي (نيوتن/ م3)

v = السرعة المتوسطة للدفق عبر القطاع (م/ ث)

g = عجلة الجاذبية الأرضية (م/ ث2)

z = الارتفاع لنقطة في المقطع عبر خط انسياب أعلى من مرجع إسناد معين (م)

H = الطاقة الحدية (م)

ومن ثم يمكن إضافة العلاقة بين الضغطP والكثافة ρ للحالة المعنية.

7-7 انسياب الموائع غير القابلة للانضغاط

بالنسبة للموائع غير القابلة للانضغاط تسهل عملية التكامل وتكون مباشرة كما مبين في المعادلة 7-44.

$$\int_{P_1}^{P_2} \frac{dP}{\rho} + \int_{v_1}^{v_2} v\frac{dv}{g} + \int_{z_1}^{z_2} dz + \int_1^2 dh_l = 0$$

$$\left(\frac{P_2}{\rho} - \frac{P_1}{\rho}\right) + \left(\frac{v_2^2}{2g} - \frac{v_1^2}{2g}\right) + (z_2 - z_1) + H_l = 0 \qquad 7-44$$

$$\left(\frac{P_1}{\rho} + \frac{v_1^2}{2g} + z_1\right) - H_l = \left(\frac{P_2}{\rho} + \frac{v_2^2}{2g} + z_2\right) \qquad 7-45$$

الشكل العام لمعادلة الطاقة هي بيان لقانون بقاء الطاقة

$$\left(\frac{P_1}{\rho} + \frac{v_1^2}{2g} + z_1\right) + H_A - H_L - H_E = \left(\frac{P_2}{\rho} + \frac{v_2^2}{2g} + z_2\right) \qquad 7-46$$

حيث:

H_A = السمت المضاف

H_L = السمت المفقود

H_E = السمت المستخلص

مثال 7-5

أنبوب ماء أفقي منشوري الشكل يتناقص قطره من 20 سم إلى 10 سم. علماً بأن الضغط في مقطعي سريان الماء يساوي320 كيلو باسكال و 70 كيلو باسكال على الترتيب.

1. جد معدل السريان.
2. بيّن ما إن كان السريان عند المقطع الثاني (ذو القطر 10 سم) صفائحياً أم مضطرباً بافتراض أن اللزوجة الكينامينيكية للماء تساوي $0.101*10^{-5}$ م^2/ث.

الحل:

المعطيات:

عند المقطع الأول: $D_1= 0.2m$, $P_1=320$ kPa

وعند المقطع الثاني $D_2= 0.1m$, , $P_2= 70kPa$

بتطبيق معادلة برنولي عند مدخل المقطع الأول ومخرج المقطع الثاني للأنبوب الأفقي، حيث $z_1=z_2$:

$$\frac{V_1^2}{2g} + \frac{P_1}{\rho g} + z_1 = \frac{V_2^2}{2g} + \frac{P_2}{\rho g} + z_2$$

$$\frac{V_2^2 - V_1^2}{2g} = \frac{P_2 - P_1}{\rho g} = \frac{(320 - 70) \times 10^3}{9810} = 25.48 \qquad (1)$$

ومن معادلة حفظ الكتلة:

$A_1V_1 = A_2V_2$

نجد:

$$V_2 = \frac{A_1}{A_2}V_1 = \frac{0.2^2}{0.1^2}V_1 = 4V_1 \qquad\qquad (2)$$

بتعوض المعادلة (2) في (1):

$$\frac{16\,V_1^2 - V_1^2}{2 \times 9.81} = 25.48 \quad ; \quad V_1 = 5.77 \quad m\,/\,s$$

1.   معدل السريان:

$$Q = A_1 V_1 = \frac{\pi}{4} 0.2^2 * 5.77 = 0.181 \quad m^3\,/\,s$$

2.   بإيجاد رقم رينولدز عند المقطع الثاني:

$$Re = \frac{VD}{\upsilon} = \frac{4 \times 5.77 \times 0.1}{0.101 \times 10^{-5}} = 2.29 \times 10^6$$

فيكون السريان مضطرباً.

برنامج 7-5:

```
Public Class Form1
    Const g = 9.81
    Const rho_w = 1000

    Private Sub Form1_Load(ByVal sender As System.Object,
                    ByVal e As System.EventArgs)
                    Handles MyBase.Load
        Label1.Text = "قطر الأنبوب 1"
        Label2.Text = "قطر الأنبوب 2"
        Label3.Text = "الضغط 1"
        Label4.Text = "الضغط 2"
        Label5.Text = "لزوجة الماء"
        Label6.Text = "معدل السريان"
        Label7.Text = "رقم رينولدز"
        Button1.Text = "احسب"
        Me.Text = "مثال 7-5"
        Me.FormBorderStyle =
            Windows.Forms.FormBorderStyle.FixedSingle
    End Sub
```

208

```
    Private Sub Button1_Click(ByVal sender As System.Object,
                              ByVal e As System.EventArgs)
                              Handles Button1.Click
        Dim D1, D2, P1, P2, visc As Double
        Dim equ1, equ2 As Double
        Dim V1, V2, Q, Re As Double

        D1 = Val(TextBox1.Text)
        D2 = Val(TextBox2.Text)
        P1 = Val(TextBox3.Text)
        P2 = Val(TextBox4.Text)
        visc = Val(TextBox5.Text)

        'find Example 7.5 Equation #1
        equ1 = ((P1 - P2) * 1000) / (rho_w * g)
        'find Example 7.5 Equation #2
        equ2 = (D1 ^ 2) / (D2 ^ 2)

        V1 = Math.Sqrt((equ1 * 2 * g) / ((equ2 ^ 2) - 1))
        Q = (Math.PI / 4) * (D1 ^ 2) * V1
        Re = (equ2 * V1 * D2) / (visc)

        TextBox6.Text = FormatNumber(Q, 2)
        TextBox7.Text = FormatNumber(Re, 2)
    End Sub
End Class
```

7-8 تطبيقات معادلة برنولي

1) ارسم مخطط للنظام مبيناً فيه مقاطع مجرى الانسياب تحت التقدير

2) طبق قانون برنولي في اتجاه السريان مع اختيار سطح مرجعي لكل معادلة أدنى نقطة تمثل مرجعية منطقية لتفادي القيم السالبة وبالتالي تقليل الأخطاء.

3) أوجد قيمة الطاقة عند مصعد المجرى أي نقطة (1) الطاقة بالأمتار، وللسوائل يمكن التعبير عن سمت الضغط بوحدات مقياسية أو مطلقة شريطة استعمال نفس الطريقة عند مقطع (2). وكما في معادلة بقاء الكتلة تؤخذ v على أنها متوسط السرعة عند المقطع المعني دون فقد للدقة المقبولة

4) أضف بالأمتار للسائل أي قدرة مساهمة من الأجهزة الميكانيكية مثل المضخات

5) اطرح بالأمتار للسائل أي طاقة مفقودة من الانسياب
6) اطرح بالأمتار للسائل أي طاقة استخلصت بوساطة أجهزة ميكانيكية مثل العنفات turbines
7) ساوي بين مجموع الطاقات وبين سمت الضغط وسمت السرعة وسمت الوضع عند مقطع z
8) إذا كان سمت السرعة غير معلوم في الحالتين أوجد العلاقة بينهما باستعمال قانون بقاء الكتلة.

(أ) النافورة الحرةFree Jet

عند تطبيق معادلة برنولي بين قطاعين 1 و2 في شكل 7-7 علماً بأن $P_1 = P_2 = 0$ و $z_1 = 0$ و $z_2 = H$ و v_1 هي السرعة على سطح المستودع = صفر من ناحية عملية، تنتج المعادلة 7-47.

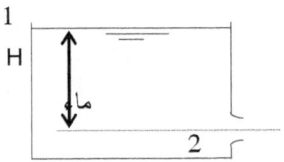

شكل (7-7) نافورة من مستودع

$$(P_1/\gamma) + (v_1^2/2g) + z_1 = (P_2/\gamma) + (v_2^2/2g) + z_2$$

$$0 + 0 + H = 0 + (v_2^2/2g) + 0$$

$$v_2 = (2g*H)^{0.5} \qquad 7\text{-}47$$

معادلة 7-47 تبين أن سرعة الخروج velocity of efflux تساوي سرعة السقوط الحر velocity of free fall من سطح المستودع؛ وهي ما تعرف **بنظرية توريسيللي** Torricelli's theorem.

استمرارية الدفق (قاعدة بقاء الكتلة) Continuity of flow (Principle of Conservation of Mass)

قاعدة أن المادة لا تنتج ولا تنعدم (إلا في حالة العمليات النووية) يمكن تطبيقها على الموائع. وبالنظر إلى حجم تحكمي في الفراغ كما في الشكل7-8 يمكن مرور انسياب عبره فإن كتلة المائع الداخل على وحدة الزمن تساوي كتلة المائع الخارج على وحدة الزمن زائداً الزيادة في كتلة المائع داخل الحجم التحكمي على وحدة الزمن.

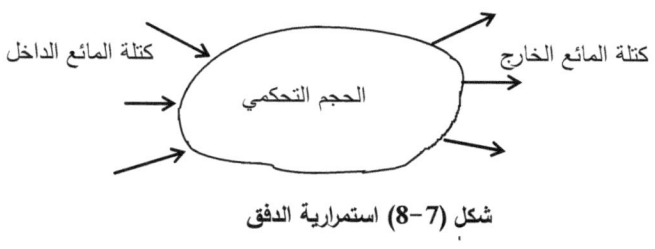

شكل (7-8) استمرارية الدفق

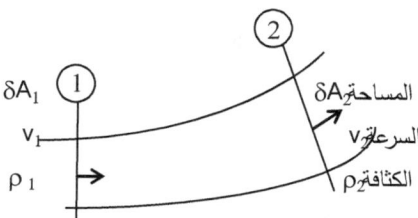

شكل (7-9) دفق مستمر عبر أنبوب انسياب

يمكن تطبيق القاعدة على أنبوب انسياب كما في شكل 7-9؛ بافتراض سرعة ثابتة (لقلة مساحة المقطع). ونسبة لعدم وجود انسياب عبر جدران أنبوب الانسياب فإن الكتلة الداخلة على وحدة الزمن في مقطع1 تساوي الكتلة الخارجة على وحدة الزمن في مقطع2؛ ومن ثم

$$\rho_1 * \delta A_1 * u_1 = \rho_2 * \delta A_2 * u_2 = \text{constant} \qquad 7\text{-}48$$

المعادلة 7-48 هي معادلة الاستمرارية equation of continuity لدفق المائع غير المنضغط. وبالنسبة لدفق مائع حقيقي عبر أنبوب أو أي مجرى فإن السرعة تتغير من جدار إلى آخر؛ ورغماً عن هذا فيمكن أخذ السرعة المتوسطة للدفق المستقر لتصبح معادلة الاستمرارية

$$\rho_1 * A_1 * \bar{u}_1 = \rho_2 * A_2 * \bar{u}_2 = m \qquad 7-49$$

حيث:

A_1, A_2 = المساحات الكلية للمقطع

m = معدل كتلة الدفق

$\bar{u}$ = السرعة المتوسطة

وإذا أمكن اعتبار المائع غير منضغط فإن ($\rho_1 = \rho_2$) ومن ثم

$$A_1 * \bar{u}_1 = A_2 * \bar{u}_2 = Q \qquad 7-50$$

حيث:

Q = معدل الدفق (م^3/ث)

A = مساحة المقطع (م^2)

v = سرعة الدفق المتوسطة عبر المقطع (م/ ث)

قياس الدفق

يتم قياس الدفق بمقياسه rate meter؛ والذي هو عبارة عن جهاز يقيس مرة واحدة الكمية (الوزن أو الحجم) المارة عبر مقطع معين على وحدة الزمن. وتعتمد طريقة القياس على أن زيادة السرعة تنتج نقصان في الضغط. ومن الطرق المستخدمة الطرق المباشرة لقياس الدفق حيث يتم فيها مقارنة معدل الدفق بمتغير أو متغيرين يسهل قياسهما؛ مثلاً يتم مقارنة معدل الدفق لعمق الدفق في أحد أطراف أنبوب أفقي شبه ممتلئ، أو مقارنة الدفق مع عمق الدفق وميل المجرور، أو وزن كتلة الدفق عبر فترة

زمنية محددة، أو باستخدام قاعدة الفنتشوري من خلال مقياس دفق عبر الفتحات والثقوب، أو باستخدام مقياس الدفق الإلكترومغنطيسي، أو باستخدام مواد كيميائية مشعة أو عناصر استشفافية (عناصر تتبع)، أو بقياس حجم الدفق مع الزمن أو القياس عبر الهدارات.

مقياس الفنتشوري Venturi meter (أنظر شكل 7-10)

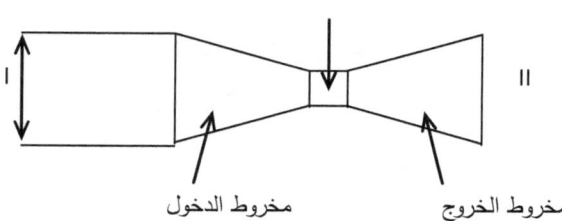

شكل (7-10) رسم مبسط لمقياس الفنتشوري

تكون الفنتشوري من حلقات بيزومترية لقياس الضغط ويستخدم لقياس معدل الانسياب خلال الأنابيب. يمكن استخدام المعادلة 7-50 لإيجاد الدفق عبر جهاز الفنتشوري. وتعتمد هذه المعادلة على معادلة برنولي (Bernoulli) $(P_1/\gamma) + (V_1^2/2g) = (P_2/\gamma) +$ $(V_2^2/2g)$ ومعادلة الاستمرارية $(Q = A_1/v_1 = A_2/v_2)$؛ حيث $(A_2 < A_1)$ لدفق أفقي $(z_1 = z_2)$ بين مقطعين 1 و 2 لدفق مائع مستقر وغير لزج وغير منضغط. ومن ثم

$$(P_1/\gamma) - (P_2/\gamma) = (1/2g)*[(Q^2/A_2^2) - (Q^2/A_1^2)]$$
$$P_1 - P_2 = (\rho/2A_2^2)*Q^2[1 - (A_2/A_1)^2]$$

$$Q^2 = A_2^2*[\{2*(P_1 - P_2)\}/(\rho*(1 - (A_2/A_1)^2)]$$
$$Q = A_2*[\{2*(P_1 - P_2)\}/(\rho*(1 - (A_2/A_1)^2)]^{0.5} \qquad 7\text{-}51$$

$$Q = A_1 A_2 \frac{\sqrt{2 g (h_1 - h_2)}}{\sqrt{A_1^2 - A_2^2}} = A_1 A_2 \frac{\sqrt{2 gH}}{\sqrt{A_1^2 - A_2^2}} \qquad 7\text{-}52$$

حيث:

Q = الدفق عبر الفنتشوري

A_1 = المساحة عبر أعلى انسياب الدفق (م^2)

A_2 = المساحة عبر عنق الجهاز (م^2)

h_1, h_2 = فقد السمت (م)

$$H = h_1 - h_2 \qquad\qquad 7-53$$

يمكن كتابة المعادلة 7-52 لانسياب التشغيل الحقيقي، ولأنابيب فنتشوري قياسية، مع الأخذ في الاعتبار أثر عوامل الاحتكاك لتقرأ حسب المعادلة 7-54.

$$Q = CA_2\sqrt{2gH} \qquad\qquad 7-54$$

حيث:

$$C = C_1 C_2 \qquad\qquad 7-55$$

C = معامل (يتغير بين 0.98 و 1.02)

C_1 = معامل المساحة والذي يمكن إيجاده من المعادلة 7-56.

$$C_1 = \frac{A_1}{\sqrt{A_1^2 - A_2^2}} \qquad\qquad 7-56$$

C_2 = معامل الاحتكاك

مقياس الفوهة Orifice Meter

الفوهة فتحة عادة دائرية يمكن للدفق المرور من خلالها كما في الشكل 7-11. وتبين المعادلة 7-57 الدفق من خلالها.

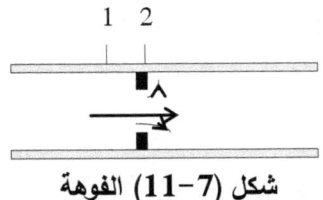

شكل (7-11) الفوهة

$$Q_a = c_d * A_o * (2g*H)^{0.5}$$ 7-57

حيث:

Q_a = الدفق الفعلي

c_d = معامل الدفق

A_o مساحة الفوهة

g = عجلة الجاذبية الأرضية

H = السمت للمائع المنساب خلال الثقب

الفتحة Nozzle

ليس للفتحة انقباض contraction للنافورة غير ذلك لفتحتها.

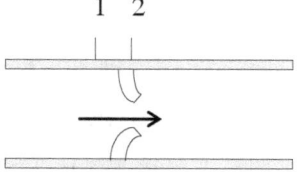

شكل (7-12) الفتحة

بوابة التحكم (الهويس) Sluice Gate

تستخدم بوابة التحكم لتنظيم الدفق وقياسه في القني المكشوفة. ومن شكل7-13 يمكن كتابة معادلة الدفق.

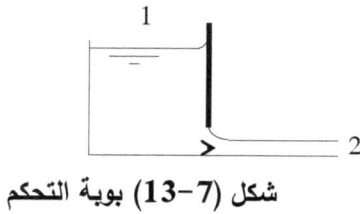

شكل (7-13) بوبة التحكم

$$Q = z_2*b*[2g*(z_1 - z_2)/(1 - (z_2/z_1)^2)]^{0.5} \quad 7-58$$

عندما يكون z_1 أقل كثيراً من z_2 (أي z_2 << z_1) ينتج

$$Q = z_2*b*[2g*z_1]^2 \quad 7-59$$

حيث:

Q = معدل الدفق

z_1 = عمق الماء أعلى التيار

b = عرض البوابة

__الهدار Weir__

الهدار عائق في المجرى يحجز السائل من خلفه لينساب من فوقه أو عبره (أنظر شكل 7-14). وتبين المعادلة 7-60 تقدير الدفق عبره.

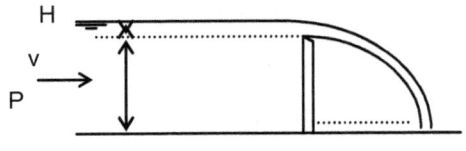

شكل (7-14) الهدار

$$Q = c_1*b(2g)^{1/2}*H^{3/2} \quad 7-60$$

حيث:

Q = دفق الهدار

c_1 = ثابت

b = عرض المجرى

H = سمت الماء فوق قمة الهدار

g = عجلة الجاذبية الأرضية

<u>القناة المعنقة لطاسة بالمر Palmer – Bowls flume</u>

تستخدم القناة المعنقة لقياس الدفق في عدة أنواع من القنوات المكشوفة، إذ يوضع المقياس في المجرور في غرفة تفتيش لقياس العمق أعلى المجرى، ثم يقرأ الدفق من منحنى قياس متدرج. ومن محاسن هذه الطريقة سهولة العمل بها في نظم المجاري القائمة، وقلة فقد السمت، وسهولة النظافة الذاتية للمجاري.

خط الطاقة وخط الميل الهيدروليكي Energy and Hydraulic Grade Line

يحوي عنصر من المائع على طاقة وضع بسبب علوه من مرجع اسناد معين، وعلى طاقة حركة بسبب سرعته. ولعنصر (كما في الشكل7-15) وزنه mg

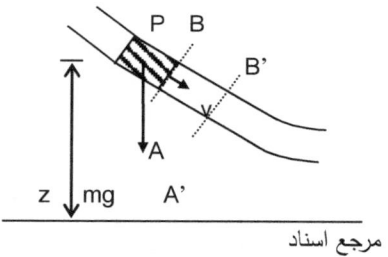

شكل (7-15) الطاقة لدفق المائع

طاقة الوضع = m*g*z
طاقة الوضع على وحدة الوزن = z
طاقة الحركة = m*v²/2
طاقة الحركة على وحدة الوزن = v²/2g

أما تيار المائع المنساب بانتظام فلا يعمل شغل بسبب ضغطه. ومن ثم في أي مقطع معلوم فإن الضغط يولد قوة وكلما تحرك المائع كلما تحرك هذا المقطع للامام ومن ثم يعمل شغلاً. وبافتراض الضغط P على المقطع AB هو لمساحة المقطع A فإن:

القوة المؤثرة على المقطعAB = P*A

وعند تحرك وزن m*g من المائع عبر أنبوب الانسياب يتحرك المقطعAB إلى A'B'

ومن ثم الحجم المار عبرAB = m/ρ = m*g/ρ*g

وعليه المسافة'AA تصبح m/ρ*A

والشغل المبذول = القوة×المسافةAA' = P*A*m/ρ*A

أي أن الشغل المبذول في وحدة الوزن =P/ρ*g

يمثل الحد شغل الدفق flow work أو طاقة الضغط pressure energy (ويطلق عليها طاقة المائع عند الانسياب تحت الضغط كجزء من التيار المستمر. وبمقارنة ما ذكر أعلاه مع معادلة برنولي يتضح أن الحدود الثلاثة من معادلة برنولي هي: طاقة الضغط على وحدة الوزن، وطاقة الحركة على وحدة الوزن، وطاقة الوضع على وحدة الوزن، والثابت H هو الطاقة الكلية total energy على وحدة الوزن. ومن ثم فإن معادلة برنولي تشير إلى "لدفق مستقر لمائع غير احتكاكي عبر أنبوب انسياب فإن الطاقة الكلية على وحدة الوزن تظل ثابتة من نقطة لأخرى رغم أن قسمتها على الصور الثلاث قد تتغير". وكل من هذه الحدود الثلاثة له وحدة طول، أو سمت؛ وعادة يطلق عليها الضغط والسرعة والطاقة والسمت الكلي.

يمثل خط الطاقة energy line السمت الكلي المتاح للمائع. وهو رسم يمثل الطاقة المتاحة عبر أنبوب الانسياب ويصور خط ميل الطاقةenergy grade line.

أما رسم حدين (z + P/ρ) عبر أنبوب الانسياب فيصور سمت البيزومتر piezometric head أو خط الميل الهيدروليكيhydraulic grade line.

الخط الذي يجمع كل النقاط التي يمكن أن يرتفع إليها الماء في أنبوب رأسي مفتوح تسمى الميل الهيدروليكيhydraulic gradient. والخط الهيدروليكي مواز لخط الطاقة الكليtotal energy line وعلى مسافة أسفله تساوي سمت السرعةvelocity head.

يمكن كتابة معادلة الطاقة لمائع غير منضغط ومستقر على النحو المبين في المعادلة 7-61.

$$(P_1/\gamma)+(v_1^2/2g)+z_1 = (P_2/\gamma)+(v_2^2/2g)+z_2+\text{losses} \qquad 7\text{-}61$$

مثال 7-6

يحمل أنبوب زيت وزنه النوعي 0.877 ويتغير في الحجم من 15 سم عند مقطع E إلى 45 سم عند مقطع R حيث مقطع E على انخفاض 3.7 متر من مقطع R، وقيم الضغط عند E و R 0.9 بار و 0.6 بار على الترتيب. إذا كان معدل السريان 8.78 م^3/دقيقة، أوجد السمت المفقود واتجاه السريان.

الحل

متوسط السرعة عند مقطع E (v_E) وعند مقطع R (v_R) R ÷ Q = ومن ثم:

$$v_E \frac{8.78}{60 \ x \ \frac{\pi}{4} (0.15)^2} = 8.28 \quad m/s$$

$$v_R \frac{8.78}{60 \ x \ \frac{\pi}{4} (0.45)^2} = 0.92 \quad m/s$$

وبأخذ المقطع الأسفل E كمرجعية ($z_E = 0$)، $z_R = 3.7$ متر

الطاقة عند كل مقطع:

عند E:

$$\left(\frac{P_E}{\rho} + \frac{v_E^2}{2g} + z_E \right) = \left(\frac{0.9 \ x 10^5}{0.877 \ x 10^3 \ x 9.81} + \frac{8.28^2}{2 \ x 9.81} + 0 \right) = 13.96 \quad m$$

عند R:

$$\left(\frac{P_R}{\rho} + \frac{v_R^2}{2g} + z_R \right) = \left(\frac{0.6 \ x 10^5}{0.877 \ x 10^3 \ x 9.81} + \frac{0.92^2}{2 \ x 9.81} + 3.7 \right) = 10.72 \quad m$$

يكون الانسياب من E إلى R لأن الطاقة عند E أكبر من تلك عند R

السمت المفقود = 13.96 – 10.72 = 3.24 متر

برنامج 7-6:

```
Public Class Form1
    Const g = 9.81
    Const rho_w = 1000

    Private Sub Form1_Load(ByVal sender As System.Object,
                           ByVal e As System.EventArgs)
                           Handles MyBase.Load
        Label1.Text = "الحجم عندE"
        Label2.Text = "الحجم عندR"
        Label3.Text = "الضغط عندE"
        Label4.Text = "الضغط عندR"
        Label5.Text = "معدل السريان"
        Label6.Text = "الوزن النوعي"
        Label7.Text = "فرق الارتفاع"
        Label8.Text = "السمت المفقود"
        Button1.Text = "احسب السمت"
        Me.Text = "مثال 7-6"
        Me.FormBorderStyle =
                Windows.Forms.FormBorderStyle.FixedSingle
        TextBox8.Enabled = False
    End Sub

    Private Sub Button1_Click(ByVal sender As System.Object,
                              ByVal e As System.EventArgs)
                              Handles Button1.Click
        Dim D1, D2, P1, P2 As Double
        Dim vE, vR, Q, zR, zE, rho As Double
        Dim E1, E2, dE As Double

        D1 = Val(TextBox1.Text)
        D2 = Val(TextBox2.Text)
        P1 = Val(TextBox3.Text)
        P2 = Val(TextBox4.Text)
        Q = Val(TextBox5.Text)
        rho = Val(TextBox6.Text)
        zR = Val(TextBox7.Text)
        zE = 0

        vE = Q / (60 * (Math.PI / 4) * (D1 ^ 2))
```

```
        vR = Q / (60 * (Math.PI / 4) * (D2 ^ 2))

        E1 = ((P1 * (10 ^ 5)) / (rho * rho_w * g)) +
            ((vE ^ 2) / (2 * g)) + zE
        E2 = ((P2 * (10 ^ 5)) / (rho * rho_w * g)) +
            ((vR ^ 2) / (2 * g)) + zR
        dE = E1 - E2

        TextBox8.Text = FormatNumber(dE, 2)
    End Sub
End Class
```

مثال 7-7

في عداد فنتشوري المبين بالرسم الفرق بين سطحي الزئبق في الأنبوب 36.32 سم. أوجد معدل سريان الماء في العداد باعتبار عدم وجود فقد في الطاقة بين النقطتين A و B.

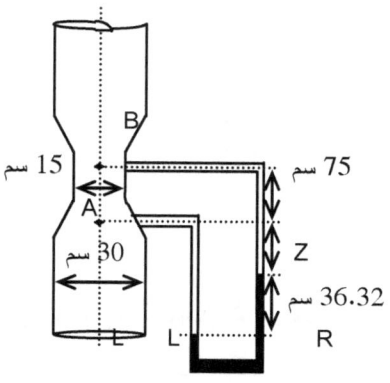

الحل

بتطبيق قانون برنولي بين A و B باعتبار A مرجعية $(z_A = 0)$

$$\left(\frac{P_A}{\rho} + \frac{v_A^2}{2g} + 0 \right) = \left(\frac{P_B}{\rho} + \frac{v_B^2}{2g} + 0.75 \right) \qquad (1)$$

من معادلة بقاء الكتلة

$$A_A v_A = A_B v_B$$

221

$$v_A = \left(\frac{15}{30}\right)^2 v_B = \frac{1}{4} v_B$$

$$(v_A)^2 = \frac{1}{16}(v_B)^2 \text{ or } v_B^2 = 16\, v_A^2$$

الضغط عند L = الضغط عند R

$$\left(\frac{P_B}{\rho} + 0.75 + z + \frac{36.32}{100} x 13.6\right) = \left(\frac{P_A}{\rho} + z + \frac{36.32}{100}\right)$$

$$\frac{P_A}{\rho} - \frac{P_B}{\rho} = 0.75 + 4.94 - 0.3632 = 5.327$$

وبالتعويض في المعادلة (1) ينتج

$$5.327 = \frac{v_B^2 - v_A^2}{2g} + 0.75 = \frac{15\, v_B^2}{2g} + 0.75$$

$$v_B^2 = (5,327 - 0.75)\frac{2 x 9.81}{15} = 5.9867$$

$v_B = 2.4468$ m/s

$$Q = \frac{\pi}{4}(0.15)^2 x 2.4468 \; x 60 = 2.594 \; \frac{m^3}{\min}$$

7-9 الاحتكاك في انسياب الموائع غير القابلة للانضغاط

هناك نوعان من الانسياب يحدثان وهما: الانسياب اللزج والانسياب المضطرب.

1) الانسياب اللزج (ويسمى أيضاً طبقياً أو انسياباً رقائقياً) وبه تكون جسيمات المائع في حركة منتظمة وتحتل نفس المواقع بالنسبة للجسيمات الأخرى في مقاطع مختلفة من الانسياب.

2) الانسياب المضطرب وبه تكون جسيمات المائع تتحرك بصورة غير منتظمة وتحتل مواقع مختلفة بالنسبة للجسيمات الأخرى في مقاطع مختلفة من الانسياب.

قد وجد اوسبورن رينولدز أن نوع الانسياب يعتمد على السرعة والكثافة واللزوجة بالنسبة للمائع وكذلك مقاس الحاوية للمائع. وفي العموم يعتمد نوع الانسياب على رقم رينولدز Re .

$$Re = \frac{\rho v d}{\mu}$$

حيث:

v = سرعة الانسياب

ρ = كثافة المائع

μ = لزوجة المائع

L = طول مميز للحاوية مثلاً قطر الأنبوب أو عرض اللوحة الأفقية أو ارتفاع اللوحة الرأسية

قد قام رينولدز باجراء عدة تجارب معملية على أنابيب بمقاسات مختلفة وبمعدلات سريان مختلفة وبمواد مختلفة فوجد أن الانسياب يظل طبقياً حتى قيمة رقم رينولدز في حدود 2100 بعدها يصبح الانسياب مضطرباً. عادة ينساب المائع في الأنابيب ويكون مقطع الأنبوب مليئاً بالمائع والمائع ليس سطح حر؛ وقد يكون الضغط في الأنبوب أعلى أو أدنى من الضغط الجوي؛ وقد يتغير الضغط على طول الأنبوب. ويكون الفقد في الطاقة في خط الأنبوب نتيجة إلى: مقاومة الاحتكاك للانسياب، والصدمات من الاضطراب للانسياب العادي نتيجة للانحناءات والتغيرات المفاجئة في مقطع الانسياب. ولحسن الحظ، يمكن التعبير عن هذا الفقد بيسر لطاقة مفقودة (نيوتن×متر/نيوتن) أي سمت مفقود بدلالة المائع في الأنبوب ويعبر عنه بدلالة سمت السرعة $\frac{v^2}{2g}$ والسمت المفقود يساوي $k \frac{v^2}{2g}$ حيث k = ثابت. ولا يمكن تجاهل فواقد الطاقة في خطوط الأنابيب، وعند حساب فواقد الاحتكاك وفواقد الصدمات تدخل في معادلة برنولي.

223

7-10 فواقد الاحتكاك

باعتبار أنبوب بقطر d، وبطول منه L، ويملأ المائع الأنبوب بالكامل، ومساحة مقطع الأنبوب A، ويتحرك المائع بسرعة متوسطة v، كما مبين على شكل 7-16، فإن القوى المؤثرة على الأنبوب هي

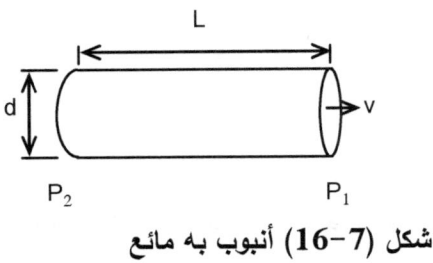

شكل (7-16) أنبوب به مائع

قوى نتيجة للفرق في الضغط ونتيجة لمقاومة الاحتكاك. وبما أن السرعة ثابتة، ولا توجد عجلة فإن محصلة القوتين المذكورتين في اتجاه السريان تكون صفراً.

القوة نتيجة للتغيير في الضغط = $(P_2 - P_1)A$

إذا كانت q هي مقاومة الاحتكاك لوحدة مساحة بوحدة سرعة، وأن مقاومة الاحتكاك تتغير مع v^2، فإن مقاومة الاحتكاك لوحدة مساحة بسرعة v = qv^2.

والقوة نتيجة للاحتكاك على سطح الأنبوب = مساحة السطح× qv^2 = $qv^2\pi dL$ = qv^2PL

حيث p = المحيط = πd

القوة نتيجة لفرق الضغط = القوة نتيجة للاحتكاك

$$(P_2 - P_1)A = qv^2PL \qquad\qquad 7-62$$

إذا كان السمت المفقود نتيجة للإحتكاك في طول L

$$h_f = \frac{P_1 - P_2}{\rho} = \frac{q}{\rho}v^2\frac{P}{A}L = \frac{2g}{\rho}q\frac{P}{A}L\frac{v^2}{2g} \qquad 7-63$$

m = نصف القطر الهايدروليكي = $\frac{A}{P}$

224

$\frac{2\,gq}{\rho}$ = ثابت يسمى معامل مقاومة الإحتكاك (f)

$$f = \frac{fL}{m}\frac{v^2}{2g} \quad 7-64$$

إذا كان قطر الأنبوب d

$$m = \frac{A}{P} = \frac{\pi d^2}{4 \times \pi d} = \frac{1}{4}d$$

$$f = \frac{4\,fL}{d}\frac{v^2}{2g} \quad 7-65$$

هذه المعادلة هي معادلة دارسي للفقد في السمت في خطوط الأنابيب في الإنسياب المضطرب. وتتغير مقاومة الإحتكاك تغيراً طردياً مع v^2 للإنسياب المضطرب. ويمكن استعمال المعادلة للإنسياب الطبقي حيث مقاومة الإحتكاك تتغير مع v فقط وذلك يجعل f تتغير عكسياً مع v.

هناك شكل آخر لمعادلة دارسي يكون ذا فائدة كبيرة أحياناً إذا كانت Q تمثل معدل السريان

$$v = \frac{Q}{A} = \frac{4\,Q}{\pi d^2} \quad 7-66$$

$$h_f = \frac{4\,fL}{d}\frac{v^2}{2g} = \frac{64\,fLQ^2}{2\,g\,\pi^2 d^5} = \frac{fLQ^2}{3.03\,d^5} \quad 7-67$$

يمكن استعمال المعادلة بنسبة خطأ 1%

$$h_f = \frac{fLQ^2}{3\,d^5} \quad 7-68$$

هنالك بديل آخر:

حيث ذكر من قبل أن $h_f = \frac{q}{\rho} v^2 \frac{P}{A} L$

$$\therefore v^2 = \frac{\rho}{q}\frac{A}{P}\frac{h_f}{L} \quad 7-69$$

إذا كان السمت المفقود لوحدة طول $i = \frac{h_f}{L}$ و $m = \frac{A}{P}$ عليه

$$v^2 = \frac{\rho}{q} mi$$

$$v = \sqrt{\frac{\rho}{q}} \sqrt{mi} = C \sqrt{mi} \qquad \qquad 7\text{-}70$$

C تسمى معامل جيزي Chezy

من المعادلة 7-64 تصبح العلاقة بين معامل جيزي ومعامل دارسي (f) على النحو المبين في المعادلة 7-71.

$$i = \frac{h_f}{L} = \frac{f}{m} \frac{v^2}{2g}$$

$$\therefore v = \sqrt{\frac{2 \, gim}{f}} \qquad \qquad 7\text{-}71$$

من المعادلتين 7-70 و 7-71

$$C = \sqrt{\frac{2g}{f}} \qquad \qquad 7\text{-}72$$

بوحدات $\dfrac{m^{\frac{1}{2}}}{s}$

$$v = C \sqrt{mi}$$

$$i = \frac{v^2}{c^2 m} \qquad \qquad 7\text{-}73$$

يصبح السمت المفقود h_f كما مبين في المعادلة 7-74.

$$h_f = iL = \frac{v^2 L}{c^2 m} = \frac{4 v^2 L}{c^2 d} \qquad \qquad 7\text{-}74$$

11-7 قيمة معامل الإحتكاك (f) بالتحليل البعدي

إذا كان الفقد في الضغط عند انسياب مائع عبر انبوب P فإنه يمكن اعتبار أن P تعتمد على عدة متغيرات

$$P = C.\rho^{a}.l^{b}.v^{C}.d^{e}.\mu^{f} \qquad 7-75$$

حيث C = ثابت رقمي

a و b و c و e و f = قيم غير معروفة

وحدات القيم هي

$P = mL^{-1}T^{-2}$

$\rho = mL^{-3}$

$l = L$

$v = LT^{-1}$

$d = L$

$\mu = ML^{-1}T^{-1}$

بتعويض هذه القيم في المعادلة 7-75

$$ML^{-1}T^{-2} = M^{a}L^{-3a}\times L^{b}\times L^{C}T^{-C}\times L^{e}\times M^{f}L^{-f}T^{-f}$$

أس M و L و T يجب أن يتساوى على جانبي المعادلة

M: $1 = a + f$ (i)

L: $-1 = -3a + b + c + e - f$ (ii)

T: $-2 = -c - f$ (iii)

هناك خمسة مجاهيل وثلاث معادلات، ومن ثم يمكن حل المعادلات بدلالة اثنين من المجاهيل. وتشير الخبرة والمعرفة السابقة أن يتم إيجاد قيم a و c و e بدلالة b و f:

من (i) $a = 1 - f$

من (iii) $C = 2 - f$

من (ii) $e = -1 + 3a - C - b + f = -f - b$

التعويض في المعادلة 7-75

$$P = C \rho^{(1-f)} l^{b} v^{(2-f)} d^{(-f-b)} \mu^{f}$$

$$= C \rho \rho^{2} (ld)^{b} \left(\frac{\rho v d}{\mu} \right)^{-f}$$ 7-76

$$= \frac{\rho v^{2} l C}{d} (1/d)^{b-1} \left(\frac{\rho v d}{\mu} \right)^{-f}$$

ثابت $= k = C (ld)^{b-1}$

$$\therefore P = \rho v^{2} \frac{l}{d} . k \left(\frac{\rho v d}{\mu} \right)^{-f}$$ 7-77

بما أن كل من k و f غير معلومين فيمكن كتابة المعادلة كما في المعادلة 7-78.

$$P = \frac{\rho l v^{2}}{d} \varphi \left(\frac{\rho v d}{\mu} \right)$$ 7-78

حيث φ تعني دالة على

مقارنة المعادلة 7-49 مع معادلة دارسي $h_{f} = \frac{4 fL}{d} \frac{v^{2}}{2 g}$

$$h_{f} = \frac{P}{\rho g} = \frac{l v^{2}}{d g} \varphi \left(\frac{\rho v d}{\mu} \right)$$ 7-79

الذي يعني أن معامل دارسي للإحتكاك (f) لابد أن يكون دالة على رقم رينولدز لأنبوب بقطر d وطول L ومتوسط سرعة v والضغط عند النهايتين P_1 و P_2 فإن قوى الطرد نتيجة للفرق في الضغط = القوة المعوقة الناتجة عن اجهاد القص على جدار الأنبوب

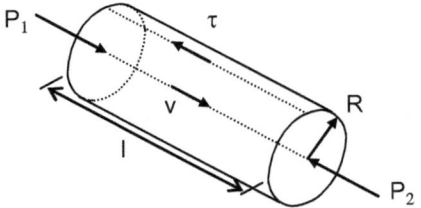

شكل (7-17) القوى على جدار أنبوب يحمل مائع

$$(P_1 - P_2)\pi R^2 = 2\pi RL \times t$$

$$t = \frac{P_1 - P_2}{L}\frac{R}{2} = \frac{\rho g h_f}{L}\frac{R}{2} \qquad 7\text{-}80$$

من معادلة دارسي

$$h_f = \frac{4fL}{d}\frac{v^2}{2g} = \frac{2fL}{R}\frac{v^2}{2g}$$

$$\therefore \tau = \frac{\rho g}{l}\frac{2fl}{R}\frac{v^2}{2g}\frac{R}{2} = \frac{\rho v^2 f}{2}$$

$$\therefore f = \frac{\tau}{\rho \frac{v^2}{2}} \qquad 7\text{-}81$$

في العام 1915 قام استانتون وبانيل Stanton and Pannell بتجارب على أنابيب مسحوبة ناعمة من قطر 0.14 إلى 5 بوصة بالماء والهواء وتحصلا على المنحنى المبين في الرسم 7-18. حيث $f = \frac{\tau}{\rho \frac{v^2}{2}}$ تم تخطيطها مقابل $Log\left(\frac{\rho v d}{\mu}\right) = Log\ (\text{Re})$،

وتم اختيار اللوغريثمات للسماح بقيم كبيرة لرقم رينولدز ولتوسيع المواقع عند القيم الصغيرة. يعطي الجزء الأول (AB) من المنحنى الجانب النظري للإنسياب الطبقي في الأنابيب المستديرة؛ النقطة B (حيث Re = 2100) تمثل النقطة الحرجة السفلى للسرعة. من B إلى C هناك منطقة انتقالية؛ والنقطة C تمثل النقطة الحرجة العليا. والمنحنى من C إلى D يمثل الإنسياب المضطرب.

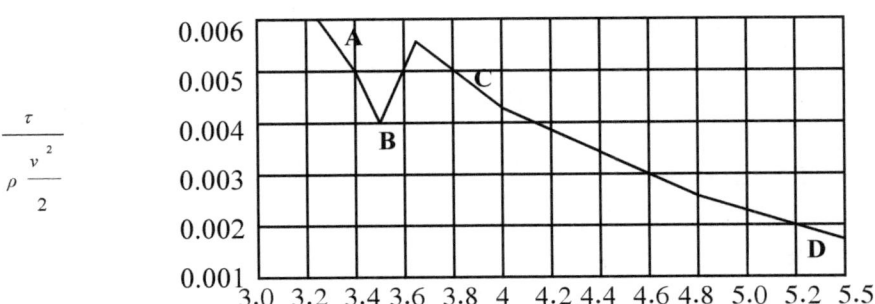

شكل (7-18) منحنى استانتون وبانيل

7-12 فواقد الصدمات Shock Losses

إن معظم أنواع فقد السمت Losses التي تحدث في النظام تكون من جراء الاحتكاك عبر المقاطع المستقيمة من الأنابيب، ويطلق عليها الفقد الأكبر Major losses . وهناك فقد عبر المحابس، والصمامات، والثنيات، والانحناء في الأنابيب والأكواع ؛ وتسمى بالفقد الأصغر Minor losses . ومن الطرق المتبعة لتقدير فقد السمت الأصغر، أو هبوط الضغط يمكن استخدام المعادلة 7-82.

$$h = \frac{kv^2}{2g} \qquad\qquad 7\text{-}82$$

حيث:

h = فقد السمت الأصغر (م)

k = ثابت الفقد، والذي يعتمد على هندسة الأجزاء، والتركيبات؛ كما ويعتمد على خواص المائع = ϕ(geometry, Re).

v = سرعة الدفق (م/ث)

g = عجلة الجاذبية الأرضية (م/ث^2)

إن الفواقد في الأنابيب لا تكون بسبب مقاومة المائع للحركة فقط؛ فهناك فواقد أخرى تكون بسبب الاتساع المفاجئ في قطر الأنبوب، أو التقلص المفاجئ، أو بسبب الصمامات أو الإنحناءات التي تكون موجودة في الأنابيب. وهذه الفواقد ذات تأثير في الحسابات؛ وتسمى بالفواقد الثانوية حيث الفواقد بسبب مقاومة المائع (الاحتكاك)؛ وتسمى الفواقد الأساسية؛ أما الفواقد الثانوية فلا تعني أنها بسيطة يمكن إهمالها وإنما تشير إلى أن هذه الفواقد قد تكون موجودة إذا وجد مسببها ويجب اعتبارها. أما فواقد الاحتكاك فدائماً موجودة طالما وجد سريان للمائع.

بصفة عامة تمثل الفواقد الكلية في الأنبوب h_l حسب المعادلة 7-83.

$$h_l = h_m + h_f \qquad\qquad 7-83$$

حيث:

h_f = فواقد الاحتكاك وتم شرح طريقة حسابها سابقاً

h_m = الفواقد الثانوية وهي حاصل الجمع لكل أنواع الفواقد الثانوية الموجودة في النظام المبينة في المعادلة 7-84.

$$h_m = h_e + h_c + h_v + \dots \text{ etc} \qquad\qquad 7-84$$

حيث:

h_e = تشير إلى الفواقد بسبب الاتساع

h_c = الفواقد بسبب التقلص

h_v = الفواقد بسبب الصمام الموجود وهكذا

(أ) الزيادة المفاجئة في القطر

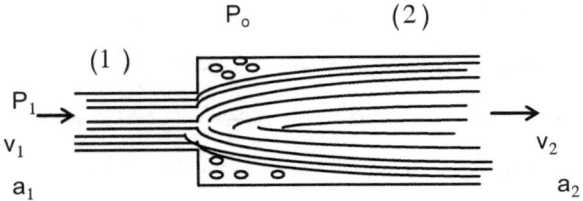

شكل (7-19) الزيادة المفاجئة في القطر (حالة الاتساع المفاجئ)

يتكون جزء يكون فيه الماء ساكناً ويكون الضغط P_0. عند مقطع (1) الضغط P_1 والسرعة v_1 والمساحة a_1، وعند مقطع (2) القيم المقابلة هي P_2 و v_2 و a_2. هناك تغيير في كمية الحركة لوحدة زمن بين المقطعين (1) و(2) والتي تتكون من القوى نتيجة للضغوط P_0 و P_1 و P_2 والتي لها محصلة معارضة للإنسياب؛ وكتلة المائع المنساب في الثانية $\dot{m}$ حسب المعادلة 7-85.

$$\dot{m} = \frac{\rho Q}{g} \qquad\qquad 7\text{-}85$$

حيث:

Q = معدل الإنسياب

التغيير في السرعة = $(v_1 - v_2)$

معدل التغيير في كمية الحركة = $\dfrac{\rho Q}{g}(v_1 - v_2)$

القوة المعارضة للحركة = $P_2 a_2 - P_1 a_1 - P_0(a_2 - a_1)$

قيمة P_0 وجدت من التجارب المعملية مساوية P_1

القوة المعارضة للحركة = $P_2 a_2 - P_1 a_1 - P_1 a_2 + P_1 a_1 = a_2(P_2 - P_1)$

$$\therefore\ a_2(P_2 - P_1) = \frac{\rho Q}{g}(v_1 - v_2)$$

$$Q = a_2 v_2$$

$$a_2(P_2 - P_1) = \frac{\rho a_2 v_2}{g}(v_1 - v_2) \qquad 7\text{-}86$$

$$\frac{P_2 - P_1}{\rho} = \frac{v_2 v_1}{g} - \frac{v_2^2}{g} = 2\,\frac{(v_1 v_2 - v_2^2)}{2g}$$

إذا كان h_L = السمت المفقود عند زيادة القطر، فباستعمال معادلة برنولي ينتج

$$\frac{P_1}{\rho} + \frac{v_1^2}{2g} = \frac{P_2}{\rho} + \frac{v_2^2}{2g} + h_L \qquad 7\text{-}87$$

$$h_L = \frac{v_1^2 - v_2^2}{2g} - \frac{P_2 - P_1}{\rho}$$

بالتعويض لقيمة $\frac{P_1 - P_2}{\rho}$ من المعادلة السابقة

$$h_L = \frac{v_1^2 - v_2^2}{2g} - \frac{2v_1v_2 - 2v_2^2}{2g}$$

$$= \frac{v_1^2 - v_2^2 - 2v_1v_2 + 2v_2^2}{2g} \qquad 7\text{-}88$$

$$= \frac{v_1^2 - 2v_1v_2 + v_2^2}{2g}$$

$$\therefore\ h_L = \frac{(v_1 - v_2)^2}{2g}$$

من معادلة الإستمرارية $a_1v_1 = a_2v_2$

$$v_2 = \frac{a_1}{a_2}v_1$$

$$h_L = \frac{v_1^2 - \left(\dfrac{a_1}{a_2} v_1\right)^2}{2g} = \left(1 - \frac{a_1}{a_2}\right)^2 \frac{v_1^2}{2g} \qquad 7\text{-}89$$

$$\therefore h_L = \frac{v_1^2}{2g}\left(1 - \frac{A_1}{A_2}\right)^2 = \frac{v_2^2}{2g}\left(\frac{A_2}{A_2} - 1\right)^2 = \frac{k v_1^2}{2g}$$

حيث:

K = معامل الفواقد ويعتمد على نوع مسبب الفاقد في حالة الاتساع المفاجئ وعليه يكون السمت المفقود بدلالة سمت السرعة.

(ب) النقص المفاجئ في قطر الأنبوب

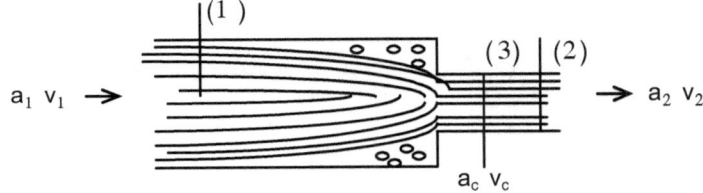

شكل (7-20) النقص المفاجئ في قطر الأنبوب (حالة التقلص المفاجئ)

في حالة النقص المفاجئ يتقلص الإنسياب إلى تَخَصُّر النافورة Vena contracta عند المقطع (3) في الأنبوب الصغير. الفقد للطاقة بين مقطع (1) ومقطع (3) عادة يكون صغيراً ويمكن تجاهله إذ أن معظم الفقد يتم بين المقطعين (3) و(2) وهذا عند زيادة القطر من تخصر النافورة عند (3) إلى قطر الأنبوب الصغير عند (2)؛ ويمكن في هذه الحالة استعمال النتائج التي تم التوصل إليها في حالة زيادة القطر. الفقد في السمت h_L

$$h_L = \frac{v_C^2 - v_2^2}{2g} \qquad 7\text{-}90$$

$$a_C v_C = a_2 v_2 \qquad 7\text{-}91$$

اذا كان معامل التقلص $C_C = \frac{a_C}{a_2}$

$$v_C = \frac{a_2}{a_C} v_2 = \frac{1}{C_C} v_2 \qquad 7-92$$

بالتالي يصبح الفقد في السمت نتيجة النقص المفاجئ في القطر =

$$h_c = \left(\frac{1}{C_C} - 1 \right)^2 \frac{v^2}{2g} \qquad 7-93$$

يلاحظ أن مساحة الأنبوب الكبير لم تظهر في المعادلات أعلاه لكن بالتأكيد فإن قيمة معامل التقلص C_C تعتمد على $\frac{a_1}{a_2}$ ($C_C = A_C/A_2$)؛ والقيم المعملية لمتوسط $\left(\frac{1}{C_C} - 1 \right)^2$ أعطت 0.5 وبالتالي

$$h_L = 0.5 \frac{v^2}{2g} \qquad 7-94$$

تعتبر الفواقد الأخرى عند المنحنيات والأكواع والصمامات جميعها فواقد صغيرة وغير هامة. وكلها يمكن التعبير عنها بالمعادلة 7-95.

$$h_L = k \frac{v^2}{2q} \qquad 7-95$$

حيث: k يتم الحصول عليها من التجارب المعملية

في حالة وصل أنبوب مع صهريج فإن معامل الفواقد K يعتمد على طريقة التوصيل

للصمامات فإن K تعتمد على نوع الصمام. ففي حالة صمام الكرة المفتوحة تماماً فإن k = 10 Globe valve ، وفي حالة الصمام الزاوية angle valve المفتوحة تماماً k = 3.1، وفي حالة صمام البوابة gate valve k = 0.19، وفي حالة الكوع العادي فإن k =0.9

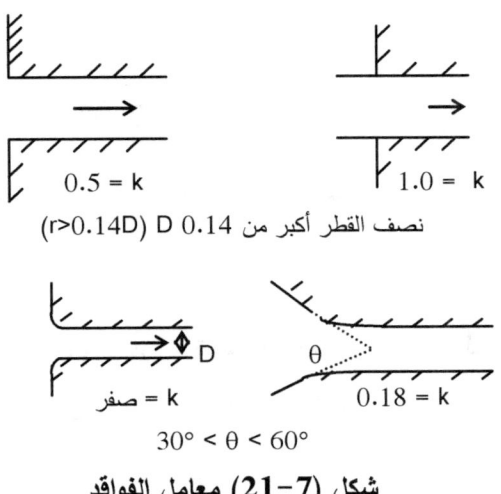

نصف القطر أكبر من D 0.14 (r>0.14D)

$$30° < \theta < 60°$$

شكل (7-21) معامل الفواقد

مثال 7-8

يوصل خط أنابيب بين خزانين الفرق في الإرتفاع بينهما 6 م، وطول الخط 720 م ويرتفع إلى علو 3 م أعلى الخزان الأعلى عند مسافة 240م من المدخل قبل الهبوط إلى الخزان الأسفل قطر الأنبوب 1.2 م، ومعامل الإحتكاك f = 0.01؛ أوجد معدل السريان والضغط عند أعلى نقطة في الخزان.

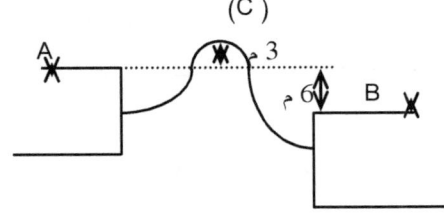

الحل

بتطبيق قانون برنولي بين A و B عند السطح الحر للخزانين حيث السرعة صفر والضغط جوي؛ وباعتبار B المرجعية

$$H + \frac{P_A}{\rho} + \frac{v_A^2}{2g} = 0 + \frac{P_B}{\rho} + \frac{v_B^2}{2g} + \frac{4fL}{d}\frac{v^2}{2q}g$$

$$P_A = P_B \; ; v_A = v_B = 0$$

$$\therefore \; H = \frac{4fL}{d}\frac{v^2}{2g}$$

$$6 = \frac{4 \times 0.01 \times 720}{1.2} \times \frac{v^2}{2g}$$

$$v^2 = \frac{6 \times 1.2 \times 2 \times 9.81}{4 \times 0.01 \times 720} = 4.92 \quad m^2 / s^2$$

$$v = 2.22 \quad m / s$$

$$Q = \frac{\pi}{4} d^2 v = \frac{\pi}{4}(1.2)^2 \times 2.22 = 2.51 \, m^3 / s$$

بتطبيق قانون برنولي بين (A) و(C) وباعتبار A مرجعية و $V_A = 0$

$$\frac{P_A}{\rho} = \frac{P_C}{\rho} + h + \frac{v^2}{2g} + \frac{4fL}{d}\frac{v^2}{2g}$$

$$\therefore \; \frac{P_C}{\rho} = \frac{P_A}{\rho} - h - \frac{v^2}{2g}\left(1 + \frac{4fL}{d}\right)$$

P_A = الضغط الجوي = صفر

$$\frac{P_C}{\rho} = 0 - 3 - \frac{2.22^2}{g}\left(1 + \frac{4 ' 0.01 ' 240}{1.4}\right) = -5.26 \quad mH_2O$$

$$\therefore \; P_C = -5.26 ' 9.81 ' 10^3 = 51.6 \quad \frac{KN}{m^2}$$

برنامج 7-8:

```
Public Class Form1
    Const g = 9.81
    Const rho_w = 1000

    Private Sub Form1_Load(ByVal sender As System.Object,
                  ByVal e As System.EventArgs)
                  Handles MyBase.Load
```

```
        Label1.Text = "الارتفاع فرق"
        Label2.Text = "الخط طول"
        Label3.Text = "الخط ارتفاع"
        Label4.Text = "السابق الارتفاع مسافة"
        Label5.Text = "الأنبوب قطر"
        Label6.Text = "الاحتكاك معامل"
        Label7.Text = "السريان معدل"
        Label8.Text = "نقطة أعلى عند الضغط"
        Button1.Text = "احسب"
        Me.Text = "مثال 7-8"
        Me.FormBorderStyle =
              Windows.Forms.FormBorderStyle.FixedSingle
        TextBox7.Enabled = False
        TextBox8.Enabled = False
    End Sub

    Private Sub Button1_Click(ByVal sender As System.Object,
                              ByVal e As System.EventArgs)
                              Handles Button1.Click
        Dim Q, H, f, L, d, v, ha, PC As Double

        H = Val(TextBox1.Text)
        L = Val(TextBox2.Text)
        ha = Val(TextBox3.Text)
        d = Val(TextBox5.Text)
        f = Val(TextBox6.Text)

        v = Math.Sqrt((H * d * 2 * g) / (4 * f * L))
        Q = (Math.PI / 4) * (d ^ 2) * v

        L = Val(TextBox4.Text)
        PC = (0 - ha -
              (((v ^ 2) / g) * (1 + ((4 * f * L) / d))))
        PC = Math.Abs(PC * g * rho_w)

        TextBox7.Text = FormatNumber(Q, 2)
        TextBox8.Text = FormatNumber(PC, 2)
    End Sub
End Class
```

مثال 7-9

الماء من خزان كبير ينساب إلى الأجواء المحيطة عبر أنبوب قطره 100مم وطوله 450 م المدخل من الخزان إلى الأنبوب حاد والمخرج 12 م أدنى من سطح الماء في الخزان إذا كانت f = 0.01، أحسب معدل السريان.

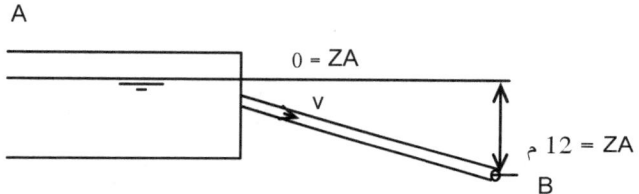

الحل

بتطبيق معادلة برنولي واعتبار $V_A = 0$

ضغط جوي $P_A = P_B$

$$Z_B = \frac{v^2}{2g} + \frac{1}{2}\frac{v^2}{2g} + \frac{4fL}{d}\frac{v^2}{2g}$$

$$12 = \frac{v^2}{2g}\left[1 + 0.5 + \frac{4 \times 0.01 \times 450}{0.1}\right] = 181.5 \frac{v^2}{2g}$$

$$v^2 = \frac{12 \times 2 \times 9.81}{181.5} = 1.3$$

$$v = 1.14 \ m/s$$

$$Q = \frac{\pi}{4}d^2 v = \frac{\pi}{4}(0.1)^2 \times 1.14 = 8.96 \times 10^{-3} \frac{m^3}{s}$$

7-13 معادلات نافير استوك Navier Stoke Equations

اعتبر الجسم الصغير بالشكل 7-22 يتحرك خلال الزمن (δt) من النقطة $p_1 (x, y, z)$ الى النقطة $P_2(x+\delta x, y+\delta y, z+\delta z)$ بحيث

$$\delta x = u\delta t; \delta y = v\delta t; \delta z = \omega\delta t$$

التغيير في مركبة السرعة u عبارة عن δu التي تساوي مجموع التغييرات الحملية بسبب تغيرات δx, δy, δz من اماكنها (تغيير انتقالي أو تغيير الموضع Convectional)، والتغييرات المحلية بسبب مرور الزمن δτ من عند النقطة p1 (x, y ,z) (Local) – عليه الصياغة الرياضية كما مبينة في المعادلة 7-96.

$$u = f(t, x, y, z) \qquad (7-96)$$

$$\delta u = \frac{\partial u}{\partial t}\delta t + \frac{\partial u}{\partial x}\delta x + \frac{\partial u}{\partial y}\delta y + \frac{\partial u}{\partial z}\delta z \qquad (7-97)$$

بقسمة الجانبين على δt تصير المعادلة (2)

$$\frac{\delta u}{\delta t} = \frac{\partial u}{\partial t}\frac{\delta t}{\delta t} + \frac{\partial u}{\partial x}\frac{\delta x}{\delta t} + \frac{\partial u}{\partial y}\frac{\delta y}{\delta t} + \frac{\partial u}{\partial z}\frac{\delta z}{\delta t} \qquad (7-98)$$

بتعويض $\frac{\delta t}{\delta t} = 1 æ \quad \frac{\delta x}{\delta t} = uæ \quad \frac{\delta y}{\delta t} = væ \quad \frac{\delta z}{\delta t} = \omega$ تصير (7-98) كالآتي

$$\frac{\delta u}{\delta t} = \frac{\partial u}{\partial t} + u\frac{\partial u}{\partial x} + v\frac{\partial u}{\partial y} + w\frac{\partial u}{\partial z} \qquad (7-99)$$

عندما تقترب δt -> zero تصير المعادلة (7-99) كما موضحة في 7-100.

$$\frac{du}{dt} = \frac{\partial u}{\partial t} + u\frac{\partial u}{\partial x} + v\frac{\partial u}{\partial y} + w\frac{\partial u}{\partial z} \qquad (7-100)$$

التسارع الكلي $\frac{du}{dt}$ = Total Acceleration

التسارع المحلي $\frac{\partial u}{\partial t}$ = Local Acceleration

التسارع الحملي او الانتقالي = Convectional Acceleration

$$u\frac{\partial u}{\partial x} + v\frac{\partial u}{\partial y} + w\frac{\partial u}{\partial z}$$

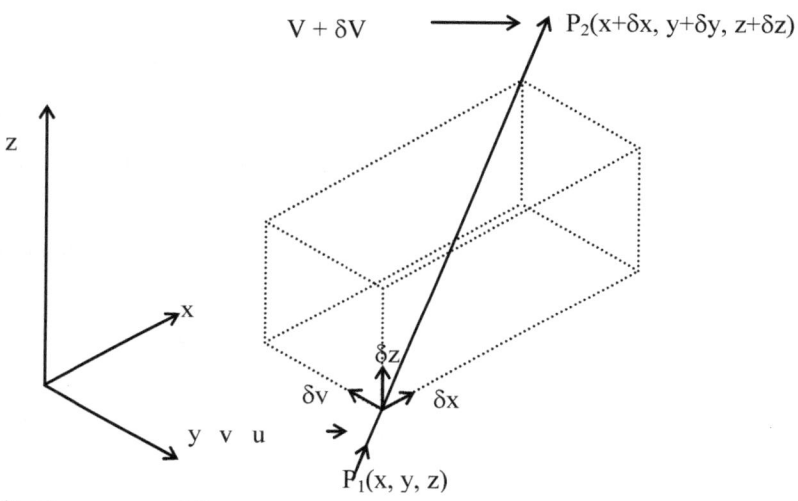

شكل 22-7مركبات السرعة في الاتجاهات الثلاثة

بتطبيق نفس الطريقة على المركبتين في اتجاهي y و z يمكن كتابة المعادلة للاتجاهات الثلاثة كما يلي:

$$\left\{\begin{array}{l} \dfrac{du}{dt} = \dfrac{\partial u}{\partial t} + u\dfrac{\partial u}{\partial x} + v\dfrac{\partial u}{\partial y} + w\dfrac{\partial u}{\partial z} \\ \dfrac{dv}{dt} = \dfrac{\partial v}{\partial t} + u\dfrac{\partial v}{\partial x} + v\dfrac{\partial v}{\partial y} + w\dfrac{\partial v}{\partial z} \\ \dfrac{dw}{dt} = \dfrac{\partial w}{\partial t} + u\dfrac{\partial w}{\partial x} + v\dfrac{\partial w}{\partial y} + w\dfrac{\partial w}{\partial z} \end{array}\right\} \qquad 7\text{-}101$$

اذا كان السريان مستقراً لا زمني $\dfrac{\partial u}{\partial t} = \dfrac{\partial v}{\partial t} = \dfrac{\partial w}{\partial x} = zero$

اذا كان السريان غير منتظم الحملية لا تساوي $\dfrac{\partial u}{\partial x} \neq zero$

اذا كان السريان منتظم المحلية لا تساوي $\frac{\partial u}{\partial t} \neq zero$

اعتبر الشكل 7-23 لتطبيق قانون نيوتن الثاني على الاتجاهات الثلاثة – اعتبر الكثافة
ρ – والضغط – p – كذلك اعتبر X, Y, Z = مركبات قوى الجسم لوحدة الكتلة في
الاتجاهات x, y, z عند الزمن (t) { قوى الجسم = قوى الجاذبية وتسمى ايضاً بالقوى
الداخلية Body Force, Gravity Force, Internal Force}

قانون نيوتن الثاني $F = ma$

محصلة مركبات القوى في اتجاه $x = \sum F_x$ تساوي كتلة الجسم (m) × التسارع الكلي في
اتجاه x $\left(a = \dfrac{du}{dt} \right)$

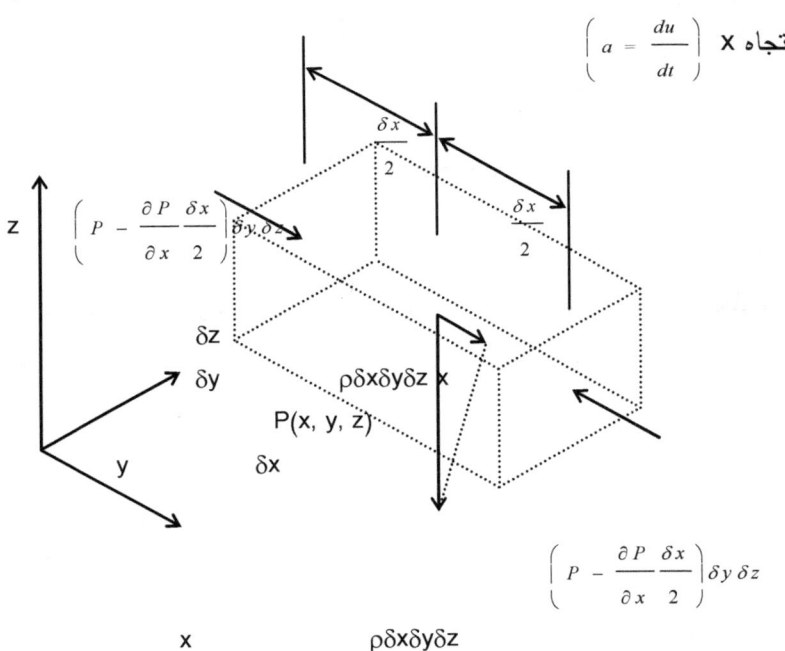

شكل (7-23) القوى المؤثرة في الاتجاهات الثلاثة

كتلة الجسيم $= m = \rho\, \delta x\, \delta y\, \delta z$

$$\therefore \rho \delta x \, \delta y \, \delta z \, \frac{du}{dt} = \sum F_x \qquad (7-102)$$

$$\sum F_x = \rho \, \delta x \, \delta y \, \delta z X \; + \; p \, \delta y \, \delta z \; - \; \frac{\partial p}{\partial x} \frac{\delta x}{2} \delta y \, \delta z \; - \; p \, \delta y \, \delta z \; - \; \frac{\partial p}{\partial x} \frac{\delta x}{2} \delta y \, \delta z$$

$$\therefore \sum F_x = \rho \, \delta x \, \delta y \, \delta z \, \frac{du}{dt} = \rho \, \delta x \, \delta y \, \delta z X \; - \; \frac{\partial p}{\partial x} \delta x \, \delta y \, \delta z \qquad (7-103)$$

بقسمة جانبي المعادلة 7-103 على $\rho \, \delta x \, \delta y \, \delta z$ تصير

$$\frac{du}{dt} = X - \frac{1}{\rho} \frac{\partial p}{\partial x} \qquad (7-104)$$

عليه يمكن وضع المعادلات للاتجاهات الثلاثة كما في المعادلة 7-105.

$$\left\{ \begin{array}{l} \dfrac{du}{dt} = \dfrac{\partial u}{\partial t} + u \dfrac{\partial u}{\partial x} + v \dfrac{\partial u}{\partial y} + \omega \dfrac{\partial u}{\partial z} = X - \dfrac{1}{\rho} \dfrac{\partial p}{\partial x} \\[2mm] \dfrac{dv}{dt} = \dfrac{\partial v}{\partial t} + u \dfrac{\partial v}{\partial x} + v \dfrac{\partial v}{\partial y} + \omega \dfrac{\partial v}{\partial z} = Y - \dfrac{1}{\rho} \dfrac{\partial p}{\partial y} \\[2mm] \dfrac{dw}{dt} = \dfrac{\partial w}{\partial t} + u \dfrac{\partial w}{\partial x} + v \dfrac{\partial w}{\partial y} + \omega \dfrac{\partial w}{\partial z} = Z - \dfrac{1}{\rho} \dfrac{\partial p}{\partial z} \end{array} \right\} \qquad 7-105$$

المعادلات7-105هي معادلات أويلر Euler للموائع غير الحقيقية (غير اللزجة، الخيالية، المثالية). أما الموائع الحقيقية فلها لزوجة؛ ولإدخال عامل اللزوجة اعتبر الجسيم الصغير بالشكل 7-24 لمائع لزج غير قابل للانضغاط ذو بعدين في اتجاه (x)

y

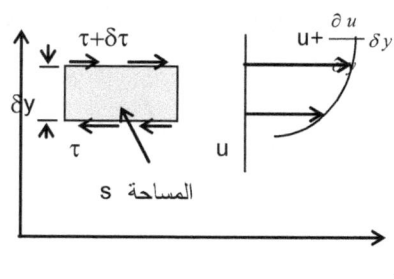

شكل (7-24) سائل حقيقي في اتجاه x

$$\tau = \mu \frac{\partial u}{\partial y} \qquad (7-106)$$

$$\tau + \delta\tau = \mu \frac{\partial}{\partial y}\left(\frac{\partial u}{\partial y}\delta y + u\right) \qquad (7-107)$$

$$\tau + \delta\tau = \mu \frac{\partial u}{\partial y} + \mu \frac{\partial^2 u}{\partial y^2} dy \qquad (7-108)$$

$$\therefore\ \delta\tau = \tau + \delta\tau - \tau = \mu \frac{\partial u}{\partial y} + \mu \frac{\partial^2 u}{\partial y^2}\delta y - \mu \frac{\partial u}{\partial y} = \mu \frac{\partial^2 u}{\partial y^2}\delta y$$

(7-109)

مساحة القص العمودية على الورقة (S) . بذلك تكون محصلة قوى اللزوجة باتجاه x :

$$S\,\delta\tau = \mu \frac{\partial^2 u}{\partial y^2}\delta y S \qquad (7-110)$$

المعادلة 7-110 يمكن اعادة كتابتها كما مبين في المعادلة 7-111

$$S\,\delta\tau = \frac{\mu}{\rho}\frac{\partial^2 u}{\partial y^2}\rho S\ \delta y \qquad (7-111)$$

معلوم ان: $\frac{\mu}{\rho} = v\ \&\ \rho S\ \delta y = \delta m$

∴ على نفس النمط السابق قوى اللزوجة الكلية في اتجاه (x) هو Fτ

$$v\left(\frac{\partial^2 u}{\partial x^2} + \frac{\partial^2 u}{\partial y^2} + \frac{\partial^2 u}{\partial z^2}\right) = F_t \qquad (7-112)$$

بتعويض 7-112 قوى اللزوجة الكلية Fτ في معادلة اويلز 7-105

$$\frac{du}{dt} = \frac{\partial u}{\partial t} + u\frac{\partial u}{\partial x} + v\frac{\partial u}{\partial y} + \omega\frac{\partial u}{\partial z} = X - \frac{1}{\rho}\frac{\partial p}{\partial x} + \left(\frac{\partial^2 u}{\partial x^2} + \frac{\partial^2 u}{\partial y^2} + \partial\frac{\partial^2 u}{\partial z^2}\right)$$

أي ان المعادلات تصير

$$\left\{\begin{aligned}\frac{du}{dt}&=X-\frac{1}{\rho}\frac{\partial p}{\partial x}+v\left(\frac{\partial^2 u}{\partial x^2}+\frac{\partial^2 u}{\partial y^2}+\frac{\partial^2 u}{\partial z^2}\right)\\ \frac{dv}{dt}&=Y-\frac{1}{\rho}\frac{\partial p}{\partial y}+v\left(\frac{\partial^2 v}{\partial x^2}+\frac{\partial^2 v}{\partial y^2}+\frac{\partial^2 v}{\partial z^2}\right)\\ \frac{dw}{dt}&=Z-\frac{1}{\rho}\frac{\partial p}{\partial z}+v\left(\frac{\partial^2 w}{\partial x^2}+\frac{\partial^2 w}{\partial y^2}+\frac{\partial^2 w}{\partial z^2}\right)\end{aligned}\right\} \quad (7-113)$$

المعادلات 7-113 هي معادلات **نافير استوك**

بما ان $dw = \rho\, \delta x\, \delta y\, \delta z$ أي قوى وزن (أي جاذبية g) عليه يمكن التعويض عن X, Y, Z بالآتي

$$X=-\frac{\partial(gh)}{\partial x},\ Y=-\frac{\partial(gh)}{\partial y},\ Z=-\frac{\partial(gh)}{\partial z} \quad (7-114)$$

بتعويض(7-114) في(7-113) يمكن كتابة معادلة نيفير استوك كما في المعادلة 7-115

7-115 (لاحظ أن $gh=\frac{\gamma}{\rho}h$)

وهي معادلات غير خطية ولا توجد حلول مباشرة لها.

7-13-1 الحالات الخاصة

7-13-1-1 جريان رقائقي متوازي في اتجاه (x)

في هذه الحالة

$$v=0,\ \omega=0 \quad 7-116$$

$$\frac{\partial v}{\partial y}=\frac{\partial \omega}{\partial z}=0 \quad 7-117$$

باعتبار معادلة الإستمرارية 7-118

$$\frac{\partial u}{\partial x}+\frac{\partial v}{\partial y}+\frac{\partial \omega}{\partial z}=0 \quad 7-118$$

نجد أن

$$\frac{\partial u}{\partial x} = 0 \qquad 7-119$$

∴ فالسرعة u لاتعتمد على x

$$\therefore u = f(y, z, t) \qquad 7-120$$

من المعادلات 7-116 و7-117

$$\frac{\partial^2 v}{\partial y^2} = \frac{\partial^2 \omega}{\partial z^2} = 0 \qquad 7-121$$

بذلك المعادلتين الثانية والثالثة من المعادلة 7-115 تصيران كما مبين في المعادلة 7-122.

$$\frac{\partial}{\partial y}(P + \gamma h) = 0$$

$$\frac{\partial}{\partial z}(P + \gamma h) = 0 \qquad 7-122$$

وبالتالي تصير المعادلة الأولى من 7-115 كما في المعادلة 7-123

$$\frac{\partial u}{\partial t} = -\frac{1}{\rho}\frac{\partial}{\partial x}(P + \gamma h) + v\left(\frac{\partial^2 u}{\partial y^2} + \frac{\partial^2 u}{\partial z^2}\right) \qquad 7-123$$

7-13-1-2 جريان رقائقي ثنائي الأبعاد متوازي ومستقر

$$\frac{\partial u}{\partial t} = 0, \quad \frac{\partial^2 u}{\partial z^2} = 0 \qquad 7-124$$

$$\therefore u = f(y) \qquad 7-124-a$$

بالتعويض في المعادلة 7-123

$$0 = -\frac{1}{\rho}\frac{\partial P}{\partial x}(P + \gamma h) + v\left(\frac{\partial^2 u}{\partial y^2} + 0\right) \qquad 7-125$$

$$\therefore \frac{d}{dx}(P + \gamma h) = \mu \frac{\partial^2 u}{\partial y^2} \qquad 7-126$$

بالتكامل مرتين

التكامل الأول

$$\frac{du}{dy} = \frac{1}{m}\frac{d}{dx}(P + \gamma h)y + C_1 \qquad 7-127$$

لاحظ أن التكامل بالمتغير y فقط

التكامل الثاني

$$u = \frac{1}{2\mu}\frac{d}{dx}(P + \gamma h)y^2 + C_1 y + C_2 \qquad 7-128$$

ويُطبّق حسب حالات الحدود المعلومة لكل حالة لتحديد الثابتين C_1 وC_2

جريان لزج في قناة عريضة جداً:-

كما بالشكل 7-26 السائل يتحرك بميلان θ

$$\frac{dh}{dx} = -\sin\theta \qquad 7-129$$

علامة السالب (-) تدل على التناقص بازدياد، السطح الحر - الضغط جوي

$$\therefore \frac{dP}{dx} = 0 \qquad 7-130$$

$$\frac{d}{dx}(P + \gamma h) = \frac{d(0 - \gamma h)}{dx}$$

$$\frac{d}{dx}(P + \gamma h) = -\gamma\sin\theta \qquad 7-131$$

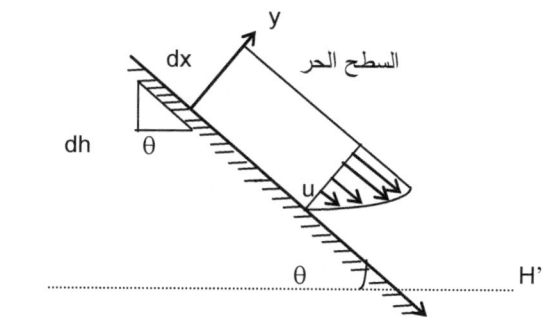

شكل (7-26) حالة قناة بعرض لانهائي

(a) السرعة عند القاع $y = 0, u = Zero$

(b) إجهاد القص على السطح الحر $\tau = 0, \ y = b, \ \frac{du}{dy} = zero$

بتعويض الحد (a) في المعادلة 7-128

$$0 = \frac{d}{dx}(P + \gamma h) \times 0^2 + C_1 \times 0 + C_2$$

$\therefore C_2 = Zero$

بتعويض المعادلة 7-131 في المعادلة 7-128

$$u = -\frac{\gamma \sin \theta}{2\mu} y^2 + C_1 y \qquad 7\text{-}132$$

لإيجاد C_1 نعوض الحالة (b) وبتفاضل 7-132 نحصل على المعادلة 7-133.

$$\frac{du}{dy} = -\frac{\gamma \sin \theta}{\mu} y + C_1 \qquad 7\text{-}133$$

بتعويض $y=b$ و $\frac{du}{dy} = 0$

$$0 = -\frac{\gamma \sin \theta}{\mu} b + C_1$$

$$\therefore C_1 = \frac{\gamma \sin \theta}{\mu} b \qquad 7\text{-}134$$

بالتعويض في المعادلة 7-132 نحصل على توزيع السرعة كما في المعادلة 7-135

$$u = \frac{\gamma \sin \theta}{\mu}\left(by - \frac{y^2}{2}\right) \qquad 7\text{-}135$$

التصرف Q المار في القطاع بالشكل 7-26 [لوحدة العرض]

$$Q = \int_0^b u dy = \int_0^b \frac{\gamma \sin \theta}{\mu}\left(by - \frac{y^2}{2}\right) dy$$

$$\therefore Q = \frac{\gamma \sin \theta}{3\mu} b^3 \qquad 7\text{-}136$$

السرعة المتوسطة = $V_m = \frac{Q}{A} = \frac{Q}{b}$

$$\therefore V_m = \frac{\gamma \sin\theta \cdot b^2}{3\mu} \qquad 7-137$$

جريان بين صفيحتين أفقيتين:-

كما بالشكل 7-27 السفلى ثابتة والعليا تتحرك بسرعة V؛ المحور x والأبعاد لـ y كما بالشكل

من الشكل الهندسي - المحور الأفقي:- عليه

$$\frac{dh}{dx} = 0 \qquad 7-138$$

$$\therefore \frac{\partial (P + \gamma h)}{\partial x} = \frac{dP}{dx} \qquad 7-139$$

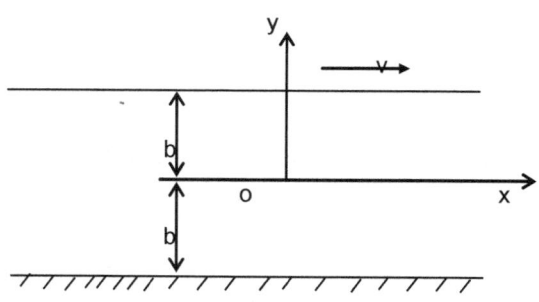

y

شكل (7-27) الجريان بين صفيحتين أفقيتين

عند القاع y = -b و u = Zero

عند السطح y = b و u = V

بالتعويض في المعادلة 7-128 للحالتين مع اعتبار المعادلة 7-139

$$0 = \frac{1}{2\mu}\frac{dP}{dx}b^2 - C_1 b + C_2 \qquad 7-140$$

$$V = \frac{1}{2\mu}\frac{dP}{dx}b^2 + C_1 b + C_2 \qquad 7-141$$

بالطرح من بعضهما

$$C_1 = \frac{V}{2b} \qquad 7-142$$

بتعويض 7–142 في احدهما

$$C_2 = \frac{V}{2} - \frac{1}{2\mu}\frac{dP}{dx}b^2 \qquad 7-143$$

عليه يصير توزيع السرعة u كما في المعادلة 7–144.

$$u = -\frac{1}{2\mu}\frac{dP}{dx}(b^2 - y^2) + \frac{V}{2b}(b + y) \qquad 7-144$$

7–13 تمارين عامة

7–13–1 تمارين نظرية

1) ما أهمية قوى القص في الموائع المتحركة؟
2) ما فوائد معادلة الاستمرارية؟
3) ما الفرق بين الانسياب القابل للانضغاط والانسياب غير القابل للانضغاط؟
4) ما الفرق بين أنواع الانسياب التالية: المستقر، والمنتظم، والصفحي؟
5) ما فائدة الخطوط الانسيابية والأنابيب الانسيابية؟
6) أوجد معادلة أويلر ومعادلة برنولي من المبادئ الأولية.
7) كيف يمكن التفرقة بين الانسياب اللزج والمضطرب في أنابيب مغلقة؟
8) أوجد قيمة معامل الاحتكاك بالتحليل البعدي من المبادئ الأولية لأنبوب ممتلئ بمائع؟
9) ما فائدة منحنى استانتون وباتيل؟
10) كيف يمكن التفرقة بين الفواقد الكبيرة والصغيرة في الأنابيب؟
11) استنبط معادلة بيرنولي لانسياب الموائع المثالية.

7–13–2 تمارين تطبيقية

1) تم تثبيت بعض الريش لقيادة الانسياب حول منحنى بزاوية 90° في أنبوب مربع ضلعه 0.8 م. أوجد القوة على المنحنى عندما ينساب الهواء بسرعة 20 م/ث وكثافة

الهواء 1.3 كجم/م³ ويمكن اعتبار قوى الاحتكاك والقص عبر الريش بقيم صغيرة ويتم تجاهلها. التنظيم مبين بالرسم. حجم التحكم يتمثل في الريش.

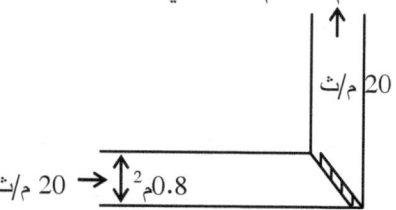

2) أنبوب مياه قطره 15 سم يخفض قطره إلى 15 سم بوساطة منحنى تخفيض؛ والذي يغير اتجاه الانسياب بدرجة 60°، ضغط الماء عن الدخول والخروج من المنحنى 1.5 و 1.4 بار على الترتيب. إذا كان معدل انسياب الماء عبر المنحنى 100 م³/ساعة، أوجد محصلة القوى المؤثرة بوساطة الماء على المنحنى قيمة واتجاهاً.

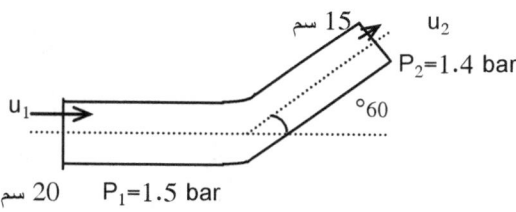

3) نافورة مياه قطرها 10 سم تتدفق منها المياه بسرعة 25 م/ث. وضعت لوحة منحنية فتغير اتجاهها 120° أوجد القوة المؤثرة بوساطة النافورة على اللوحة قيمةً واتجاهاً. يمكن تجاهل قيمة الاحتكاك.

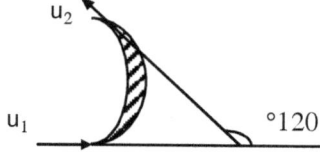

4) إذا كانت اللوحة المنحنية في المثال السابق 3 تتحرك في اتجاه النافورة بسرعة 10 م/ث ما قيمة واتجاه محصلة القوى على اللوحة بالنسبة لاتجاه النافورة؟

- باعتبار لوحة واحدة فقط
- باعتبار أن اللوحة واحدة من سلسلة. وفي الحالة (ب) أوجد الشغل على سلسلة اللوحات وكفاءة النظام بافتراض أن الطاقة الممتدة إلى النظام هي طاقة النافورة.

5) يحمل أنبوب زيت وزنه النوعي 0.9 ويتغير في الحجم من 20 سم عند مقطع E إلى 50 سم عند مقطع R حيث مقطع E على انخفاض 2.5 متر من مقطع R، وقيم الضغط عند E و R 0.8 بار و 0.5 بار على الترتيب. إذا كان معدل السريان 500 م^3/ساعة، أوجد السمت المفقود واتجاه السريان.

6) منظومة تتكون من أنبوبي ماء قطراهما 250 مم و 420 مم وفنشوري يبلغ قطر عنقه 80 مم، تميل بزاوية °15 ويسري فيها الماء من الأنبوب الأصغر للأكبر. علماً بأن الضغط داخل الأنابيب يساوي 30 كيلو باسكال و 260 كيلو باسكال على الترتيب.
   1. جد معدل السريان.
   2. بيِّن ما إن كان السريان عند عنق الفنشوري وعند مخرجه (ذو القطر 420 مم) صفائحياً أم مضطرباً بافتراض أن اللزوجة الكينامينتيكية للماء تساوي $1.0*10^{-6}$ م^2/ث.

7) ينساب زيت كثافته النسبية 0.8 ولزوجته $2\times10^{--6}$ م^2/ث من مستودع عبر أنبوب من الحديد الزهر الجديد طوله 120 متر وقطره 100 ملم. علماً بأن معامل الخشونة النسبي للحديد الزهر الجديدε = 0.26 ملم، أوجد مقدار الضغط المطلوب في النقطة ب (على مستوى 4 م أعلى من سطح الزيت في المستودع) للحصول على انسياب 0.7 متر مكعب في الدقيقة. (الإجابة 31 كيلو باسكال).

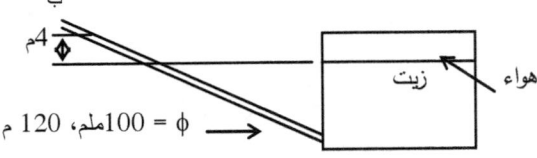

8) أنبوب مائل على الأفقي بزاوية °45 يتقلص على طول 1 متر من قطر 200 ملم إلى قطر 100 ملم في الجزء الأعلى منه. وينساب خلال الأنبوب مائع كثافته النسبية

0.8 بسرعة متوسطة في الجزء الأسفل منه تعادل 180 متر على الدقيقة ويتصل بالأنبوب مانومتر (ممتلئة نهايته بالمائع) لقياس الضغط. أوجد:

- سرعة الإنسياب في الجزء العلوي من الأنبوب
- فرق الإرتفاع في زئبق المانومتر
- طول جزء الأنبوب إذا علم أن فرق الضغط بين نهايتيه 60 كيلوباسكال. (الإجابة 0.43 متر ، 1.08م).

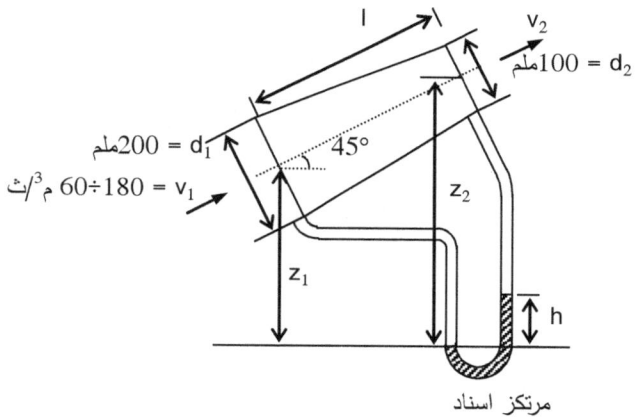

مرتكز اسناد

9) في عداد فنتشوري المبين بالرسم الفرق بين سطحي الزئبق في الأنبوب 30 سم. أوجد معدل سريان الماء في العداد باعتبار عدم وجود فقد في الطاقة بين النقطتين A و B.

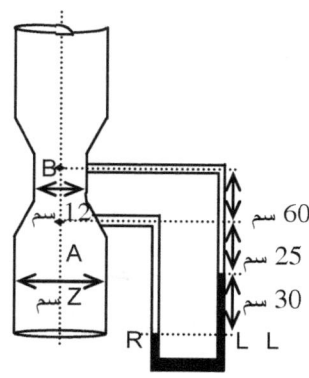

10) أكتب معادلة برنولي موضحاً معنى كل فقرة من فقراتها. نافورة ماء قطرها الابتدائي
135 ملم وجهت إلى أعلى عمودياً فوصلت إلى أقصى ارتفاع وقدره 18.4 متراً.
بافتراض أن النافورة ظلت على شكلها الدائري حتى النهاية أوجد معدل سريان الماء
وقطر النافورة على ارتفاع 10 متر و 15 متر. (الإجابة: 0.27 م³/ث، 16.4م،
20.6م)

11) يوصل خط أنابيب بين خزانين الفرق في الإرتفاع بينهما 5 م، وطول الخط 600 م
ويرتفع إلى علو مترين أعلى الخزان الأعلى عند مسافة 200م من المدخل قبل
الهبوط إلى الخزان الأسفل قطر الأنبوب إلى متر واحد، ومعامل الإحتكاك f =
0.015؛ أوجد معدل السريان والضغط عند أعلى نقطة في الخزان.

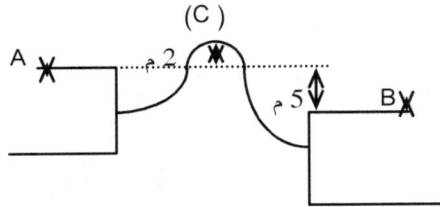

12) الماء من خزان كبير ينساب إلى الأجواء المحيطة عبر أنبوب قطره 15 سم وطوله
350 م المدخل من الخزان إلى الأنبوب حاد والمخرج 10 م أدنى من سطح الماء في
الخزان إذا كانت f = 0.01، أحسب معدل السريان.

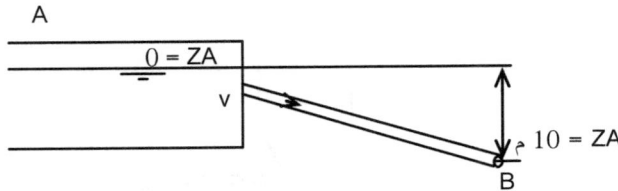

13) في معادلة السريان لانبوب سريان غير قابل للانضغاط وفي حالة جريان مستقر اثبت
أن السرعة المتوسطة تتناسب عكسياً مع مساحة مقطع الجريان. إذا تحققت معادلة
الاستمرارية لسائل يسري في ماسورة وكان التصرف Q = 0.85 m³/s وكان القطر

في المقطع الأول 0.6 m والسرعة عند المقطع الثاني 11.6m/s أحسب مساحة المقطع الثاني. عرف الفواقد الثانوية، اكتب معادلتين لايجاد الفواقد الثانوية.

14) ارسم مخطط لتوزيع السرعة يسري في ماسورة. إذا كان معدل تغير السرعة لمائع يسري في ماسورة يمكن أن يعبر عنه بالمعادلة: $\frac{u}{U} = 1 - \left(\frac{r}{R}\right)^2$ حيث U السرعة عند مركز الماسورة، r المسافة بين النقطة المعينة وحتى عند مركز الماسورة، R المسافة من جدار الماسورة وحتى مركزها جد اجهاد القص τ للنسب التالية لقيم $\frac{r}{R}$: 0، 0.2، 0.5 علماً بأن U تساوي 10 م/ث، و □ = 2×10^{-3} باسكال.

15) خزان مشيد على بعد 4km من مدينة جامعية تعداد السكان فيها 5000 نسمة وذلك لتزويد المدينة بالماء وقت الحوجة. وفقاً للتقديرات فان استهلاك الفرد يساوي 200 lit / day ، إذا كان نصف الاستهلاك الكلي يغطي من الخزان بواسطة مضخة تعمل 10 ساعات في اليوم اوجد قطر الماسورة المناسبة إذا كان الفقد نتيجة للاحتكاك على طول الماسورة يساوي 20m والفواقد الثانوية مهملة (خذ معامل الاحتكاك f = 0.032)

16) الماسورة AB متفرعة إلى ماسورتين BC ، BD عند B إذا كان قطر الماسورة عند A , B , C , D يساوي 45cm و 30cm و 20cm و 15cm على الترتيب اوجد شدة التصريف والسرعة عند A إذا كانت السرعة عند C تساوي 4m/s وعند D تساوي 10m/s.

B

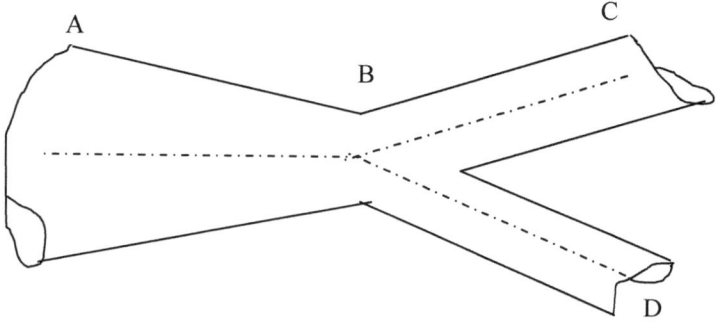

17) خط انابيب مصنع من الفولاذ اذا كان فاقد الطاقة لسبب الاحتكاك يساوي 85mm لكل كيلومتر من الخط التاقل اذا كان التصريف $0.015 m^3/s$ ومعامل الإحتكاك f = 0.017.

الفصل الثامن

السريان اللزج خلال الأنابيب المغلقة

Viscous Flow in Closed

Conduits

8-1 مقدمة

نسبة لعدم وجود سطح حر عند انسياب المائع داخل الأنبوب، فعليه يتم انسياب السوائل والغازات (الموائع) على حد سواء. قد يكون ضغط الموائع أكبر من أو أقل من الضغط الجوي، مما يسمح بتغير الضغط من أي قطاع بالأنبوب إلى قطاع آخر على طوله.

ويسمى الأنبوب المغلق قناة أو مجرى   duct   عندما يكون شكل مقطعها غير دائري، ويطلق عليها أنبوب pipe عندما يكون شكل مقطعها دائرياً؛ كما وتصمم لتتحمل   فرق ضغط كبير على جدرانها دون تشوه في شكلها. وللتفرقة بين انسياب المائع المضطرب والصفحي يمكن استخدام رقم رينولدز ($Re = \dfrac{\rho v D}{\mu}$)، والذي يقارن قوى القصور الذاتي مع قوى اللزوجة. حيث يوصف الدفق في الأنابيب المغلقة بأنه صفحي عندما يقل رقم رينولدز عن 2100، ويكون الدفق مضطرب عندما يزيد رقم رينولدز عن 4000، ومقدار رقم رينولدز بين هذين المقدارين يشير إلى وجود دفق انتقالي.

2-8 السريان غير المنضغط Incompressible flow

بالنظر إلى الشكل (1-8) لعنصر مائع في مقطع لأنبوب دائري وأفقي في الزمنt، وباعتبار l طول الأسطوانة الدائرية للعنصر، و r نصف قطر العنصر و D قطر الأنبوب؛ وبما أن السرعة غير منتظمة عبر مقطع الأنبوب فإن الأطراف النهائية للأسطوانة والمستوية ابتداءً عند الزمن t تصبح مشوهة في الزمن δt + t عندما يتحرك العنصر المائع لموقع جديد. ولدفق مستمر ومطور كلياً steady fully developed وبتجاهل أثر الجاذبية تنتج المعادلة 1-8.

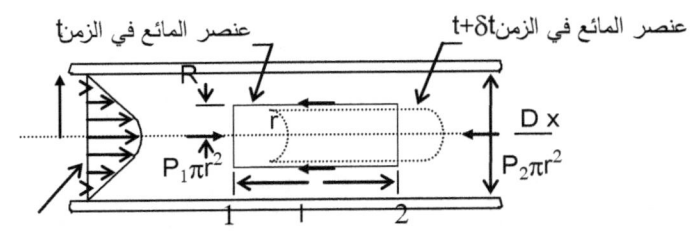

شكل (1-8) حركة عنصر المائع داخل أنبوب

$$F = m*a_x \qquad\qquad 8-1$$

$$a_x = 0 \qquad\qquad 8-2$$

وبتطبيق قانون كمية الحركة على المقطع وأخذ جسيم أسطواني طوله l ونصف قطره r فإن اتزان القوى يعطي:

$$P_1*\pi r^2 - (P_1 - \Delta P)\pi r^2 - \tau*2\pi r*l = 0 \qquad\qquad 8-3$$

$$\tau = \frac{(P_1 - P_2)}{L}\left(\frac{r}{2}\right) \qquad\qquad 8-4$$

$$\Delta P/l = 2\tau/r \qquad\qquad 8-5$$

حيث:

τ = إجهاد القص

أو

$$\tau = c*r \qquad 8\text{-}6$$

حيث:

c = ثابت

وتصلح هذه المعادلة للسريان اللزج والمضطرب وهي توضح أن إجهاد القصτ يتغير خطياً مع نصف القطر، فتكون قيمته صفر عند المركز وأقصى قيمة له عند جدار الأنبوب ويرمز له بالرمز τ_w حيث:

$$\tau_w = \frac{(P_1 - P_2)}{L}\left(\frac{R}{2}\right) = \frac{\Delta P}{L}\left(\frac{D}{4}\right) \qquad 8\text{-}7$$

وباستخدام المعادلات أعلاه تنتج المعادلة8-8

$$\tau_w = f\frac{\rho v^2}{8} \qquad 8\text{-}8$$

وعند $(r = 0)$ (الخط المركزي) تكون $(\tau = 0)$ ؛ وعند $(r = D/2)$ تكون $(\tau = \tau_w)$ (أنظر شكل 8-2). وتمثل τ_w أقصى قص على جدار الأنبوب (يسمى إجهاد القص الجداري)

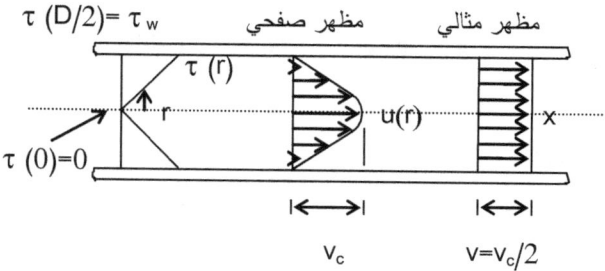

شكل (8-2) توزيع السرعة وجهد القص في مائع داخل أنبوب لدفق صفحي ومضطرب

ومن ثم تصبح

$$c = 2\tau_w/D \qquad 8\text{-}9$$

أو

$$\tau = 2\,\tau_w * r/D \qquad 8\text{-}10$$

ومن المعادلتين 8-4 و 8-10 تنتج المعادلة 8-11.

$$\Delta P = 4 * l * \tau_w/D \qquad 8\text{-}11$$

ومن ثم ينتج إجهاد القص القليل فرق ضغط كبير في الأنابيب الطويلة جدًا ($\frac{l}{D} >> 1$).

8-4 الدفق الصفحي (دفق هيزن - بوازيل Hazen-Poiseulle)

يمكن التعبير عن السريان الصفحي لمائع لانيوتوني لزج في أنبوب أفقي بالمعادلة 8-5 أو المعادلة 8-12؛ كما وأن إجهاد القص يعبر عنه بالمعادلة 8-12.

$$\tau = \mu \frac{du}{dy} = -\mu \frac{du}{dr} \qquad 8\text{-}12$$

حيث:

$y = R - r$

$dy = -\,dr$

وتعني علامة السلب أن القص أكبر من الصفر ($\tau > 0$) لممال سرعة أقل من الصفر ($du/dy < 0$) نسبة لنقصان السرعة من الخط المركزي للأنبوب إلى جداره. ومن المعادلتين 8-5 و8-12 يصبح:

$$du/dr = -\,\Delta P * r/2\mu * l \qquad 8\text{-}13$$

$$du = -\,(\Delta P/2\mu * l) * r * dr \qquad 8\text{-}14$$

بإجراء التكامل وأخذ حدود التكامل كالآتي: السرعة = صفر عند $r = R$

$$u = \frac{1}{4\mu} \frac{\Delta P}{L} \left(R^2 - r^2 \right)$$ 8-15

وبتكامل المعادلة 8-14 للحدود ($u = v_c$) عند ($r = 0$) و ($u = 0$) عند ($r = D/2$)

تنتج المعادلة 8-16.

$$v_c = \frac{\Delta P}{L} \left(\frac{R^2}{4\mu} \right) = \frac{\Delta P}{L} \left(\frac{D^2}{16\mu} \right)$$ 8-16

حيث:

v_c = السرعة عند الخط المركزي (السرعة القصوى)

أما تكامل المعادلة 8-14 للحدود ($u = v_c$) عند ($r = 0$) و ($u = u$) عند ($r = r$) فينتج:

$u - v_c = -\Delta P*r^2/4\mu*l = -(\Delta P*R^2/4\mu*l)(r/R)^2$ 8-17

أو:

$u = v_c - (\Delta P*D^2/16\mu*l)(r/R)^2$ 8-18

وبتعويض المعادلة 8-16 في المعادلة 8-11 تنتج المعادلة 8-19.

$u = v_c - v_c(r/R)^2 = v_c*[1 - (r/R)^2]$ 8-19

$u(r) = (\Delta P*D^2/16\mu*l)*[1 - (2r/D)^2]$

$\quad = (\Delta P*D^2/16\mu*l)*[1 - (r/R)^2]$ 8-20

$u(r) = (\tau_w*D^2/4\mu)*[1 - (r/R)^2]$ 8-21

الدفق خلال الأنبوب هو:

$$Q = \int\limits_{A} u*dA = \int\limits_{r=0}^{r=R} u(r)*2\pi r*dr = 2\pi v_c \int\limits_{0}^{R} [1 - (r/R)^2]*r*dr$$

$$Q = \pi * R^2 * v_c/2 \qquad 8-22$$

$$v = Q/A = (\pi * R^2 * v_c/2)/\pi * R^2 = v_c/2 = DP * D^2/32\mu * l$$

$$v = \Delta P * D^2/32\mu * l \qquad 8-23$$

حيث:

v = السرعة المتوسطة.

كما يمكن إيجاد السرعة المتوسطة v من المعادلة 8-24.

$$v = \frac{Q}{A} = \frac{\int udA}{A} = \frac{\int_0^R 2\pi rudr}{\pi R^2} = \frac{\Delta P}{L}\left(\frac{R^2}{8\mu}\right) = \frac{u_{max}}{2} \qquad 8-24$$

يمكن إيجاد معدل الدفق غير المنضغط في أنبوب أفقي باعتبار أن الدفق نيوتوني وصفحي كما مدرج في المعادلة 8-25 (**قانون بواسيولي Poiseulli's law**).

$$Q = \frac{\Delta PD^2}{32\mu L} x \frac{\pi D^2}{4} = \frac{\pi D^4 \Delta P}{128\mu L} \qquad 8-25$$

حيث:

Q = معدل الدفق (م^3/ث)

D = قطر الأنبوب الأفقي (م)

Δ P = فرق الضغط داخل الأنبوب (باسكال)

μ = درجة اللزوجة التحريكية (الديناميكية) (نيوتن×ث/م^2)

L = طول الأنبوب (م)

كما يمكن كتابة انحدار الطاقة بدلالة معدل السريان (التدفق)

$$\frac{\Delta P}{L} = \frac{128\mu Q}{\pi D^2} \qquad 8-26$$

ويمكن حساب معامل الاحتكاك في حالة السريان اللزج من المعادلات السابقة كما موضح في المعادلة 8-27.

$$f = \frac{64}{\frac{v \Delta P}{\mu}} = \frac{64}{Re} \qquad 8-27$$

مثال 8-1

احسب انخفاض الضغط في أنبوب طوله 200 م وقطره 100 ملم ويسري فيه سائل لزوجته 0.05 كجم/م وكثافته 900 كجم/م^3 بسرعة قدرها 0.5 م/ث. كم يكون إجهاد القص عند الجدار؟

الحل

1) حدد نوع السريان بحساب رقم رينولدز

$$Re = \frac{\rho v d}{\mu} = \frac{0.5 * 0.1 * 900}{0.05} = 900 < 2000$$

فيكون السريان لزجاً؛ فيتم حساب معامل الاحتكاك $f = \frac{64}{Re} = \frac{64}{900} = 0.071$

2) احسب انخفاض الضغط

$$\Delta P = f \frac{L}{D} \frac{\rho v^2}{2} = 0.071 \; x \; \frac{200}{0.1} \; x \; \frac{900 * 0.5^2}{2} = 16 \; \frac{kN}{m^2}$$

3) أوجد إجهاد القص الجداري $\tau_w = \frac{\Delta P}{L}\left(\frac{D}{4}\right) = \frac{16 \; x 1000}{200}\left(\frac{0.1}{4}\right) = 2 \; N/m^2$

برنامج 8-1:

```
Public Class Form1

    Private Sub Form1_Load(ByVal sender As System.Object,
                           ByVal e As System.EventArgs)
                           Handles MyBase.Load
        Label1.Text = "الأنبوب طول"
```

```
        Label2.Text = "الأنبوب قطر"
        Label3.Text = "السائل لزوجة"
        Label4.Text = "السائل كثافة"
        Label5.Text = "السريان سرعة"
        Label6.Text = "رينولدز رقم"
        Label7.Text = "الضغط انخفاض"
        Label8.Text = "الجداري القص اجهاد"
        Button1.Text = "احسب"
        Me.Text = "مثال 8-1"
        Me.FormBorderStyle =
              Windows.Forms.FormBorderStyle.FixedSingle
    End Sub

    Private Sub Button1_Click(ByVal sender As System.Object,
                              ByVal e As System.EventArgs)
                              Handles Button1.Click
        Dim rho, v, mu, Re As Double
        Dim f, P, L, diam As Double
        Dim tau As Double

        L = Val(TextBox1.Text)
        diam = Val(TextBox2.Text)
        mu = Val(TextBox3.Text)
        rho = Val(TextBox4.Text)
        v = Val(TextBox5.Text)

        Re = (rho * v * diam) / (mu)
        If (Re < 2000) Then
            f = 64 / Re
        Else
            f = 0.316 / (Re ^ 0.25)
        End If
        P = f * (L / diam) * ((rho * (v ^ 2)) / 2)
        tau = (P * 1000 / L) * (diam / 4)

        TextBox6.Text = FormatNumber(Re, 2)
        TextBox7.Text = FormatNumber(P, 2)
        TextBox8.Text = FormatNumber(tau, 2)
    End Sub
End Class
```

وبالنسبة للأنابيب التي تميل بزاوية ϕ على الأفقي فإن الانخفاض في الضغط ΔP يمكن إحلاله بالأثر المشترك للضغط والجاذبية الأرضية (ΔP – γ.l.sinϕ)؛ حيث ϕ هي الزاوية بين الأنبوب والأفقي (أنظر شكل 8-3).

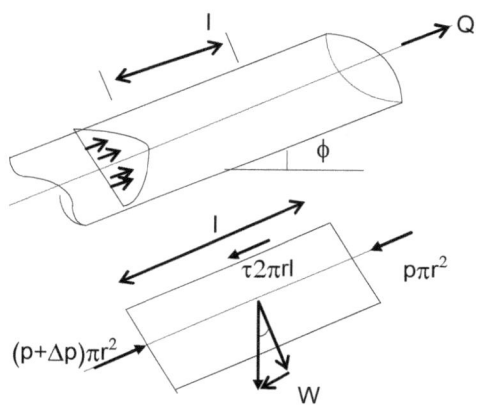

$$Wsin\phi = \gamma\pi r^2 lsin\phi$$

شكل (8-3) الدفق خلال أنبوب مائل على الأفقي

$$v = [(DP - \gamma*l*\sin\phi)*D^2]/32\mu*l \qquad\qquad 8-28$$

يمكن إيجاد معدل الدفق خلالها من المعادلة 8-29.

$$Q = \frac{\pi D^4 (\Delta P - \gamma L \sin\phi)}{128 \mu L} \qquad\qquad 8-29$$

حيث:

γ = كثافة السائل (كجم/م^3)

ϕ = زاوية ميل الأنبوب مع الخط الأفقي (°)

ومن المعادلة 8-30 للدفق في أنبوب أفقي:

$$v = \frac{D^2 \Delta P}{32 \mu L} \qquad 8-30$$

حيث:

v = السرعة المتوسطة للدفق (م/ ث)

D = قطر الأنبوب (م)

ΔP = فرق الضغط (باسكال)

μ = درجة اللزوجة التحريكية (الديناميكية) (نيوتن×ث/م^2)

L = طول الأنبوب (م)

يمكن إيجاد الضغط:

$$\Delta P = \frac{32 \mu L v}{D^2} \qquad 8-31$$

وبقسمة جانبي المعادلة 8-31 على ($\frac{\rho v^2}{2}$) يمكن إيجاد صورة القيمة اللابعدية $\left(\frac{\Delta P}{\frac{\rho v^2}{2}}\right)$ والتي تنتج معادلة دارسي ويسباش Darcy-Weisbach الموضحة في المعادلة 8-32.

$$[\Delta P/(\rho * V^2/2)] = 64(\mu/\rho * v * D)(l/D) = (64/Re)(l/D)$$

أو

$$\frac{\Delta P}{L} = \frac{f}{D}\frac{\rho v^2}{2} \qquad 8-32$$

حيث:

hf = فقد السمت (النقصان في خط الميل الهيدروليكي) (م×نيوتن/نيوتن)

μ = درجة اللزوجة التحريكية (الديناميكية) (نيوتن×ث/م^2)

L = طول الأنبوب (م)

D = قطر لأنبوب (م)

v = السرعة المتوسطة للدفق (م/ث)

γ = الوزن النوعي (نيوتن/م^3)

g = عجلة الجاذبية الأرضية (م/ث^2)

f = معامل الاحتكاك friction factor أو معامل دارسي للاحتكاك. وبالنسبة للدفق الصفحي فان معامل الاحتكاك يساوي $\left(\frac{64}{Re}\right)$.

$\frac{\rho v^2}{2}$ = الضغط الديناميكي

ويمكن كتابة المعادلة 8-32 في صورة المعادلة 8-33.

$$h_L = \frac{\Delta P}{\gamma} = f\frac{L}{D}\frac{v^2}{2g} \qquad 8\text{-}33$$

حيث:

h_L = سمت الفواقد في الطاقة

وبما أن ($\Delta P = \gamma * l * \sin\phi$) فمن ثم تنتج المعادلة 8-34.

$$h_f = 32\mu\frac{L}{D}\frac{v^2}{\gamma} = f\frac{L}{D}\frac{v^2}{2g} \qquad 8\text{-}34$$

حيث:

h_l = فقد السمت (الانخفاض في خط الميل الهيدروليكي drop in hydraulic grade line) (م.نيوتن/نيوتن)

8-4 الدفق المضطرب Turbulent flow

من المتوقع حدوث الدفق المضطرب أكثر من الدفق الصفحي في الأحوال التطبيقية والعملية. وتحدث أهم الفروق بين الدفق المضطرب والصفحي في مركبات السرعة، والضغط، وجهد

القص ودرجة الحرارة وأي متغير آخر له وصف حقلي. ويمكن تمثيل إجهاد القص للدفق المضطرب على النحو المبين في المعادلة8-35.

$$\tau = \zeta (du_a/dy) \qquad\qquad 8\text{-}35$$

حيث:

ζ = اللزوجة الدوامية eddy viscosity

u_a = السرعة المتوسطة

ولا يوجد أنموذج عام مفيد يمكن التكهن بجهد القص عبر دفق غير منضغط ولزج ومضطرب. ويمكن إيجاد مظهر تغير السرعة من العلاقة الافتراضية المبينة في المعادلة8-36 والتي يطلق عليه القانون الأسي لمظهر السرعة power-law velocity profile

$$u_a/v_c = [1 - (r/R)]^{1/n} \qquad\qquad 8\text{-}36$$

حيث:

n = ثابت (دالة في رقم رينولدز)

عادة يستخدم القانون الأسي السباعي لمظهر السرعة one-seventh power law velocity profile حيث ($n = 7$) كتقريب لكثير من الدفق العملي.

في حالة السريان المضطرب فإن عملية تقويم السريان والمقاومة الناتجة له أصعب بكثير من حالة السريان اللزج. ومن أهم النظريات التي ناقشت هذا الموضوع هي نظرية العالم براندل. في حالة السريان اللزج إن الاجهادات المماسية تنتج فقط من لزوجة السائل بينما في حالة السريان المضطرب فإن هذه الاجهادات تسببها عوامل أخرى أهمها ظاهرة الاختلاط المستمر في السائل (الدوامات التي تحدث التقلب المستمر للسائل). لهذا فإن معامل الاحتكاك لا يعتمد على رقم رينولدز فقط كما في حالة السريان اللزج إنما يعتمد على رقم رينولدز وخشونة الأنبوب التي يعبر عنها بالخشونة النسبية $\frac{k}{D}$ حيث تمثل k خشونة الأنبوب و D قطره. وتعتمد الخشونة على نوع المادة المصنوع منها الأنبوب (أنظر جدول8-1).

جدول (8-1) الخشونة لبعض أنواع الأنابيب

مادة الأنبوب	الخشونة k بالمتر
الفولاذ المبرشم riveted steel	0.0009 إلى 0.009
الفولاذ التجاري أو الحديد التجاري commercial steel	0.000045
الحديد الزهر cast iron	0.00026
الأسمنت concrete	0.0003 إلى 0.003

استخدمت العلاقات التجريبية للتعبير عن معامل الاحتكاك في حالة السريان المضطرب. فمثلاً في حالة السريان المضطرب ولأنبوب ناعم يمكن حساب معامل الاحتكاك من معادلة بلاسيوس للأنابيب الناعمة كما في المعادلة8-37.

$$f = \frac{0.316}{Re^{0.25}} \qquad 8-37$$

وهذه العلاقة محدودة برقم رينولدز أقل من100000 ($Re < 100000$). وتستخدم لأرقام رينولدز الكبيرة علاقة براندلPrandtl وهي علاقة تعتمد على رقم رينولدز فقط:

$$\frac{1}{\sqrt{f}} = 2\,Log\left(Re\sqrt{f}\right) - 0.8 \qquad 8-38$$

أما في حالة الأنابيب الخشنة فإن معامل الاحتكاك يعتمد على الخشونة النسبية ورقم رينولدز. ومن أشهر الدراسات المعملية هي تلك التي تمت عن طريق العالم J. Nikuradse نيكورادس وتم تلخيص دراسته في الرسم المرفق في هذا الشكل المنحني 1 (أنظر مرفق 6) للسريان اللزج $f = \frac{64}{Re}$ والمنحنى 2 للأنابيب الناعمة في حدود 100000 ($Re \le 100000$) والمنحنى 3 للأنابيب الناعمة التي يكون فيه رقم لاينولدز أكبر من 100000 ($Re > 100000$) وبقية المنحنيات للأنابيب الخشنة. شملت معادلة كولبروك ووايت Colebrook and White كل أنواع السريان وهي معادلة غير خطية.

$$\frac{1}{\sqrt{f}} = 1.74 - 2\,Log\left(\frac{2\,\varepsilon}{D} + \frac{18.7}{Re\,\sqrt{f}}\right) \qquad 8\text{-}39$$

ومن أشهر العلاقات المستخدمة لحساب معامل الاحتكاك لكل أنواع السريان هي مخطط مودي Moody's diagram (أنظر مرفق 7). وأوضح مودي أنه يمكن استخدام العلاقة التقريبية المبينة في المعادلة8-40.

$$f = 0.001375\left[1 + \left(20000\,\frac{\varepsilon}{D} + \frac{10^{6}}{Re}\right)^{\frac{1}{3}}\right] \qquad 8\text{-}40$$

وهي تعطي قيمة في حدود خطأ $\pm 5\,\%$ في حدود رقم رينولدز $(4000 < Re < 10^7)$

وقيمة الخشونة النسبية $\frac{\varepsilon}{D}$ حتى 0.01

يمكن تلخيص ثلاث أنواع من المسائل تنتج في حالة فواقد الاحتكاك في الأنابيب والسائل؛ وتشمل إيجاد التالي:

1) انخفاض الضغط أو سمت الفواقد head loss لسريان معطى ومائع معلوم الخواص وأنبوب معلوم الأبعاد. في هذه الحالة الخشونة النسبية $\frac{\varepsilon}{D}$ معلومة فيتم حساب رقم رينولدز ومن ثم يستخدم مخطط مودي، أو معادلة متوفرة، لحساب معامل الاحتكاك f ومن ثم يحسب الانخفاض في الضغط، أو سمت الفواقد، مباشرة من العلاقات المبينة أعلاه.

2) التدفق أو معدل السريان لأنبوب معلوم وانخفاض في الضغط، أو سمت الفواقد، معلوم في هذه الحالة يتم الحل بأي من الطريقتين

- يفترض معامل الاحتكاك f ومن ثم يتم حساب السرعة من المعادلة أو. ومن ثم يتم حساب رقم رينولدز ويوجد معامل الاحتكاك ويقارن مع المفترض وهكذا افتراضات متتالية حتى الوصول للقيمة المضبوطة.

- يفترض التدفق (معدل السريان) وتحسب السرعة منه ومن ثم يحسب رقم رينولدز ويوجد معامل الاحتكاك ومن ثم يتم حساب السرعة بمعلوميةΔP أو hf ويحسب التدفق ويقارن بالمفترض وهكذا حتى الوصول للقيمة المطلوبة أو يتم رسم مقابل hf لثلاثة افتراضات لكل من Q ومن ثم يوجد Q الذي يقابل hf المعطى.

3) أبعاد الأنبوب هي المطلوبة في حين أن معدل السريان معلوم وسمت الفواقد معلوم في هذه الحالة يفترض قطر الماسورة D ويرسم مقابل hf ومن الرسم يوجد القطر D الذي يقابل hf المعطى.

مثال 8-2

احسب انخفاض الضغط في أنبوب ناعم قطره 100 ملم وطوله 200 م ناعمة يسري فيه زيت لزوجته 0.05 كجم/م.ث وكثافته900 كجم/م^3 بمعدل 3 م/ث.

الحل

1) المعطيات: D = 100 ملم، L = 200 م، μ = 0.05 كجم/م.ث، ρ = 900 كجم/م^3، v = 3 م/ث.

2) احسب رقم رينولدز: $Re = \frac{vD_h\rho}{\mu} = \frac{3 * 0.1 * 900}{0.05} = 5400$

3) احسب معامل الاحتكاك لأنبوب ناعم $f = \frac{0.316}{Re^{0.25}} = \frac{0.316}{5400^{0.25}} = 0.36$

4) ومن ثم $D P = f \frac{L}{D}\frac{\rho v^2}{2} = 0.036 \frac{200}{0.1}\frac{9003^2}{2} = 292 \frac{kN}{m^2}$

مثال 8-3

احسب معدل السريان للماء في أنبوب قطره 12 بوصة من الحديد الزهر إذا كان سمت الفواقد لكل 1000 قدم من الأنبوب 12 قدم ($\nu = 1.22X10^{-5}$)

الحل

من الجداول يمكن إيجاد الخشونة النسبية $\frac{\varepsilon}{D} = 0.00085$

الطريقة الأولى للحل:

- تفرض f = 0.0188، وعليه

$$v = \sqrt{\frac{hfD * 2\,g}{fL}} = \sqrt{\frac{12\ x12\ x\,2\ x\,32.2}{0.0188\ \ x1000\ \ x12}} = 6.4 \ \ ft\,/\,s$$

- يحسب رقم رينولدز لهذه السرعة $Re = \frac{vD}{v} = \frac{6.4\,*\,1}{1.22\,*\,10^{-5}} = 5.25\,*\,10^{5}$

- يوجد معامل الاحتكاك f = 0.0194

- تحسب السرعة مرة أخرى لهذه القيمة من معامل الاحتكاك v = 6.3 قدم/ث

- يعاد حساب رقم رينولدز $Re = 5.16×10^{5}$، ومن ثم يوجد معامل الإحتكاك f = 0.0194، وعليه تكون السرعة المحسوبة صحيحة

- Q = vA = 6.3X0.7854 = 4.95 ft^3/s

الطريقة الثانية للحل:

يفترض أن معدل السريان هو 4.5، 5، 6 قدم^3/ث، ومن ثم سمت الفواقد المقابل هو 9.97 و12.26 و17.5 قدم على الترتيب

Q	Hf
4.5	9.97
5	12.26
6	17.5

ترسم هذه القيم كما مبين على الشكل التالي:

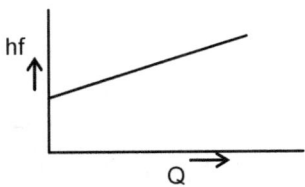

ومن ثم يوجد مقدار Q التي تقابل h_f = 12.

5-8 التحليل البعدي للدفق خلال الأنبوب Dimensional Analysis of Pipe Flow

يبين التحليل البعدي للدفق خلال أنبوب البيانات المخبرية في صورة لابعدية وصيغ شبه افتراضية يتم استخدامها في تحليل الدفق المضطرب. وبالنسبة لدفق مستمر وغير منضغط ومضطرب في أنبوب دائري أفقي يمكن إيجاد هبوط الضغط (ΔP_f) على النحو المبين في المعادلة 8-41.

$$\Delta P_f = f(v, D, l, \varepsilon, \mu, \rho) \qquad 8-41$$

حيث:

ΔP_f = فقد الضغط

v = السرعة المتوسطة

l = طول الأنبوب

ε = خشونة جدار الأنبوب

μ = لزوجة المائع

ρ = الكثافة

وباستخدام التحليل البعدي للمتغيرات $\Delta P_f, D, \rho, \mu, v$ فمن ثم فإن قيمة k = 7، والأبعاد المرجعية r =3، وحدود باي (k − r) = 4 لمجموعات لا بعدية تعطي:

$$\Delta P_f/(\rho*v^2/2) = f(\rho*v*D/\mu, l/D, \varepsilon/D) \qquad 8-42$$

حيث:

$Re = \rho*v*D/\mu$ = رقم رينولدز

$\frac{\varepsilon}{D}$ = الخشونة النسبية

$\rho*v^2/2$ = الضغط الديناميكي dynamic pressure

يمكن تبسيط المعادلة 8-42 بافتراض أن فقد الضغط يتناسب طردياً مع طول الأنبوب؛ ويتم الحصول على هذا الفرض بالتخلص من اعتمادية $\frac{l}{D}$ ومن ثم:

$$\Delta P_f/(\rho * v^2/2) = (l/D)\phi(\rho * v * D/\mu, \varepsilon/D)$$

أو

$$\Delta P_f = f*(l/D)*(\rho * v^2/2) \qquad 8-43$$

حيث:

$$f = \phi(Re, \varepsilon/D)$$

والتي تساوي (64/Re) للدفق الصفحي (أي لا تعتمد على ε/D)

أو تساوي (f(ε/D)) للدفق المضطرب كلياً completely (wholly) turbulent

أما معادلة الطاقة للدفق المستمر غير المنضغط steady incompressible فيمكن تمثيلها في المعادلة 8-44.

$$(P_1/\gamma) + \alpha_1(v_1^2/2g) + z_1 = (P_2/\gamma) + \alpha_2(v_2^2/2g) + z_2 + h_l \qquad 8-44$$

حيث:

h_l = فقد السمت بين القطاعين (1) و (2)

وبالنسبة لنفس الأنبوب الأفقي فإن: $(D_1 = D_2, v_1 = v_2, z_1 = z_2)$ وللدفق المطور كلياً fully developed $(\alpha_1 = \alpha_2)$ و $(\Delta P = P_1 - P_2 = \gamma * h_l)$ تنتج المعادلة 8-45

$$h_l = f*(l/D)*(v^2/2g) \qquad 8-45$$

ويصعب إيجاد اعتمادية معامل الخشونة على رقم رينولدز والخشونة النسبية. وقد قامت التجارب المخبرية بنسبة البيانات في خشونة نسبية لمواد الأنابيب المتاحة وتم رسمها

في خريطة مودي للأنابيب الجديدة والنظيفة. ورسم مودي يتحقق لكل أنواع الدفق المستمر والمطور كلياً وغير المنضبط داخل الأنابيب الدائرية. أما بالنسبة للدفق المضطرب فيمكن إيجاد معامل الاحتكاك من معادلة كولبروك للأنابيب الجديدة النظيفة وللدفق غير المنضغط كما موضح في المعادلة 8-46. ومعادلة كولبروك تتحقق لكل المدى غير الصفحي في رسم مودي (أنظر مرفق 7).

$$\frac{1}{\sqrt{f}} = -2\ Log\left[\left(\frac{\frac{\varepsilon}{D}}{3.7}\right) + \left(\frac{2.51}{Re\ \sqrt{f}}\right)\right] \qquad 8-46$$

حيث:

f = معامل كولبروك للاحتكاك

ε = المعامل النسبي للاحتكاك (م)

D = قطر الأنبوب (م)

Re = رقم رينولدز (لا بعدي)

كما يمكن أن يستخدم رسم مودي Moody's diagram لتحديد قيمة معامل الاحتكاك (أنظر المرفقات). ومن أكثر أنواع الدفق حدوثاً في الحياة العملية الدفق المضطرب داخل الأنابيب الحاملة للماء. وتتواجد الفروق الواضحة بين الدفق الصفحي والدفق المضطرب في مركبات السرعة، والضغط، وقوى القص، ودرجة الحرارة، وغيرها من المتغيرات المؤثرة. ولا يوجد نموذج جيد ودقيق يمكن به قياس قوى القص بالنسبة لدفق غير منضغط ولزج ومضطرب. غير أن التغيرات في سرعة الدفق يمكن تقديرها من المعادلات التجريبية والتي يطلق عليها "القانون الأسى للسرعة" كما مبين في المعادلة 8-47.

$$\frac{u(t)}{v_c} = \left[1 - \frac{r}{R}\right]^{\frac{1}{n}} \qquad 8-47$$

حيث:

u = السرعة في الزمن t (م/ث)

v_c = قيمة السرعة على الخط المركزي (م/ث)

r = المسافة القطرية من الخط المركزي (م) (أنظر شكل 8-2)

R = نصف قطر الأنبوب (م)

n = ثابت يعتمد على رقم رينولد (عادة يؤخذ ليساوي 7)

8-6 توصيل الأنابيب على التوالي

ولتحديد فقد السمت في الأنابيب تستخدم عدة طرق على حسب نظم توصيل الأنابيب (على التوالي، أو على التوازي). فبالنسبة للتوصيل على التوالي تتبع طرق مختلفة، منها على سبيل المثال طريقة السرعة وفقد السمت المكافئة، وطريقة الطول المكافئ.

طريقة السرعة وفقد السمت المكافئة Equivalent-velocity-head method: تستخدم هذه الطريقة للأنبوب المكون من أجزاء لها أقطار مختلفة. وفى هذا النوع من التوصيل ينساب نفس معدل الدفق خلال الأنابيب كما مبين في معادلة الاستمرارية 8-48.

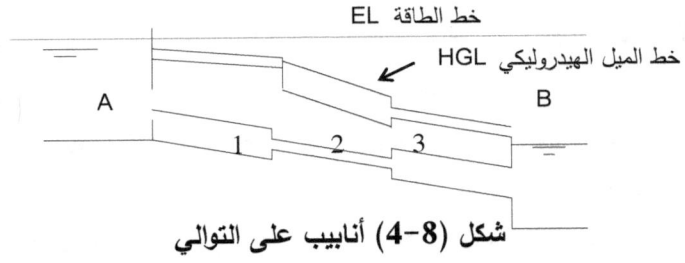

شكل (8-4) أنابيب على التوالي

$$Q = Q_1 = Q_2 = \dots\dots = Q_i \qquad\qquad 8\text{-}48$$

حيث:

Q = معدل الدفق الداخل للأنابيب (م³/ث)

Q_i = معدل الدفق الداخل للأنبوب رقم i (م³/ث)

ويصبح فقد السمت تراكمي في الأنابيب كما موضح بمعادلة الطاقة 8-49.

$$h_{L_T} = h_{L_1} + h_{L_2} + \dots + h_{L_N} = \sum_{i=1}^{N} h_{L_i} \qquad 8-49$$

حيث:

h_{L_T} = فقد السمت الكلي عبر الأنابيب (م)

h_{L_i} = فقد السمت للأنبوب رقم i (م)

N = عدد الأنابيب (لابعدي)

ومن هذه المعادلات يمكن كتابة المعادلة 8-50.

$$h_{L_T} = \sum_{i=1}^{N} f_i \frac{L_i}{D_i}\frac{v^2}{2g} + \sum_{i=1}^{N} k_i \frac{v^2}{2g} \qquad 8-50$$

حيث:

h_{L_T} = فقد السمت الكلي للأنابيب (م)

f_i = معامل الاحتكاك للأنبوب رقم i

v_i = سرعة الدفق داخل الأنبوب i (م/ث)

D_i = قطر الأنبوب i (م)

g = عجلة الجاذبية الأرضية (م/ث^2)

N = عدد الأنابيب (لابعدي)

k_i = ثابت الفقد للجزء رقم i

<u>طريقة الطول المكافئ Equivalent Length method</u> : يتم في هذه الطريقة تغيير الأنابيب بأطوال مكافئة لأنبوب ذي قطر معين، إذ عادة يختار أبرز أنبوب في النظام. وتبين المعادلة 8-51 كيفية اختيار الطول المكافئ للأنبوب المراد تغييره

$$L_e = \frac{f}{f_s} L \left(\frac{D_s}{D} \right)^5 \qquad 8-51$$

حيث:

L_e = الطول المكافئ (الطول الجديد) (م)

f = معامل الاحتكاك للأنبوب المراد تغييره

f_s = معامل الاحتكاك للأنبوب المختار

D_s = قطر الأنبوب المختار (م)

D = قطر الأنبوب المراد تغييره (م)

L = طول الأنبوب المراد تغييره (م)

مثال 8-4

أوجد معدل الدفق خلال أنبوبين متصلين على التوالي، علماً بأن طول كل منهما 100 و 200 متراً، وقطر كل منهما 200 و 250 ملم، ومعامل الاحتكاك يساوي 0.02 و 0.01 لكل منهما على الترتيب. وقد وجد أن فقد السمت فيهما يساوي 4 أمتار. استخدم: (أ) طريقة السرعة والسمت المكافئة، (ب) طريقة الطول المكافئ.

الحل

1- المعطيات: الأنبوب الأول: L_1 = 100 م، D_1 = 200 ملم، f_1 = 0.02،

الأنبوب الثاني : L_2 = 200 م، D_2 = 250 ملم، f_2 = 0.01،

أ) طريقة السرعة والسمت المكافئة:

• استخدم معادلة الاستمرارية للأنبوبين بافتراض أن الدفق غير منضغط $Q = A_1*v_1$

$$= A_2*v_2$$

أو $(\pi/4)* D_1^2*v_1 = (\pi/4)* D_2^2*v_2$

ويمكن إيجاد السرعة في الأنبوب الثاني من المعادلة: $v_2 = v_1*(D_1/D_2)^2$

$v_1 = v_2 \times 0.64 = (250 \div 200)^2 \times v_1$

• استخدم معادلة الطاقة للأنبوبين كما يلي:

$$h_L = (f_1*L_1/D_1)*(v_1^2/2g) + (f_2*L_2/D_2)*(v_2^2/2g)$$

$4 = (\quad 0.02\times100\times(v_1)^2 \div (\quad 200\times10^{-3}\times2\times9.81)) +$

$((0.01\times200\times((0.64\times v_1)^2 \div (250\times10^{-3}\times2\times9.81))$

وعليه: $v_1 = 2.43$ م/ ث.

- أوجد معدل الدفق من المعادلة $Q = A_1*v_1$

$Q = 2.28\times(\pi \div 4)\times(200\times10^{-3})^2 = 0.076$ م^3/ ث

<u>ب) طريقة الطول المكافئ:</u>

- اختر الأنبوب ذا القطر 200 ملم ثم استخدم المعادلة: $Le = (f / fs)*L*(Ds/D)^5$

لإيجاد الطول المكافئ للأنبوب الثاني:

$Le = (0.01\div0.02)\times200\times(200\div250)^5 = 32.768$ م

- أوجد الطول الكلي المكافئ (لأنبوب قطره 200 ملم ومعامل احتكاكه 0.02)

$Le = 32.768 + 100 = 132.768$ م

- استخدم معادلة الطاقة للأنبوب الجديد: $hf = (f*L/D)*(v^2 /2g)$

$4 = (0.02\times132.768\times v^2 \div (200\times10^{-3}\times2\times9.81))$

ومنها يمكن إيجاد : $v = 2.431$ م/ ث.

- أوجد الدفق الداخل للأنبوب من المعادلة: $Q = A*v$

برنامج 8-4:

```
Public Class Form1
    Const g = 9.81

    Private Sub Form1_Load(ByVal sender As System.Object,
                           ByVal e As System.EventArgs)
                           Handles MyBase.Load
        Label1.Text = "طول الأنبوب الأول-م"
        Label2.Text = "طول الأنبوب الثاني-م"
        Label3.Text = "قطر الأنبوب الأول-مم"
        Label4.Text = "قطر الأنبوب الثاني-مم"
```

```
        Label5.Text = "الأول احتكاك معامل"
        Label6.Text = "الثاني احتكاك معامل"
        Label7.Text = "م-السمت فقد"
        Label8.Text = "الأولى السرعة"
        Label9.Text = "الدفق معدل"
        Button1.Text = "المكافئ والسمت السرعة استخدم"
        Button2.Text = "المكافئ الطول استخدم"
        Me.Text = "8-4 مثال"
    End Sub

    Private Sub Button1_Click(ByVal sender As System.Object,
                              ByVal e As System.EventArgs)
                              Handles Button1.Click
        Dim D1, D2, v1, v2, f1, f2 As Double
        Dim L1, L2, hL, Q As Double

        L1 = Val(TextBox1.Text)
        L2 = Val(TextBox2.Text)
        D1 = Val(TextBox3.Text)
        D2 = Val(TextBox4.Text)
        f1 = Val(TextBox5.Text)
        f2 = Val(TextBox6.Text)
        hL = Val(TextBox7.Text)

        v2 = (D1 / D2) ^ 2
        'get v1 using hL
        Dim factor1, factor2 As Double
        factor1 = (f1 * L1) / (D1 * Math.Pow(10, -3) * 2 * g)
        factor2 = (f2 * L2 * (v2 ^ 2))
                  / (D2 * Math.Pow(10, -3) * 2 * g)
        v1 = Math.Sqrt(hL / (factor1 + factor2))
        'find Q = Av
        Q = v1 * (Math.PI / 4) * ((D1 / 1000) ^ 2)

        TextBox8.Text = FormatNumber(v1, 2)
        TextBox9.Text = FormatNumber(Q, 2)
    End Sub

    Private Sub Button2_Click(ByVal sender As System.Object,
                              ByVal e As System.EventArgs)
                              Handles Button2.Click
        Dim D1, D2, v1, v2, f1, f2 As Double
        Dim L1, L2, Le, hL, Q As Double
```

```
        L1 = Val(TextBox1.Text)
        L2 = Val(TextBox2.Text)
        D1 = Val(TextBox3.Text)
        D2 = Val(TextBox4.Text)
        f1 = Val(TextBox5.Text)
        f2 = Val(TextBox6.Text)
        hL = Val(TextBox7.Text)

        Le = (f2 / f1) * L2 * ((D1 / D2) ^ 5)
        Le += L1
        v1 = Math.Sqrt((hL * 2 * g * (D1 / 1000)) / (f1 * Le))
        'find Q = Av
        Q = v1 * (Math.PI / 4) * ((D1 / 1000) ^ 2)

        TextBox8.Text = FormatNumber(v1, 2)
        TextBox9.Text = FormatNumber(Q, 2)
    End Sub
End Class
```

7-8 توصيل الأنابيب على التوازي

أما بالنسبة للأنابيب الموصلة على التوازي فيتساوى فقد السمت في أي خط منها، ويعبر معدل الدفق الكلي عن مجموع معدل الدفق في كل أنبوب في الحلقة. فمثلاً يمثل الشكل 7-5 أنابيب متصلة على التوازي، وباستخدام معادلة الاستمرارية يمكن كتابة المعادلة 8-52.

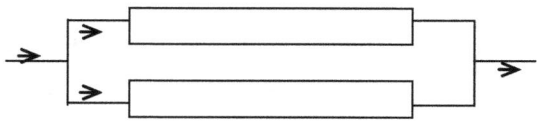

شكل (7-5) التوصيل على التوازي

$$Q = Q_1 + Q_2 + \dots + Q_n = \sum_{i=1}^{N} Q_i \qquad 8\text{-}52$$

حيث:

Q = الدفق الكلي الداخل للشبكة (م^3/ث)

Qi = الدفق في الأنبوب رقم i (م^3/ث)

N = عدد الأنابيب المتصلة على التوازي (لابعدي)

وتنتج معادلة الطاقة المعادلة 8-53.

$$h_{L_T} = h_{L_1} = h_{L_2} = \dots = h_{L_i} \qquad 8\text{-}53$$

حيث:

h_{L_T} = فقد السمت الكلي (م)

h_{Li} = فقد السمت للأنبوب رقم i (م)

ويمثل مثل هذا النظام شبكة أنابيب مكونة من مجموعة من الأنابيب المتصلة مع بعضها البعض لتسمح بانسياب المائع من نقطة معينة إلى نقطة أخرى عبر عدة مسارات. ومن هذا المنطلق تنتج حالتان:

1) تقدير معدل الدفق في كل أنبوب: لا سيما وأن ارتفاع ميل الخط الهيدروليكي على كل من النقطتين (أ) و(ب) معروف. وعليه يسهل حساب معدل الدفق في كل أنبوب، لأن الهبوط في ميل الخط الهيدروليكي يمثل فقد السمت. ويصبح الدفق الكلي عبارة عن مجموع الدفق لكل أنبوب.

2) تقدير فقد السمت وتوزيع الدفق في كل أنبوب بمعرفة الدفق الكلي. وهذه الحالة الأخيرة معقدة لعدم معرفة فقد السمت ومعدل الدفق لكل أنبوب. وتؤدي أي محاولة لاستخدام معادلة برنولي Bernoulli's equation ومعادلة الاستمرارية للأنابيب المختلفة في الشبكة، لزيادة عدد المعادلات. وإذا احتوت الشبكة على عدد كبير من الأنابيب فإن هذه المعادلات تكون من الكثرة بحيث يتعقد حلها آنياً. ويكمن الحل في استخدام طريقة التقريب المتتابع Successive approximations ، بافتراض قيم للدفق في كل أنبوب، أو بافتراض فقد السمت في نقاط الملتقى. ويجب التأكد من أن القيم المفترضة تحقق: تساوي فقد السمت بين أي ملتقيين لكل المسارات بين النقطتين، أو

تساوي الدفق الداخل لكل نقطة ملتقى للدفق الخارج من النقطة. أما عندما لا تحقق القيم المفترضة الحالات المذكورة أعلاه في كل الشبكة، فلا بد من العمل علي تصحيحها بطريقة التقريب المتتابع، إلى أن تتحقق درجة الدقة المطلوبة.

ومن الطرق الشائعة الاستخدام لحساب توزيع الدفق داخل أنابيب الشبكة طريقة هاردي كروس   Hardy Cross method . وتعطي هذه الطريقة نظام لتقدير قيمة التصليح لكل حلقة (أو ملتقى) على حدة، بفرض عدم تغير الظروف في بقية الشبكة. غير أن التصليح لجزء يؤثر على الأجزاء الأخرى مما يصعب معه توازن فقد السمت والدفق من أول تصليح. وعليه يعمل علي تكرار الطريقة للاقتراب من التوازن المنشود. ويمكن إيجاز الطريقة المتبعة للحل بالنسبة للحلقات على النحو التالي:

أ) تحقيق معادلة الاستمرارية في كل نقاط الملتقى : أي أن كمية الدفق الداخلة في نقطة الملتقى تساوي مجموع الدفق الخارج (بما في ذلك أي ماء مضاف أو مسحوب من النظام عند نقطة الملتقى)، كما مبين في قانون كيرشوف للملتقى في المعادلة 8-54.

$$\sum_{i=1}^{N} Q_i = 0 \qquad\qquad 8-54$$

حيث:

Q_i = معدل الدفق على نقطة الملتقى رقم   i   (م^3/ث) (الدفق يكون موجباً إذا كان عكس اتجاه الطواف)

N = عدد نقاط الملتقى (لابعدي)

ب) تحقيق قانون بقاء الطاقة: وفيه يتساوى فقد الطاقة في كل المسارات التي يمر عبرها الماء. كما وأن مجموع فقد السمت للأنابيب التي توصل مصدرين لها سمت ثابت تساوي فرق السمت بين المصدرين. ويشير هذا إلى أن المجموع الجبري لفقد السمت يساوي صفراً عبر أي حلقة مغلقة من الأنابيب (عبر مسار معين) كما موضح في المعادلة 8-55.

$$(\sum h_f)_{loop} = 0 \qquad\qquad 8-55$$

وعندما يراد تحليل الشبكة فهناك إحدى حالتين: إما بموازنة فقد السمت بتصحيح الدفق الافتراضي، أو بموازنة الدفق بتصحيح فقد السمت الافتراضي.

<u>طريقة افتراض تصميم الدفق الافتراضي (طريقة موازنة فقد السمت   ):</u> تعمل طريقة هاردي كروس علي تحليل الشبكة بافتراض الدفق في كل أنبوب، ومن ثم حساب عدم الاتزان الناتج في معادلات الطاقة لتصحيح الدفق في كل حلقة. وتكرر طريقة التصحيح إلى أن يتم الحصول على التقارب المنشود عندما يكون أكبر تصحيح أقل من حد مقبول. ولإيجاد فقد السمت يمكن استخدام إحدى معادلات فقد السمت والتي تأخذ الصورة العامة الموضحة في المعادلة8-56.

$$h_f = k*Q^n \qquad\qquad 8-56$$

حيث:

h_f = فقد السمت (م)

Q = معدل الدفق في الأنبوب (م^3/ث)

k = ثابت معامل المقاومة (يعتمد على هندسة الأنبوب، وقطره، وطوله، والمواد المصنع منها، وعمر الأنبوب، وخواص المائع مثل اللزوجة، ودرجة الحرارة)

n = ثابت أسي لكل الأنابيب (عند استخدام معادلة دارسي ويسباش Darcy–Weisbach $\left(h_f = f \dfrac{L}{D} \dfrac{v^2}{2g} \right)$ فإن n = 2 ، وعند استخدام معادلة ماننج Manning's equation $\left(v = \dfrac{1}{n} r_H^{\frac{2}{3}} S^{\frac{1}{2}} \right)$ فإن n = 2 ، وعند استخدام معادلة هيزن وليام Hazen–Williams' equation فإن n = 1.85)

ويمكن أن توجد علاقة الدفق المفترض تصليحه من المعادلة 8-57.

$$Q_2 = Q_1 + \Delta Q_1 \qquad\qquad 8-57$$

حيث:

Q_2 = الدفق الافتراضي الثاني (بعد التصحيح)   (م³/ث)

Q_1 = الدفق الافتراضي الأول (قبل التصحيح)   (م³/ث)

ΔQ_1 = معامل التصحيح الأول.

أما مجموع فواقد السمت حول أي حلقة (بأخذ أرقام الدفق المفترض) فتوجد من المعادلة 8-58.

$$(hf)1 = \Sigma \, (k*Q_1{}^n) \qquad\qquad 8\text{-}58$$

حيث:

$(hf)1$ = فقد السمت الأول (م)

ومجموع فواقد السمت بعد القيام بالتصليح الأول يمكن إيجاده من المعادلة 8-59.

$$h_{f_2} = \Sigma \, \left(k\,[Q_1 + \Delta Q_1]^n \right) \qquad\qquad 8\text{-}59$$

حيث:

h_{f_2} = المجموع الجبري لفواقد السمت حول الحلقة.

ويمكن إعادة كتابة المعادلة 8-59 لمتوالية مع إهمال الحدود الصغرى لتقرأ كما مبين في المعادلة 8-60.

$$h_{f_2} = \Sigma \, \left(k\,[Q_1{}^n + nQ_1{}^{n-1}\,\Delta Q_1] \right) \qquad\qquad 8\text{-}60$$

غير أن $(hf)2$ = صفر للحلقة، وعليه فمن المعادلة 8-60 ينتج معيار التصحيح المدرج في المعادلة 8-61.

$$\Delta Q_1 = - \frac{\Sigma \, h_f}{n \, \Sigma \, \dfrac{h}{Q}} \qquad\qquad 8\text{-}61$$

وتعني إشارة السلب تناقص الدفق الموجب (الدفق عكس اتجاه طواف البيت العتيق، في اتجاه عقرب الساعة)، وتزايد الدفق السالب (في اتجاه الطواف، عكس اتجاه عقرب الساعة). وتكرر هذه الطريقة للحصول على الدقة المتوخاة.

ويمكن تلخيص طريقة هاردي كروس كما مبين في النقاط التالية:

- تحدد الهيئة الهندسية للشبكة.
- يفترض دفق مناسب في كل أنبوب (ولا بد من تحقيق معادلة الاستمرارية في كل ملتقى، ويؤخذ الدفق الموجب في عكس اتجاه الطواف لينتج فقد سمت موجب)
- يحدد الآتي لكل حلقة في الشبكة: اتخاذ مصطلح إشارات، وحساب فقد السمت في كل أنبوب والمجموع الجبري لفواقد السمت حول الحلقة، وحساب مجموع كميات Δh و $n\ \Sigma(h/Q)$ لكل أنبوب في الحلقة بغض النظر عن الاتجاه، وعمل التصحيح اللازم للدفق داخل الحلقة.
- إعادة تكرار الخطوات أعلاه لكل حلقة في الشبكة مع عمل التصحيح اللازم لكل أنبوب إلى أن يتم الحصول على الدقة المنشودة. ولابد من مراعاة عمل التصليح من أكثر من حلقة للعنصر المشترك بينها.

<u>طريقة افتراض تصحيح فقد السمت (طريقة موازنة الدفق):</u> يتم في هذه الطريقة افتراض خطأ في فقد السمت على نقطة الملتقى. ويمكن اختصار هذه الطريقة في الخطوات التالية:

- يفترض فقد السمت على نقطة الملتقى.
- يوجد معدل الدفق في كل الأنابيب، باستخدام فقد السمت المفترض على نقطة الملتقى.
- يوجد مجموع معدل الدفق لنقطة الملتقى (الدفق الموجب هو الدفق الداخل) ΣQ
- تحسب نسبة الدفق لفقد السمت $\left(\frac{Q}{h}\right)$ لكل أنبوب.
- يوجد مجموع قيم نسبة الدفق لفقد السمت $S\left[\frac{Q}{h}\right]$
- يوجد تصحيح فقد السمت كما موضح في المعادلة 8-62.

$$Dh = -\frac{n\sum Q}{\sum \frac{Q}{h}} \qquad 8\text{-}62$$

- يصحح فقد السمت على نقطة الملتقى.
- تكرر الخطوات أعلاه إلى أن يتم الحصول على قيم يمكن أن تهمل للمقدار Δh

ومن مساوئ طريقة هاردي كروس:

* ضياع الزمن والاحتياج إلى عمل ضخم ممل عند تقدير الدفق الأولي لكل أنبوب في الشبكة.

* محدودية الاستعمال بالنسبة للدفق الكبير، مما لا يأتي بالحد المقبول عند التصحيح.

* يتم أحياناً الحصول على تقديرات غير صحيحة لمسار الدفق.

* تتعقد الطريقة عند استخدامها لتحليل شبكة معقدة أو نظام يضم مستودعات مائية، وشبكة، ومضخات داخلية، وصمامات، وغيرها من التركيبات. ويستعصي عمل هذه الطريقة بالنسبة لشبكات المياه الكبيرة، وعليه يلجأ للحاسوب لإتمام التحاليل. وهناك عدة برامج حاسوب جاهزة معدة خصيصاً لتصميم الشبكات مثل برنامج هاردي كروس الدقيق MHC، وبرنامج هايستد، وبرنامج وسنت، وغيرها من برامج الحاسوب الجاهزة.

8-8 تمارين عامة

8-8-1 تمارين نظرية

1) ما الفرق بين القناة والأنبوب؟

2) ما الفرق بين أنواع الدفق التالي: لزج، ومضطرب، ومستقر، ومنتظم؟

3) عرف رقم رينولدز؛ وبين كيفية الإستفادة منه لمعرفة نوع الدفق في الأنابيب المغلقة، وفي القنى المكشوفة.

4) تحدث بإيجاز عن تجربة رينولدز للتفريق بين الدفق المضطرب والرقائقي.

5) ما الفرق بين خط الإنسياب وأنبوب الإنسياب؟

6) ما العوامل المؤثرة على إجهاد القص في السريان اللزج؟

7) ما العوامل المؤثرة على معدل الدفق غير المنضغط في أنبوب مائل على الأفقي بزاوية معينة؟
8) ما فائدة معادلة دارسي–ويسباش لتحديد فقد السمت؟
9) ما أهم مؤثرات القانون الأسي لمظهر السرعة لدفق غير منضغط ولزج؟
10) تحدث بإيجاز عن معادلات بلاسيوس ونيكورادس وكولبروك–وايت للتعبير عن معامل الإحتكاك.
11) بين كيفية استخدام مخطط مودي لحساب معامل الإحتكاك لكل أنواع السريان.
12) ما المقصود بالفقد الأكبر والفقد الثانوي؟ وأين يوجد؟
13) ما العوامل المؤثرة على معامل الفواقد في الصمامات؟
14) كيف يمكن تحديد فقد السمت في الأنابيب الموصلة على التوالي؟
15) بين كيفية استخدام طريقة هاردي كروس لحساب توزيع الدفق داخل أنابيب شبكة مائية. وما أهم الإفتراضات فيها؟
16) اذكر مساوئ طريقة هاردي كروس.
17) أوجد معادلة أويلر للحركة عبر خط الإنسياب من المبادئ الأولية.
18) عرف معادلة الإستمرارية ومعادلة برنولي مبيناً أهم التطبيقات العملية لهما.

2-8-8 تمارين عملية

1) تتكون شبكة أنابيب من حلقتين وثلاثة أنابيب أ، ب، جـ أقطارها 230، 180، 280 ملم على الترتيب وأطوالها 300، 150 و400 م علىالترتيب، ومعامل خشونة كل منها 0.0025. أما معدل سريان الماء على درجة حرارة 20م فيساوي 25 متر مكعب في الدقيقة. تقع النقطة 1 على ارتفاع 15 متر أما النقطة 2 فعلى ارتفاع 9 أمتار، والضغط عند النقطة 1 يعادل 100 كيلو باسكال. باستخدام معادلة دارسي ديسباش أوجد معدل الدفق في كل أنبوب من الأنابيب أ، ب، جـ، وأوجد الضغط عند النقطة 2. (كثافة الماء على درجة حرارة 20 هي 998.2 كجم/م^3). الإجابة (7.8، 6، 11.2 م^3/دقيقة؛ 94 كيلوباسكال)

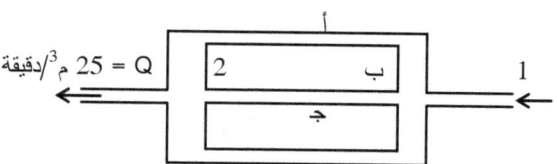

2) ينساب ماء من مستودع عبر أبنوب عريض قطره 60 ملم يتفرع إلى أنبوبين صغيرين قطريهما 15 و 20 ملم. بتجاهل آثار اللزوجة أوجد معدل الدفق من المستودع والضغط عند النقطة جـ. (الإجابة: 0.42 م^3/ث؛ 53 كيلوباسكال).

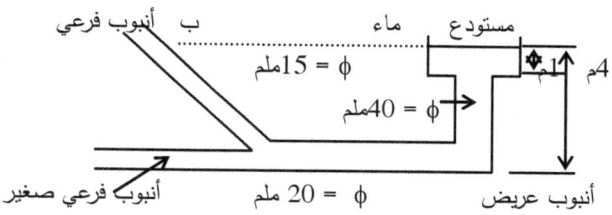

3) إذا علمت أن تغير السرعة في أنبوب دائري قطره R يمثل بالمعادلة التالية: $V_{max} = \left(1 - \frac{r}{R}\right)^k$ ، أثبت أن السرعة المتوسطة u_a في الأنبوب تساوي

$$2V_{max} = \left[\frac{1}{(k+1)(k+2)}\right]$$

4) ينساب ماء من حنفية مياه في الطابق الثاني من مبنى بسرعة قصوى تعادل 570 متر في الدقيقة بدفق مستقر وغير لزج. إذا كان ارتفاع كل طابق 3.5 م أوجد أقصى سرعة للماء من حنفية في الطابق الأول، وأقصى سرعة للماء من حنفية في الطابق الثالث. (الإجابة 756 م/دقيقة، 279 م/دقيقة).

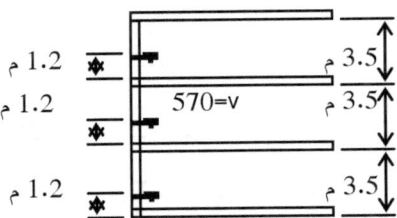

5) يتدفق ماء عبر الحلقة المبينة في الشكل من النقطة أ بمعدل 24 متر مكعب في الدقيقة. ثم يوزع في النقاط ب، ج، د على نحو 9، 6، 9 متر مكعب في الدقيقة على الترتيب. أقطار الأنابيب متساوية 600 ملم، ومعامل خشونتها 0.0312 وأطوالها أ ب = 150، ب ج = 300، ج د = 150، د أ = 240 م. أوجد مقدار السريان خلال كل أنبوب ومقدار الضغط في النقاط ب، ج، د علماً بأن الضغط على النقطة أ يساوي 150 كيلونيوتن/م^2. (الإجابة: 13، 4، 2، 11 م^3/دقيقة، 103 كيلوباسكال)

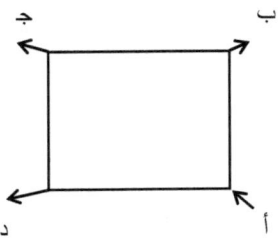

6) أنبوب يحمل ماء يتقلص من مساحة 0.2 م^2 في النقطة أ إلى مساحة 0.1 م^2 في النقطة ب. والسرعة المنتظمة للماء على النقطة أ تساوي 1.5 متر على الثانية على ضغط قياسي 105 كيلوباسكال. أوجد مقدار الضغط في النقطة ب التي تبعد بمقدار 5 متر من النقطة أ بتجاهل آثار الإحتكاك. (الإجابة: 58.8 كيلوباسكال).

7) خزانين A و B موصلين بمجموعة من المواسير كما مبين على الشكل فرق منسوب الماء بينهما 10 متر. بيانات المواسير الأربع على النحو التالي:

الماسورة 1: الطول L = 200 متر، d = 30 سم، f = 0.02

الماسورة 2: الطول L = 100 متر، d = 25 سم، f = 0.025

الماسورة 3: الطول L = 400 متر، d = 25 سم، f = 0.025

الماسورة 4: الطول L = 300 متر ، d = 20 سم، f = 0.02

جد التصرف Q من الخزان A إلى B، أهمل سمت السرعة ومعامل المقاومة. (الإجابة: 0.075 م^3/ثانية)

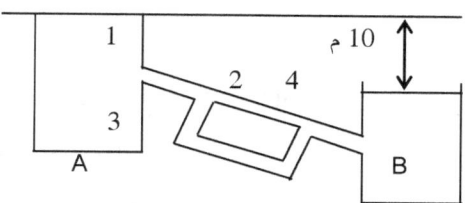

8) يتكون مقياس فتنشوري من جزء متقلص يتبعه عنق قطره ثابت ثم يزداد من بعده. استخدم المقياس لإيجاد معدل سريان سائل في أنبوب. إذا علم أن القطر في أ هو 15 سم وعلى النقطة ب يساوي 15 سم، أوجد معدل الدفق خلال الأنبوب علماً بأن فرق الضغط بين النقطتين أ، ب يساوي 15 كيلوباسكال، والكثافة النسبية للسائل المناسب 0.95. (الإجابة 48 لتر/ث).

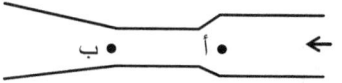

9) ينساب ماء من الأنبوب أب الذي يتصل على التوالي بالأنبوب ب جـ والأنبوب جـ د والأنبوب جـ هـ. قطر أب 40 ملم، وقطر الأنبوب ب جـ 50 ملم ويمر عبره الماء بسرعة منتظمة مقدارها 120 متر في الدقيقة. ثم يتفرع الأنبوب في النقطة جـ إلى فرعين جـ د، جـ هـ، وينساب الماء خلال الفرع جـ د بسرعة 90 متر في الدقيقة، وقطر الفرع جـ هـ 30 ملم ويمر خلاله نصف الدفق المار في الأنبوب جـ د. أوجد مقدار الدفق في كل الأنابيب أب، ب جـ، جـ د، جـ هـ، وأوجد مقدار سرعة الإنسياب في فرعي الأنبوب أب، جـ هـ. وما مقدار قطر الأنبوب جـ د. (الإجابة: 3.9، 3.9، 2.6، 1.3 لتر/ث؛ 3.1، 1.8 م/ث).

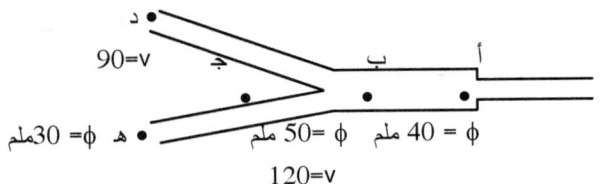

10) (أ) اذا كان توزيع السرعة لسائل لزج ($\mu = 0.9 N.s/m^2$) يتحرك فوق جدار ثابت يعطى بالعلاقة: $U = 0.68y - y^2$ حيث U السرعة بالمتر / الثانية على بعد y من سطح الجدار. أوجد اجهاد القص عند السطح وعلى بعد $y = 0.34m$. في الشكل الموضح اوجد الارتفاع X اذا علمت أن $P_A - P_B = 69.7 kp_a$

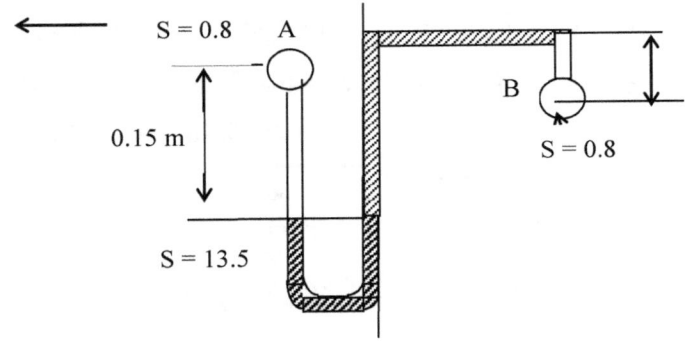

الفصل التاسع
الانسياب في القني المفتوحة (المكشوفة)
Open channel flow

9-1 مقدمة

يتعلق الانسياب في القني المفتوحة (المكشوفة) بذلك الدفق للسائل في قناة channel أو أنبوب conduits غير ممتلئة تماماً بحيث أن يوجد سطح حر بين السائل المنساب والآخر أعلاه.

نسبة لعدم وجود سطح حر عند انسياب المائع داخل الأنبوب، فعليه يتم انسياب السوائل والغازات (الموائع) على حد سواء. قد يكون ضغط الموائع أكبر من أو أقل من الضغط الجوي، مما يسمح بتغير الضغط من أي قطاع بالأنبوب إلى قطاع آخر على طوله. ويسمى الأنبوب المغلق قناة أو مجرى عندما يكون شكل مقطعه غير دائري، ويطلق عليه أنبوب عندما يكون شكل مقطعه دائرياً. كما ويصمم ليتحمل فرق ضغط كبير على جدرانه بدون تشوه في شكله. وللتفرقة بين انسياب المائع المضطرب والصفحي يمكن استخدام رقم رينولد، والذي يقارن قوى القصور الذاتي مع قوى اللزوجة كما موضح في المعادلة 9-1.

$$\text{Re} = \frac{\rho v D}{\mu} \qquad\qquad 9-1$$

حيث:

Re = رقم رينولد (لا بعدي)

ρ = كثافة المائع (كجم/م^3)

v = سرعة الدفق (م/ث)

D = قطر الأنبوب (م)

μ = درجة اللزوجة التحريكية (الديناميكية) (نيوتن×ث/م^2)

ويوصف الدفق في الأنابيب بأنه صفحي عندما يقل رقم رينولد عن 2100، ويكون الدفق مضطرب عندما يزيد رقم رينولد عن 4000، ومقدار رقم رينولد بين هذين المقدارين يشير إلى وجود دفق انتقالي. كما ويعطي جدول 9-1 مقارنة بين الدفق الصفحي والمضطرب داخل أنبوب أفقي مع تبيان أثر بعض العوامل على الدفق والضغط.

أما في القني المكشوفة فيكون الدفق صفحي عندما يقل رقم رينولد ($Re = \frac{\rho v r_H}{\mu}$) عن 500، ويكون الدفق مضطرب عندما يزيد رقم رينولد عن 12500، ومقدار رقم رينولد بين هذين المقدارين يشير إلى وجود دفق انتقالي.

جدول (9-1) مقارنة بين الدفق الصفحي والدفق المضطرب في الأنابيب

العامل المؤثر	الدفق الصفحي	الدفق المضطرب
السرعة المتوسطة v	يتغير الدفق وتتغير السرعة Q ~ v	يتغير الدفق وتتغير السرعة Q ~ v
فرق الضغط ΔP	يتغير الدفق بتغير الضغط Q ~ ΔP	يتغير الدفق مع الجذر التربيعي للضغط $Q \sim \sqrt{\Delta P}$
الكثافة ρ	يعتمد الدفق على الكثافة Q ~ ρ	يتغير الدفق عكسياً مع الجذر التربيعي للكثافة $Q \sim 1/\sqrt{\rho}$
درجة اللزوجة μ	يتغير الدفق عكسياً بتغير اللزوجة $Q \sim \frac{1}{\mu}$	لا يعتمد الدفق على درجة اللزوجة $Q \sim \mu^0$

قطر الأنبوب D	يتغير الدفق مع الأس الرابع للقطر $Q \sim D^4$	يتغير الدفق مع القطر مرفوعاً لأس 2.5: $Q \sim D^{2.5}$
طول الأنبوب L	يتغير الضغط بتغير الطول $\Delta P \sim L$	يتغير الضغط بتغير الطول $\Delta P \sim L$
خشونة الأنبوب النسبية ε	لا يعتمد الضغط على خشونة الأنبوب: $\Delta P \sim \varepsilon^0$	يعتمد الضغط على خشونة الأنبوب $\Delta P = f(\varepsilon)$

مثال 9-1

يتدفق ماء على درجة حرارة 25°م عبر أنبوب قطره 18 سم وطوله متراً واحداً بسرعة 0.5 لتر في الدقيقة. وضح نوع انسياب الماء عبر الأنبوب.

الحل

1 المعطيات: T = 25°م، D = 0.18 م، L = 1 م، v = 0.5 لتر/دقيقة

2 أوجد من الجداول (مرفق 2) درجة اللزوجة وكثافة الماء لدرجة حرارة 25°م:

ρ = 997.1 كجم/م، μ = 0.895×10^{-3} نيوتن×ث/م

3 أوجد رقم رينولد: = ($997.1\times(0.5\times10^{-3}\div60)\times0.18$)÷(0.895×10^{-3}) = 1.67

بما أن رقم رينولد أقل من 2100 فيعتبر الدفق صفحي.

برنامج 9-1:

```
Public Class Form1

    Structure s_water_chars
        Dim t As Integer
        Dim rho As Double
        Dim mu As Double
    End Structure

    Dim water_chars(99) As s_water_chars
    Const total_chars = 34
```

```
    Private Sub Form1_Load(ByVal sender As System.Object,
                        ByVal e As System.EventArgs)
                        Handles MyBase.Load
        Label1.Text = "الحرارة درجة"
        Label2.Text = "م-الأنبوب قطر"
        Label3.Text = "م-الأنبوب طول"
        Label4.Text = "د/لتر-السريان سرعة"
        Label5.Text = "رينولد رقم"
        Button1.Text = "رينولد رقم احسب"
        Me.Text = "مثال 9-1"
        Me.FormBorderStyle =
            Windows.Forms.FormBorderStyle.FixedSingle
        'Fill the table with it's values
        fill_table()
    End Sub

    Private Sub Button1_Click(ByVal sender As System.Object,
                        ByVal e As System.EventArgs)
                        Handles Button1.Click
        Dim T, D, L, v, Re As Double
        Dim rho, mu As Double

        T = Val(TextBox1.Text)
        D = Val(TextBox2.Text)
        L = Val(TextBox3.Text)
        v = Val(TextBox4.Text)

        If T < 0 Or T > 100 Then
            MsgBox("Please enter temp value between 0-100",
                    vbInformation Or vbOKOnly, "Error")
            Exit Sub
        End If

        Dim i As Integer
        For i = 0 To total_chars
            If water_chars(i).t = T Then
                GoTo found
            End If
        Next
        'Temp not found in the table
        MsgBox("Temp value not found in the table." _
                + vbCrLf + "Try again with a different value.",
                vbInformation Or vbOKOnly, "Error")
```

found:
```
        rho = water_chars(i).rho
        mu = water_chars(i).mu / 1000
        Re = (rho * D * (v / 60000)) / mu
        TextBox5.Text = FormatNumber(Re, 2)
    End Sub

    Private Sub fill_table()
        '*****************************
        'Water characteristics table.
        'See Appendix (2).
        '*****************************
        water_chars(0).t = 0
        water_chars(0).rho = 999.8
        water_chars(0).mu = 1.792
        water_chars(1).t = 2
        water_chars(1).rho = 999.9
        water_chars(1).mu = 1.674
        water_chars(2).t = 4
        water_chars(2).rho = 1000
        water_chars(2).mu = 1.568
        water_chars(3).t = 5
        water_chars(3).rho = 999.9
        water_chars(3).mu = 1.519
        water_chars(4).t = 6
        water_chars(4).rho = 999.9
        water_chars(4).mu = 1.473
        water_chars(5).t = 7
        water_chars(5).rho = 999.9
        water_chars(5).mu = 1.429
        water_chars(6).t = 8
        water_chars(6).rho = 999.8
        water_chars(6).mu = 1.378
        water_chars(7).t = 9
        water_chars(7).rho = 999.7
        water_chars(7).mu = 1.378
        water_chars(8).t = 10
        water_chars(8).rho = 999.7
        water_chars(8).mu = 1.31
        water_chars(9).t = 11
        water_chars(9).rho = 999.6
        water_chars(9).mu = 1.274
        water_chars(10).t = 12
        water_chars(10).rho = 999.5
        water_chars(10).mu = 1.239
        water_chars(11).t = 13
```

297

```
water_chars(11).rho = 999.4
water_chars(11).mu = 1.206
water_chars(12).t = 14
water_chars(12).rho = 999.2
water_chars(12).mu = 1.175
water_chars(13).t = 15
water_chars(13).rho = 999
water_chars(13).mu = 1.145
water_chars(14).t = 16
water_chars(14).rho = 998.9
water_chars(14).mu = 1.116
water_chars(15).t = 17
water_chars(15).rho = 998.8
water_chars(15).mu = 1.087
water_chars(16).t = 18
water_chars(16).rho = 998.6
water_chars(16).mu = 1.06
water_chars(17).t = 19
water_chars(17).rho = 998.4
water_chars(17).mu = 1034
water_chars(18).t = 20
water_chars(18).rho = 998.2
water_chars(18).mu = 1.009
water_chars(19).t = 25
water_chars(19).rho = 997.1
water_chars(19).mu = 0.895
water_chars(20).t = 30
water_chars(20).rho = 995.7
water_chars(20).mu = 0.8
water_chars(21).t = 35
water_chars(21).rho = 994.1
water_chars(21).mu = 0.721
water_chars(22).t = 40
water_chars(22).rho = 992.2
water_chars(22).mu = 0.656
water_chars(23).t = 45
water_chars(23).rho = 990.2
water_chars(23).mu = 0.599
water_chars(24).t = 50
water_chars(24).rho = 988.1
water_chars(24).mu = 0.549
water_chars(25).t = 55
water_chars(25).rho = 985.7
water_chars(25).mu = 0.506
water_chars(26).t = 60
water_chars(26).rho = 983.2
```

```
        water_chars(26).mu = 0.469
        water_chars(27).t = 65
        water_chars(27).rho = 980.6
        water_chars(27).mu = 0.436
        water_chars(28).t = 70
        water_chars(28).rho = 977.8
        water_chars(28).mu = 0.406
        water_chars(29).t = 75
        water_chars(29).rho = 974.9
        water_chars(29).mu = 0.38
        water_chars(30).t = 80
        water_chars(30).rho = 971.8
        water_chars(30).mu = 0.357
        water_chars(31).t = 85
        water_chars(31).rho = 968.6
        water_chars(31).mu = 0.336
        water_chars(32).t = 90
        water_chars(32).rho = 965.3
        water_chars(32).mu = 0.317
        water_chars(33).t = 95
        water_chars(33).rho = 961.9
        water_chars(33).mu = 0.299
        water_chars(34).t = 100
        water_chars(34).rho = 958.4
        water_chars(34).mu = 0.284
    End Sub
End Class
```

يمكن تقسيم الدفق خلال القني المكشوفة حسب خواص المائع الذي تحمله إلى عدة أقسام
تضم:

1) الدفق المتجانس Homogeneous flow: وفيه يكون للمائع المحمول نفس
الخواص المنتظمة باستمرار.

2) الدفق الطباقي Stratified flow: وفي هذه الحالات تنساب طبقتين أو أكثر من
المائع في القناة وتكون لها كثافة مختلفة.

كما يمكن أيضاً تقسيم الدفق على النحو التالي:

299

1) دفق هادئ Tranquil or subcritical ويحدث عند الانسياب على سرعة قليلة حيث يمكن نقل اضطراب صغير أعلى اتجاه التيار يعمل على تغيير ظروف أعلى اتجاه التيار (رقم فرود أقل من الوحدة). الشيء الذي يعني أن الظروف أعلى الدفق تتأثر بظروف أدنى التيار، ويتم التحكم في الدفق بوساطة الظروف أدنى التيار.

2) الدفق السريع Shooting, rapid, supercritical عندما يحدث الانسياب على سرعات عالية بحيث أن الاضطرابات القليلة تنتج موجة ابتدائية أدنى التيار (ورقم فرود أكبر من الوحدة). وأي تغيرات صغيرة أدنى التيار لا تؤثر على تغيرات أعلى التيار مما يمكن معه التحكم في الدفق بالظروف أعلى التيار.

3) الدفق الحرج Critical flow وفيه تكون السرعة مساوية لسرعة موجة تفاضلية.

9-2 الدفق المنتظم ومعادلة دي جيزي ومعادلة ماننج

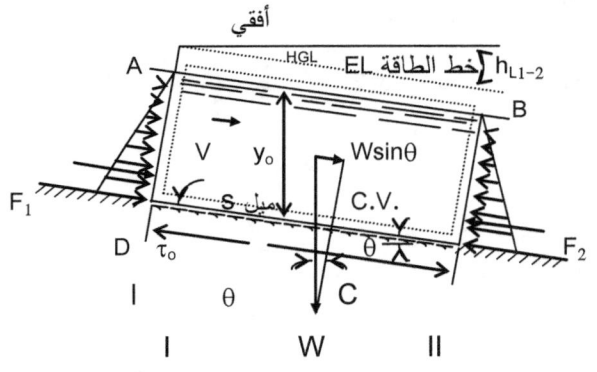

شكل (9-1) دفق خلال قناة مكشوفة

باعتبار الدفق المنتظم في السائل بين القطاعين (1) و (2) للقناة المكشوفة في شكل (9-1) وبأخذ حجم التحكم (control volume) ABCD فإن القوى العاملة عليه على النحو التالي:

1) قوى الضغط الاستاتيكي F_1 و F_2 اللتان تعملان على طرفي الجسم.

2) الوزن W الذي له مركبة $W.\sin\theta$ في اتجاه الحركة.

3) قوة ضغط مسلطة من أسفل القناة وجوانبها (لم توضح في الشكل لأنها لا تدخل في المعادلات التالية)

4) قوة مقاومة مسلطة بأسفل القناة وجدرانها تعادل $\tau_o.l..w_p$

وبجمع القوى حول اتجاه الحركة تنتج المعادلة 9-1.

$$F_1 + W.\sin\theta - F_2 - \tau_o.l..w_p. = 0 \qquad\qquad 9-1$$

حيث:

wp = المحيط المبتل

τ_o = جهد القص المتوسط

ونسبة لعدم وجود أي تغير في كمية الحركة momentum بين القطاعين (1) و (2) فعليه تتساوى القوتان F_1 وF_2 كما مبين على المعادلة 9-2.

$$F_1 = F_2 \qquad\qquad 9-2$$

كما وأن:

$$W = \gamma.A.l \qquad\qquad 9-3$$
$$\sin\theta = h/l \qquad\qquad 9-4$$

وميل كل من أرضية القناة وسطح السائل هو s_o كما موضح في المعادلة 9-5 خاصة للقيم الصغيرة للميل الموجود عادة في القني الواقعية.

$$s_o = \tan\theta = \sin\theta \qquad\qquad 9-5$$

وعليه تصبح المعادلة 9-1 كما موضحة في المعادلة 9-6.

$$\gamma.A.l\ \sin\theta = \tau_o.l..w_p. \qquad\qquad 9-6$$

وبتعريف نصف القطر الهيدروليكي r_H كما في المعادلة 9-7

$$r_H = A/w_p \qquad 9-7$$

حيث:

A = المساحة

w_p = المحيط المبتل

ومن ثم تصبح المعادلة 9-6 كما مبينة في المعادة 9-8

$$\gamma .\ r_H\ s_o = \tau_o \qquad 9-8$$

وبما أن الدفق في القناة المكشوفة مضطرب، فإن إجهاد القص يتناسب مع الضغط الديناميكي $\rho v^2/2$ ولا يتأثر بالزوجة ومن ثم تنتج المعادلة 9-9.

$$\tau_o = k\ \rho v^2/2 \qquad 9-9$$

حيث:

τ_o = جهد القص المتوسط

k = ثابت يعتمد على خشونة القناة

وعليه:

$$k\ \rho v^2/2 = \gamma .\ r_H\ s_o$$

$$v = C\sqrt{r_H\ s_o} \qquad 9-10$$

حيث:

C = معامل دي جيزي $L^{\frac{1}{2}} T^{-1}$

إن معادلة 9-10 هي معادلة دي جيزي.

$$Q = CA\sqrt{r_H\ s_o} \qquad 9-11$$

حيث:

Q = معدل الدفق L^3T^{-1}

A = مساحة المقطع L^2

r_H = نصف القطر الهيدروليكي L

s_o = ميل خط الطاقة

و عادة توجد C من تجارب مخبرية، وتعطي علاقة ماننج الافتراضية قيم لها على النحو المبين في المعادلة 9-12.

$$\text{للنظام العالمي:} \quad C = \frac{rH^{\frac{1}{6}}}{n} \qquad 9\text{-}12$$

$$\text{للنظام البريطاني:} \quad C = \frac{1.49 \; rH^{\frac{1}{6}}}{n}$$

وعادة:

$$C = \frac{k}{n} rH^{\frac{1}{6}} \qquad 9\text{-}13$$

حيث:

k = ثابت = 1 لوحدات SI = 1.49 للوحدات البريطانية

n = معامل الخشونة لماننج

$$v = \frac{k}{n} rH^{\frac{2}{3}} s^{\frac{1}{2}} \qquad 9\text{-}14$$

$$Q = A \frac{k}{n} rH^{\frac{2}{3}} s^{\frac{1}{2}} \qquad 9\text{-}15$$

هناك عدة معادلات تستخدم لإيجاد معامل الاحتكاك (أو معامل دي جيزي) مثل صيغة غانغولت وكتر   Ganguillet & Kutter في أبحاثهم عن الأنهار والدفق المفتوح، وتستخدم معادلة جيزي مقرونة مع معادلة كتر في تصميم المجرور الصحي كما مبين في المعادلة 9-16.

$$C = \frac{23 + \dfrac{0.00155}{S} + \dfrac{1}{n}}{1 + \dfrac{\left(23 + \dfrac{0.00155}{S}\right)n}{\sqrt{rH}}}$$

9-16

حيث:

C = معامل الاحتكاك أو معامل دي جيزي (م$^{0.5}$/ ث) وتعتمد على نصف القطر الهيدروليكي والميل ومواد تبطين المجرى

n = معامل الخشونة، والذي يزداد بزيادة خشونة حدود القناة (ثابت ماننج)

rH = نصف القطر الهيدروليكي (م)

S = ميل الخشونة (م/م)

كما ويمكن إيجاد معامل دي جيزي من صيغة بازن   Bazin formula، والتي لا تربط معامل دي جيزي بميل القعر، كما موضحة في المعادلة 9-17.

$$C = \frac{86.9}{1 + \dfrac{k}{\sqrt{rH}}}$$

9-17

حيث:

C = معامل الاحتكاك أو معامل دي جيزي (م$^{0.5}$/ ث)

rH = نصف القطر الهيدروليكي (م)

k = ثابت يعتمد على خشونة السطح (أنظر جدول 9-2)

جدول (9-2) قيم ثابت بازن

سطح المجرى	K
أسمنت أملس أو خشب نظيف مستو	0.06
ألواح سميكة، والطوب	0.16
قناة ترابية لها سطح منتظم جداً	0.85
قناة ترابية طبيعية	1.303
قناة استثنائية الخشونة	1.75

تستخدم عدة معادلات تجريبية لإيجاد الدفق تسمى بمعادلات دفق الاحتكاك ومنها معادلة مانتج Manning equation أو صيغة سترايكلر Strickler's formula : إن معادلة مانتج من أكثر المعادلات استخداماً في الانسياب عبر القنوات المكشوفة والمجارير المفتوحة لسهولتها. ويفترض في هذه المعادلة أن معامل الخشونة C ثابت لكل مدى الدفق ويمثل بقيمة معامل ماننغ n . وقد وجدت قيم n من تجارب مخبرية لعدة أنواع من المواد غير أنه لا ينصح باستخدام هذه القيم لمواد غير الماء. وتوضح معادلة 9-14 صيغة معادلة مانتج.

$$v = \frac{k}{n} rH^{\frac{2}{3}} S^{\frac{1}{2}} \qquad 9\text{-}14$$

حيث:

v = سرعة الدفق (م/ ث)

k = ثابت مقداره 1.49 للمواصفات الأمريكية والبريطانية (= مقدار الوحدة في نظام المقاييس العالمي SI)

n = ثابت مانتج (أنظر جدول 9-3)

rH = نصف القطر الهيدروليكي (م)

S = معدل الميل (م/م)

يوجد نصف القطر الهيدروليكي من المعادلة: rH = A/ wp

حيث: A = مساحة المقطع العمودي على اتجاه السرعة (م 2)، wp = المحيط المبتل (م)

ويمكن إيجاد نصف القطر الهيدروليكي بالنسبة لأنبوب دائري من المعادلة: rH = D/4

حيث: D = قطر المجرور   (م)

أما معدل الدفق فيمكن إيجاده من المعادلة: Q = A*v

حيث: Q = معدل الدفق (م3/ث)، A = مساحة المقطع (م2)، v = سرعة الدفق (م/ث)

كما ويمكن حل معادلة ماننج بيانياً عن طريق مخطط بياني المعادلة Nomograph ، كما موضح في مرفق 4 للأنابيب الممتلئة.

جدول (9-3) ثابت ماننج

N	وصف السطح
0.01	معدن أملس، الأسمنت الجيد
0.024	معدن مموج
0.011	نحاس
0.011	قصدير
0.011	زجاج
0.011	رصاص
0.009	أنبوب لدن، أو الخشب المستوى النظيف، أو الحديد الزهر الإسفلتي
0.011	أنبوب أسبستس أسمنتي
0.012	أنبوب حديد زهر بخشونة عادية، خشب غير مستو
0.015	أنبوب حديد زهر، بناء طوب متوسط
0.017	أنبوب حديد مبرشم
0.013	خرسانة جيدة، أنبوب طين مزجج، بناء طوب جيد الوضع
0.014	خرسانة
0.017	طوب خشن
0.018 إلى 0.02	أرض ملساء، حصى قوى
0.03	خندق، أنهار بشكل جيد، بعض الحجارة والأعشاب

0.04	خندق، أنهار لها قعر خشن وتكثر بها الأعشاب
0.013	مجاري صحية مغطاة بالنمو الحيوي
0.025 إلى 0.035	قني طبيعية
	<u>أنهار طبيعية:</u>
0.03	نظيف، مستقيم الضفاف
0.04	متعرج، بعض البرك، مناطق ضحلة
0.055	متعرج، بعض البرك، مقاطع حجارة
0.07	بطئ، برك عميقة جدا، بعض الأعشاب

مثال 9-2

أوجد مقدار الدفق وسرعته داخل أنبوب قطره 1.6 متراً، موضوع على ميل 0.015. علماً بأن ثابت ماننج يساوى 0.015.

الحل

1. المعطيات: D= 1.6 م، s = 0.015، n = 0.015

2. استخدم بياني المعادلة المبني على صيغة ماننج، وارسم خطاً مستقيماً يوصل ثابت ماننج 0.015 مع الميل ثم مد الخط ليقطع خط المرتكز Pivot line

3. أوجد نصف القطر الهيدروليكي للأنبوب الممتلئ

$$r_H = D/4 = 1.6 / 4 = 0.4 \ m$$

4. أوصل النقطة على خط المرتكز ونصف القطر الهيدروليكي ليقطع خط السرعة على السرعة = 4.43 م/ث وعليه:

الدفق = $4.43 \times \pi (1.6)^2 \div 4 = 8.91$ م³/ث.

5. أو يمكن إيجاد سرعة الدفق من معادلة ماننغ:

$$v = \frac{1}{n} r_H^{\frac{2}{3}} S^{\frac{1}{2}} = \frac{1}{0.015} 0.4^{\frac{2}{3}} 0.015^{\frac{1}{2}} = 4.43 \ m/s$$

9-3 المقطع الهيدروليكي الأفضل للقناة

عادة يتم حساب أفضل مقطع هيدروليكي للقناة لتخفيف تكاليف الحفر، وربما لتبطين القناة. ويعرف المقطع الهيدروليكي الأفضل للقناة على أنه "ذلك المقطع لأمثل مساحة لمعدل دفق معلوم". ويتضح من معادلةماننج أن أقل محيط مبتل يحدث من أقل مساحة مقطع، وعليه فكل من الحفريات والتبطين تصل إلى أقل قيمها لنفس قياسات القناة. ومن ثم ومن معادلة ماننج

$$Q = (1/n)*A*r_H^{2/3}*s^{1/2}$$

$$r_H = A/w_p$$

ولقيم معلومة من Q و n و s_o

$$A^{5/3} = n*Q/s_o^{1/2}*w_p^{2/3} \qquad 9-18$$

$$A = c*w_p^{2/5} \qquad 9.19$$

أي أن أقل w_p يحدث لأقل مساحة A . وبالأخذ في الحسبان شكل9-2.

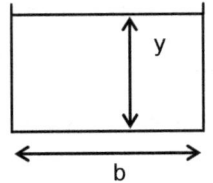

شكل (9-2) مقطع قناة مكشوفة

$$w_p = b + 2y \qquad 9.20$$

$$A = b*y \qquad 9.21$$

ومن المعادلتين 9-20 و9-21 ينتج

$$w_p = (A/y) + 2y$$

أو

$$A = (w_p - 2y)*y \qquad 9.22$$

وبتعويض المعادلة 9-22 في المعادلة 9-19 تنتج المعادلة 9-23

$(w_p - 2y)*y = c*w_p^{2/5}$ 9.23

وبتفاضل المعادلة 9-23 بالنسبة إلى y تنتج المعادلة 9-24

$(dw_p/dy - 2)*y + (w_p - 2y)*1 = (2/5)*w_p^{-3/5}*(dw_p/dy)$ 9-24

وبما أن

$dw_p/dy = 0$ and $w_p = b + 2y$

فعليه

$b/y = 2$ 9.25

حيث:

b/y = aspect ratio.

وعليه فإن أفضل مقطع هيدروليكي للمستطيل يكون فيه العرض ضعف العمق.

9-4 الطاقة النوعية Specific Energy

الطاقة الكلية لوحدة الوزن للمائع عند أي مقطع لسائل يسري في قناة صغيرة الميل يقال له السمت الكلي Total Head وهو حاصل جمع سمت السرعة والضغط والارتفاع. وإذا أخذ سمت الارتفاع منسوباً لقاع القناة فيقال للسمت الكلي أو الطاقة الكلية الطاقة النوعية.

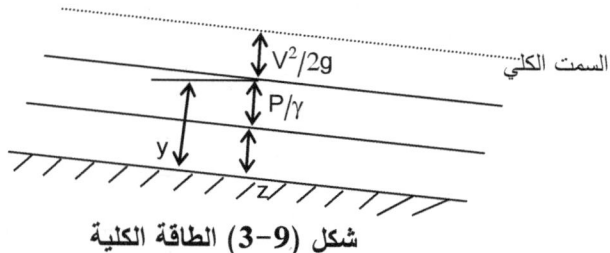

شكل (9-3) الطاقة الكلية

$$Es = \frac{V^2}{2g} + y \qquad\qquad (9-26)$$

حيث:

Es = الطاقة النوعية

y = عمق القناة

ويقال للدفق الكلي Q مقسوماً على عرض القناة المستطيلة b دفق الوحدة q. ومن معادلة الاستمرارية:

$$V = \frac{Q}{A} = \frac{Q}{by} = \frac{q}{y}$$

ويمكن كتابة معادلة الطاقة النوعية أعلاه على النحو المبين في المعادلة 9-27.

$$E_s = \frac{q^2}{2gy^2} + y \qquad\qquad (9-27)$$

ولدفق معين (q) تكون الطاقة النوعية دالة في العمق y:

E = f(y)

ويقال لرسم هذه العلاقة مخطط الطاقة النوعية؛ ويحتوي على مجموعة منحنيات كل واحد منها يمثل دفق وحدة معينة (انظر الشكل 9 - 4).

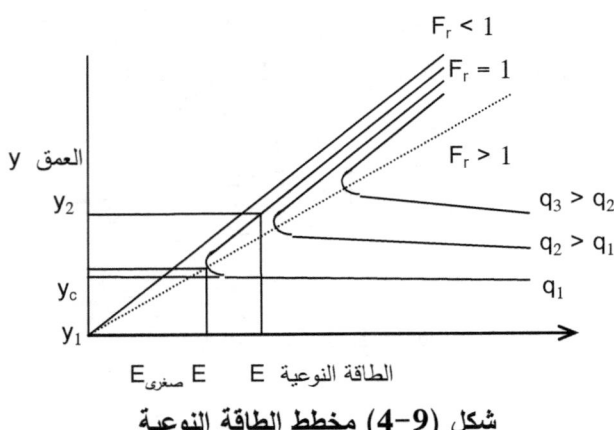

شكل (9-4) مخطط الطاقة النوعية

من شكل 9-4 فإن كل منحنى من المنحنيات له قيمتين للعمق y_1 و y_2 لنفس قيمة الطاقة النوعية يسميان العمق المتبادل alternate depth. وتقل قيمةالطاقة حتى تصل إلى أصغر قيمة لها $E_{صغرى}$؛ فتكون هناك قيمة واحدة للعمق يسمى العمق الحرج y_c. وهذه القيمة يمكن حسابها بتفاضل معادلة الطاقة النوعية بالنسبة للعمق y (9 - 27) وإيجاد القيمة الصغرى وهذه القيمة الصغرى تكون عند $\frac{dE}{dy} = 0$

$$\frac{dE}{dy} = \frac{-2q^2}{2gy^3} + 1 = 0 \qquad 9 - 28$$

ومنها بعد وضع $y = y_c$

$$y_c = \left(\frac{q^2}{g}\right)^{\frac{1}{3}} \qquad 9 - 29$$

حيث:

y = قيمة العمق عند القيمة الصغرى للطاقة النوعية ويسمى العمق الحرج y_c.

أما سمت السرعة عند هذه القيمة فهو $V = \sqrt{gy}$

وبتعويض هذه القيمة في معادلة رقم فرود سيكون مساوياً الوحدة؛ ويكون السريان عندها حرجاً. وللقنوات ذات المقاطع الأخرى (غير المستطيلة) فإن معادلة الطاقة النوعية تكون

$$E = \frac{Q^2}{2gA^2} + y \qquad 9 - 30$$

$$\frac{dE}{dy} = \frac{-2Q^2}{2gA^3}\frac{dA}{dy} + 1 = 0 \qquad 9 - 31$$

حيث $\frac{dA}{dy} = b_s$

b_s هي العرض عند السطح

وبتعويض ذلك في المعادلة (9 -31) يكون الدفق الحرج

$$\frac{Q^2 b_s}{gA^3} = 1$$

9 – 32

عندما يكون العمق y أكبر من العمق الحرج y_c يكون رقم فرود أقل من الوحدة؛ ويسمى دفق تحت الحرج أو بطئ subcritical. وعندما يكون العمق y أقل من العمق الحرج يكون رقم فرود أكبر من الوحدة؛ ويسمى الدفق فوق الحرج super critical أو الدفق السريع.

الدفق المتدرج التغير Gradually varied flow

في الدفق المتدرج التغير يتغير العمق؛ وهذا التغير يكون على مسافة كبيرة على طول القناة. أياً كان التغير بزيادة أو نقصان في اتجاه الدفق يعتبر مهماً ويمكن تحديده كيفاً إذا كانت إشارة $\frac{dy}{dx}$ معروفة حيث y هو العمق و x هي المسافة في اتجاه الدفق؛ وتكون موجبة في اتجاه الدفق إذا كان $\frac{dy}{dx}$ موجب في اتجاه الدفق وإن كان سالباً يقل العمق، وفي حالة ($\frac{dy}{dx} = 0$) يكون العمق ثابتاً. وبجانب معرفة التغير في العمق يمكن حساب منحنى سطح الماء التراكمي.

التغير في العمق Depth Variation

يمكن التعبير عن معدل التغير في العمق لقناة عريضة بالعلاقة الموضحة في المعادلة 9-33.

$$\frac{dy}{dx} = \frac{S_b\left(1 - \left(\frac{y_n}{y}\right)^{103}\right)}{1 - \left(\frac{y_c}{y}\right)^3}$$

9 – 33

حيث:

S_b = ميل قاع القناة ويكون موجباً عندما تنحدر القناة في اتجاه الدفق ومن هنا تحدد إشارة $\frac{dy}{dx}$ حسب قيمة العمق الحقيقي y بالمقارنة مع العمق الاعتيادي y_n والعمق الحرج y_c.

يمكن اشتقاق العلاقة أعلاه بدمج معادلةماننج مع معادلة الطاقة الكلية. في شكل 9-5 سمت الطاقة الكلي = H

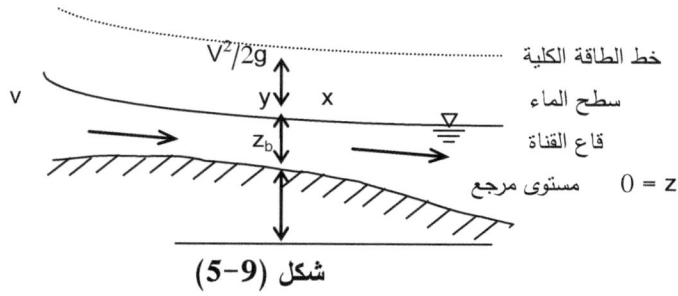

شكل (9-5)

$$H = \frac{V^2}{2g} + y + z_b \qquad 9-34$$

ولقناة مستطيلة

$$H = \frac{q^2}{2gy^2} + y + z_b \qquad 9-35$$

بإجراء التفاضل بالنسبة لـ x

$$\frac{dH}{dx} = -\frac{2q^2}{2gy^3}\frac{dy}{dx} + \frac{dy}{dx} + \frac{dz_b}{dx} \qquad 9-36$$

في هذه العلاقة $\frac{dH}{dx}$ هو ميل خط الطاقة الكلية S_e – و $\frac{dz_b}{dx}$ هو ميل قاع القناة S_b –

من معادلة ماننج:

$$S_e = \frac{q^2 n^2}{1.49^2 y^{103}}$$

للقناة المستطيلة $R_h = \frac{by}{2y + b}$ وعندما تكون القناة عريضة b كبيرة جداً بالمقارنة مع y يكون $R_h = y$

$$\frac{dy}{dx}\left(1 - \frac{q^2}{gy^3}\right) = S_b - S_e$$

$$\frac{dy}{dx} = \frac{S_b\left(1 - \frac{q^2 n^2}{1.49^2 y^{103}} \frac{1}{S_b}\right)}{\left(1 - \frac{q^2}{gy^3}\right)} \qquad (9 - 37)$$

$$\frac{q^2 n^2}{1.49^2 y^{103} S_b} = \frac{q^2 n^2}{1.49^2 y^{103}}\left[\frac{q^2}{\left(y_n^2 \frac{1.49^2}{n^2} y_n^{43}\right)}\right]^{-1} = \left(\frac{y_n}{y}\right)^{103} \qquad (9 - 38)$$

$$\frac{q^2}{gy^3} = \left(\frac{y_c}{y}\right)^3$$

ومن هنا

$$\frac{dy}{dx} = S_b \frac{1 - \left(\frac{y_n}{y}\right)^{103}}{1 - \left(\frac{y_c}{y}\right)^3} \qquad (9 - 39)$$

من هذه العلاقة يمكن تحديد نوع منحنى سطح الماء والذي يحدد كالآتي:

منحنى معتدل (Mild) $y_n > y_c$

منحنى حاد (Steep) $y_n < y_c$

منحنى حرج (Critical) $y_n = y_c$

منحنى أفقي (Horizontal) $y_n = \infty$

منحنى معكوس (Adverse) $y_n < 0$

أنظر الجدول 9-4 الذي يوضح التغير في العمق وأنواع منحنيات أسطح المياه.

جدول (9-4) أنواع منحنيات أسطح المياه

الميل	$\frac{y_n}{y}$	إشارة البسط	$\frac{y_c}{y}$	إشارة المقام	إشارة $\frac{dy}{dx}$	حالة العمق	نوع منحنى السطح
معتدل M $y_n > y_c$	< 1	+	< 1	+	+	يزيد	M - 1
	> 1	−	< 1	+	−	ينقص	M - 2
	> 1	−	> 1	−	+	يزيد	M - 3
حاد S $y_n < y_c$	< 1	+	< 1	+	+	يزيد	S - 1
	< 1	−	> 1	−	−	ينقص	S - 2
	> 1	−	> 1	−	+	يزيد	S - 3
حرج C $y_n = y_c$	< 1	+	< 1	+	+	يزيد	C - 1
	> 1	−	> 1	−	+	يزيد	C - 3
أفقي H $y_n = \infty$	−	−	< 1	+	−	ينقص	H - 2
	−	−	> 1	−	+	يزيد	H - 3
معكوس A $y_n < 0$	< 1	$S_b < 0$	< 1	+	−	ينقص	A - 2
	< 1		> 1	−	+	يزيد	A - 3

يوضح شكل 9-6 أنواع منحنيات الأسطح المائية:

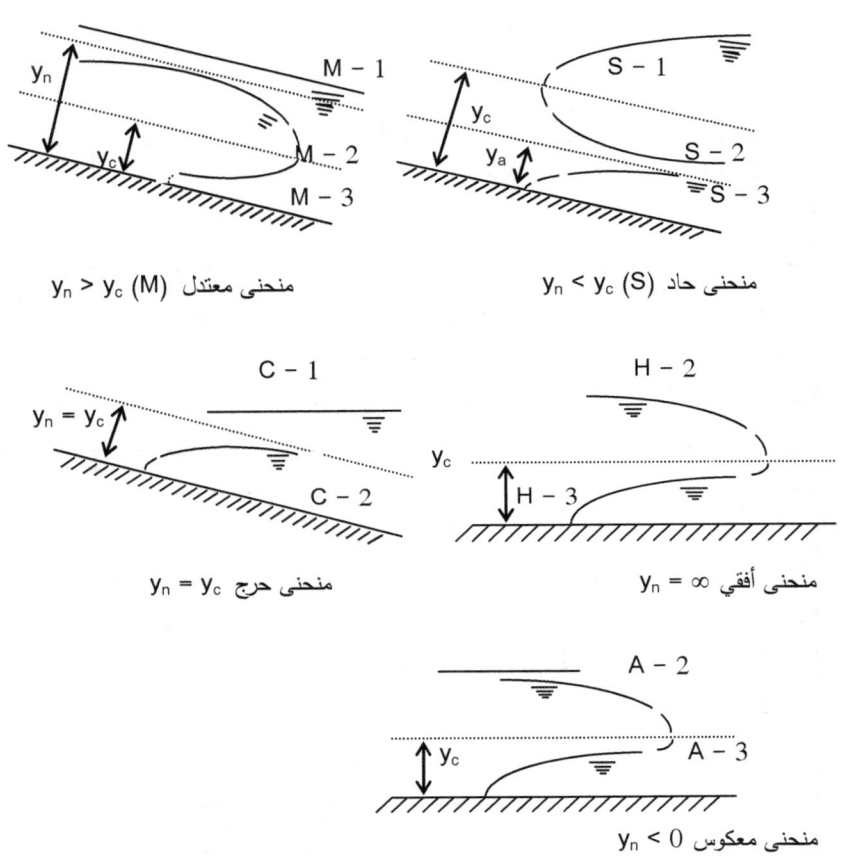

شكل (9-6) أنواع منحنيات الأسطح المائية

حسابات منحنيات أسطح المياه

يمكن تقدير المسافة بين أي نقطتين بافتراض أن ميل خط الطاقة الكلية لهذه المسافة:

(1) هو نفس ذلك في حالة الدفق المنتظم؛ وتكون السرعة مساوية لمتوسط السرعة عند النقطتين

$$\overline{S}_e = \frac{\overline{V}^2 n^2}{1.49^2 \overline{R}^{34}}$$

$$(9 - 40)$$

أو

(2) مساوياً لمتوسط الميل لخط الطاقة الكلية المقابل للسريان المنتظم عند كل نقطة

$$\bar{S}_c = \frac{S_{e1} + S_{e2}}{2} \qquad (9-41)$$

حيث:

S_{e1} = ميل خط الطاقة عند النقطة 1

S_{e2} = ميل خط الطاقة عند النقطة 2

من شكل 9-7

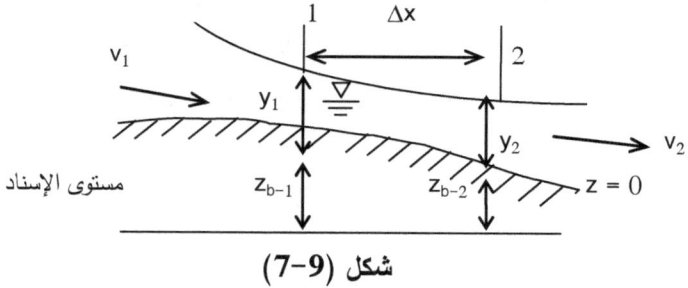

شكل (9-7)

يمكن كتابة معادلة الطاقة بين النقطتين 1 و 2

$$\frac{V_1^2}{2g} + y_1 + z_{b1} = \frac{V_2^2}{2g} + y_2 + z_{b2} + h_L$$

ومنها

$$\left(\frac{V_2^2}{2g} + y_2\right) - \left(\frac{V_1^2}{2g} + y_1\right) = (z_{b1} - z_{b2}) - h_L \qquad (9-42)$$

أي أن

$$E_2 - E_1 = S_b \Delta x - \bar{S}_e \Delta x \qquad (9-43)$$

ومنها

$$\Delta x = \frac{E_2 - E_1}{S_b - \overline{S}_e} \qquad (9 - 44)$$

الحسابات تتم ضد التيار أو مع التيار من المقطع الذي عنده العمق معلوم.

في المنحنيات 1 – M ، و 2 – M ، و 2 – H ، و 2 – A تتم الحسابات عادة ضد التيار؛ أما المنحنيات 3 – M ، و 1 – S ، و 2 – S ، و 3 – S ، و 1 – C ، و C – 3 ، و 3 – H ، و3 – A فتتم مع التيار.

مثال 9-3

يتدفق الماء في قناة مستطيلة عرضها 50 قدم بمعدل قدره 4000 قدم^3/ث. ميلان قاع القناة قدره 0.001 ومعامل الخشونة (n = 0.025). زاد العمق بمقدار 20 قدم مباشرة ضد التيار بفعل سد. كم تكون المسافة ضد التيار حتى النقطة التي يكون فيها العمق 12 قدم.

الحل

1) المعطيات: Sb = 0.001 ، b = 50 ft ، y = 20 ft ، Q = 4000 ft^3/s ، n = 0.025

2) استخدم معادلةماننج لإيجاد العمق المنتظم

$$V = \frac{1.49}{n}\left(\frac{A}{P}\right)^{23} S_c^{\frac{1}{2}}$$

$$V = \frac{Q}{A}$$

$$Q = \frac{1.49}{n} Rh^{23} S^{12} A$$

$$4000 = \frac{1.49}{0.025}\left(\frac{50 y_n}{50 + 2 y_n}\right)(0.001)^{12} 50 xy_n$$

بمحاولة التجربة والخطأ من هذه العلاقة $y_n = 10.95$ قدم

ويحسب العمق الحرج من العلاقة

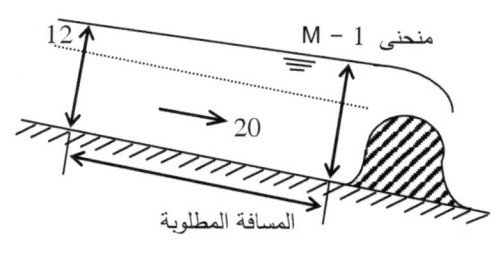

$$y_c = \left(\frac{q^2}{g}\right)^{13}$$

$$q = \frac{Q}{b} = \frac{4000}{50} = 80$$

$$y_c = \left(\frac{30^2}{2´3.17}\right)^{13} = 5.84 \ ft$$

M - 1 منحنى
المسافة المطلوبة

$\therefore$

$y = 20 > y_n = 10.95 > y_c = 5.84$

فيكون منحنى الماء هو من نوع M - 1

وتستخدم المعادلة 9-44 لحساب Δx ليكون العمق متناقص من 20 إلى 12 قدم؛ و تعتمد دقة الإجابة على عدد الفترات التي تأخذ أي مقدار للتناقص في قيمة y لتنخفض من 20 إلى 12، وكلما كان التناقص صغيراً كلما كانت الإجابة دقيقة. فمثلاً تحل بتناقص قدره 2.5 وآخر قدره 8 في قيمة y أي تحل لثلاث فترات ولفترة واحدة ويترك الطالب ليحل بستة عشر (16) فترة أي بتناقص قدره 0.5 قدم.

الحل لثلاث فترات مرتب في الجدول التالي

Δx	$\overline{S}_e$	S_e	$R = \frac{A}{P}$	P = b + 2y	$E_s = \frac{V^2}{2g} + y$	$V = \frac{Q}{A}$	A = by	Y
3115	0.0002217	0.0001820	11.111	90.0	20.248	4.0	1000	20
3570	0.000333	0.0002615	10.29	85.0	17.825	4.57	875	17.5
6640	0.000585	0.000405	9.375	80.0	15.443	5.34	750	15
		0.000	8.11	74.0	12.690	6.667	600	12

		765						
13325	مجموع Δx							

مجموع Δx هو المسافة المطلوبة بين العمقين 20 قدم و 12 قدم

الحل بفترة واحد في الجدول التالي:

14330	0.0004735	0.0001820	11.111	90.0	20.248	4.0	1000	20
		0.000765	8.11	74.0	12.690	6.667	600	12

يلاحظ أن المسافة في حالة الثلاث فترات هي 13325؛ أما في حالة الفترة الواحدة فهي 14330. واذا تم الحل بالستة عشر فترة فإن المسافة تكون 13101 قدم.

5-9 القفزة المائية (الهيدروليكية)

ظاهرة القفزة الهيدروليكية انتقال من الدفق السريع rapid للدفق البطيء. وتظهر القفزة الهيدروليكية عند حدوث تغير من دفق سريع supercritical إلى دفق بطئ subcritical عبر مسافة قصيرة في القناة دون أي تغير في العمق، وعامة تحدث القفزة الهيدروليكية من الارتفاع الضحل إلى العميق، أي باستمرار القفزة إلى الأعلى step up ولا تكون إلى الأسفل مطلقاً.

إن القفزة الهيدروليكية مثال لدفق مستقر steady وغير منتظم nonuniform. وبالفعل تستطيل نافورة السائل المتدفق بشدة وتقوم بتحويل الطاقة الحركية إلى طاقة وضع وفواقد أو لا انعكاسات irreverisibilities (أنظر شكل 9-8).

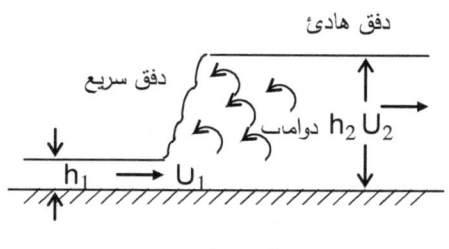

شكل (9-8) القفزة المائية

وينمو دحروج على السطح المائل لنافورة السائل المستطيلة لتجذب هواء في السائل. أما سطح القفزة فحشن ومضطرب لا سيما والفواقد تزيد كلما زاد الارتفاع.

إن القفزة الهيدروليكية جهاز فعال جداً لإنشاء لا انعكاسيات وهذه عادة تستخدم في أطراف المجاري المائية والمساقط chutes، أو في أدنى منشآت الدفق الفوقي overflow مثل قناة تصريف الفائض spillways، أو أدني منشآت دفق بوابة التحكم sluice gate للتخلص من طاقة الحركة في الدفق لتقليل مشاكل نحر أرضية القناة أو المجرى. كما وأنها فعالة في الدحروج مثلاً عند مزج الماء أو الفضلات السائلة في محطات المعالجة حيث يتم إضافة مواد كيميائية للدفق.

بالنظر إلى حجم التحكم control volume لقفزة حادثة في قناة مستطيلة أفقية عبر المقطعين 1 و 2 حيث خطوط الانسياب مستقيمة ومتوازية (أنظر شكل 9-9) وبتجاهل قوى الاحتكاك بسبب الطول القصير للقناة قيد الذكر وبسبب كبر الفواقد الفجائية shock losses بالمقارنة؛ فيمكن كتابة معادلة كمية الحركة كما مبين في المعادلة 9-45.

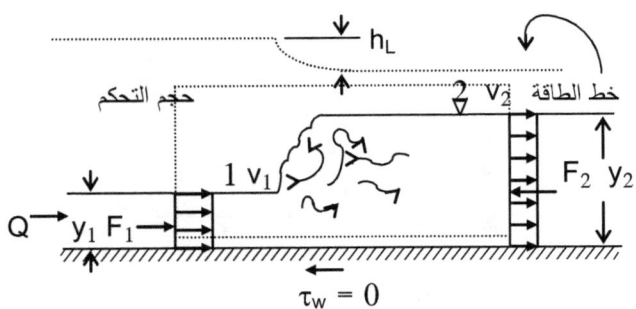

شكل (9-9) دراسة القفزة الهيدروليكية

$$\Sigma F_x = F_1 - F_2 = \rho * Q * (v_2 - v_1) \qquad\qquad 9\text{-}45$$

ويأخذ قناة لها وحدة عرض تنتج المعادلة 9-46.

$$Q_1 = A_1 * v_1 = y_1 * v_1 \; (since\; A_1 = y_1) \qquad\qquad 9\text{-}46$$

أما قوى الضغط الهيدروليكي فعلى حسب المعادلة 9-47.

$$F_1 = (\gamma * y_1/2) * A_1 = \gamma * y_1^2/2 \; and\; F_2 = \gamma * y_2^2/2 \qquad 9\text{-}47$$

وعليه تصبح المعادلة 9-47 كما مبين في المعادلة 9-48.

$$(\gamma * y_1^2/2) - (\gamma * y_2^2/2) = \gamma * Q * (v_2 - v_1)/g = \gamma * y_1 * v_1 * (v_2 - v_1)$$

$$or,\; (y_1^2/2) - (y_2^2/2) = y_1 * v_1 * (v_2 - v_1)/g \qquad\qquad 9\text{-}48$$

وتعطي معادلة بقاء الكتلة (معادلة الاستمرارية) المعادلة 9-49.

$$Q = A_1 * v_1 = A_2 * v_2 \qquad\qquad 9\text{-}49$$

ومنها

$$v_2 = y_1 * v_1 / y_2 \qquad\qquad 9\text{-}50$$

وبالتعويض في معادلة 9-47 تنتج المعادلة 9-51.

$$(y_1^2/2) - (y_2^2/2) = y_1*v_1*[(y_1*v_1/y_2) - v_1]/g \qquad 9-51$$

$$or, (y_1 - y_2)(y_1 + y_2) = 2y_1*v_1^2(y_1 - y_2)/y_2*g \qquad 9-52$$

وبالقسمة على y_1

$$(y_1 + y_2) = 2y_1^2*v_1^2/y_2*y_1*g \qquad 9-53$$

وبأخذ قيم فرود Fr للدفق أعلى التيار

$$Fr_1 = v_1/(g*y_1)^{1/2} \qquad 9-54$$

$$(y_2/y_1)^2 - (y_2/y_1) - 2Fr_1^2 = 0 \qquad 9-55$$

والمعادلة 9-55 في شكل: $ax^2 + bx + c = 0$
ومن ثم فحلها يمكن إيجاده من المعادلة 9-56

$$(y_2/y_1) = (1/2)*[-1 \pm (1 + 8Fr_1^2)^{1/2}] \qquad 9-56$$

ونسبة لعدم قبول الحل السالب عليه تصبح

$$(y_2/y_1) = (1/2)*[-1 + (1 + 8Fr_1^2)^{1/2}] \qquad 9-57$$

ولحدوث قفزة ينبغي أن تكون نسبة $\frac{y_2}{y_1}$ أقل من الوحدة.

$$y_2/y_1 > 1$$

والتي تتحقق عند رقم فرود Fr_1 أكبر من 1

$$Fr_1 > 1$$

أي تتحقق عندما يكون الدفق أعلى القناة سريع supercritical

ويمكن أيضاً وضع معادلة كمية الحركة في شكل المعادلة 9-58

$$(y_1/y_2)^2 - (y_1/y_2) - 2Fr_2^2 = 0 \qquad 9-58$$

والتي يمكن توضيح حلها في المعادلة 9-59

$$(y_1/y_2) = (1/2)*[-1 + (1 + 8Fr_2^2)^{1/2}] \qquad 9-59$$

وبما أن $\frac{y_1}{y_2}$ أقل من 1 يصبح رقم فرود Fr_2 أقل من 1، أي أن الدفق أدنى القناة ينبغي أن يكون بطئ sub-critical

ويمكن كتابة معادلة الطاقة مع فقد السمت على النحو المبين في المعادلة 9-60

$$y_1 + v_1^2/2g = y_2 + v_2^2/2g + h_l \qquad 9-60$$

وباستخدام معادلة 9-60 وعلاقة Fr_1 يمكن إظهار المعادلة 9-61

$$h_l = (y_2 - y_1)^3/4y_1*y_2 \qquad 9-61$$

وتبين معادلة 9-61 أن y_2 ينبغي أن تكون أكبر من y_1 وإلا فإن فقد السمت يصبح سالباً، وهذا مستحيل.

9-5 تمارين عامة

9-5-1 تمارين نظرية

1) عرف أنواع الدفق التالية: دفق مضطرب، ودفق صفحي، ودفق مثالي، ودفق غير منضغط.
2) ما الفرق بين الدفق المغلق والدفق المكشوف؟
3) أين تستعمل المعادلات التالية: माننج، وكتر، ودي جيزي؟

4) ميز بين الدفق البطيء والدفق السريع.
5) عرف الطاقة النوعية.
6) كيف يمكن تقدير مقطع القناة الهيدروليكي الأمثل لمقطع شبه منحرف؟ وأي مقطع أفضل لقني الري الزراعي؟ ولماذا؟
7) ما فوائد ومخاطر القفزة الهيدروليكية؟
8) اشتق علاقة تربط العمق الحرج مع السرعة الحرجة لقناة ذات مقطع على شكل مثلث.
(الإجابة: $V_c = \frac{\sqrt{gy_c}}{2}$).

2-5-9 تمارين عملية

1) ينساب مائع كثافته النسبية 0.8 ولزوجته 1.6×10^{-5} متر مربع على الثانية خلال أنبوب قطره 8 سم بمعدل 0.4 لتر على الثانية. عين نوع الدفق (الإجابة: مضطرب)
2) مقطع مجرى مكشوف على شكل شبه منحرف عرضه السفلي 3 أمتار وميل جوانبه 1 للراسي و 1.5 للأفقي. بافتراض أن معامل الخشونة 0.025 وميل أرضية المجرى 1 في 1500 والعمق المتوسط للماء 0.9 متر، أوجد حجم معدل الدفق باستخدام معادلة دي جيزي (أوجد قيمة المعامل C من صيغة كتر)، وباستخدام معادلةماننج (الإجابة: 2.9 م^3/ث)
3) أوجد أفضل الأبعاد لمجرى مستطيل المقطع لحمل دفق منتظم مقداره 8 متر مكعب في الثانية؛ إذا كان المجرى مبطن بخرسانة غونيت[7] gunite concrete وموضوع بميل يساوي 0.0001 (الإجابة: 1.65م، 3.3م)
4) مجرى شبه منحرف عرض أسفله B وعمق الدفق في وسطه h وميل جدرانه الجانبية 1 في m. استخدم هذا المجرى لنقل ماء. أثبت أن عرض المجرى يعطي بالمعادلة التالية لأقصى دفق عبر مساحة الدفق:

$$B = 2h\left(\sqrt{m^2+1} - m\right)$$

[7] مِلاط رملي اسمنتي يُلَيَّط بضاغط هوائي (أنظر معجم الخطيب)

5) ينساب ماء خلال أنبوب دائري قطره D لعمق y كما موضح على الشكل التالي:

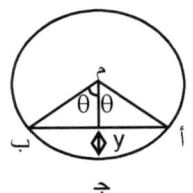

والأنبوب موضوع على ميل ثابت s ومعامل خشونة ماننج n. أوجد العمق الذي يحدث فيه أقصى معدل دفق. وأثبت أنه بالنسبة لمعدلات دفق معينة هناك احتمال لعمقين لنفس معدل الدفق. اشرح هذا السلوك . (الإجابة: 0.95D)

6) ينساب ماء في قناة مكشوفة على عمق 1.5 متراً بسرعة 2 م/ث. ثم ينساب عبر قناة تصريف chute في قناة أخرى حيث العمق 1 م والسرعة 6 م/ث. بافتراض أن الدفق غير احتكاكي أوجد الفرق في الارتفاع بين مستوى القناة.

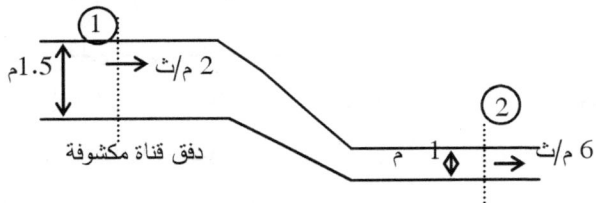

7) ينساب ماء خلال مجرى أفقي مكشوف لعمق 0.4 متر بمعدل دفق 2.8 متر مكعب في الثانية لكل متر عرضي. إذا كان هناك إمكانية حدوث قفزة هيدروليكية، أوجد العمق الصحيح أدنى المجرى من القفزة، وكمية الطاقة المبددة عنده. (الإجابة: 0.88 م، 41.2 كيلو وات)

8) تحدث قفز هيدروليكية أدنى الانسياب من بوابة تحكم عرضها 12 متر، العمق 1.2 متر والسرعة 15 متر على الثانية. أوجد

- رقم رينولدز المناظر للعمق المقترن،
- العمق والسرعة بعد القفزة
- الطاقة المبددة بالقفزة (الإجابة: 0.37، 8.8 م، 3.4 م/ث، 36.7 مجا وات)

9) قناة مستطيلة عرضها 6 أقدام؛ إذا كان العمق 3 أقدام والتدفق 160 قدم^3/ث، احسب المسافة حتى النقطة التي يكون فيها العمق 3.2 قدم؛ ميل القناة 0.002، وقيمة n = 0.012. (الإجابة: المسافة = 73 قدم).

10) ترعة مفتوحة مقطعها كما مبين بالشكل. تصرف الماء في الترعة Q يساوي 20 م^3/ثانية والسرعة المتوسطة في مقطع الجريان V تعادل 0.5 م/ثانية ومعامل ماننج 0.025. احسب ابعاد المقطع (b و y) والميل الطولي للقاع بحيث يكون جريان الماء في الترعة منتظماً ومقطع الجريان هو الافضل هيدروليكياً. احسب جهد القص المتوسط على طول المحيط المبتل. (الاجابة: 5.73 م، 4.42 م، 5.42 سم/كلم، 1.18 نيوتن/م^2)

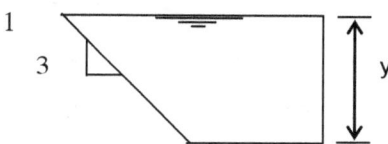

الفصل العاشر

الطبقة الجدارية Boundry Layer

1-10 فكرة الطبقة الجدارية Concept of Boundry Layer

فكرة الطبقة الجدارية تنسب إلى برانتل Prandtl الذي لاحظ في عام 1904 أن المائع قليل اللزوجة يمكن تقسيمه إلى سريان حر حيث يتصرف وكأنه عديم اللزوجة، وسريان قاص مقارب للسطح حيث لزوجة المائع مهمة. قدَّم فرود Froud في عام 1872 فكرة حزام الاحتكاك عند اجراء تجارب في سحب أو تعويم الخشب في الماء. إذ أن جزيئات الماء على سطح الخشب تلتصق به بحيث أن قوى الاحتكاك تخفض حركة المائع في طبقة رقيقة قريبة من ا سطح. في تلك الطبقة الرقيقة تزداد السرعة من صفر (عند الحائط أو السطح الساكن) إلى السرعة الكاملة للسريان الحر خارج هذه الطبقة الرقيقة حيث لا وجود لاجهاد القص كما موضح بالشكل (10-1).

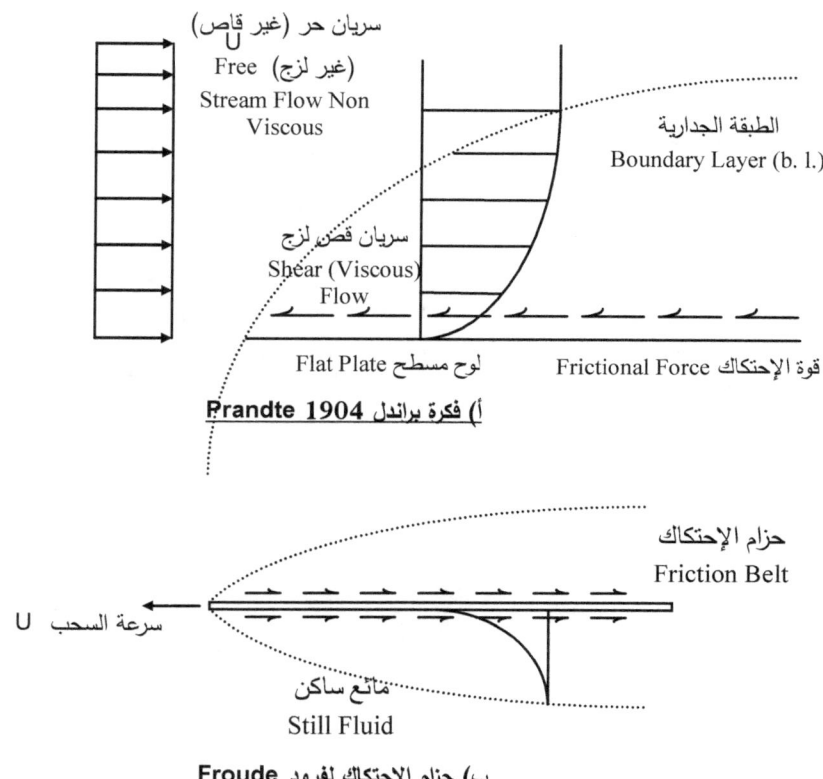

U
أ) فكرة براندل Prandte 1904
حزام الإحتكاك
ب) حزام الإحتكاك لفرود Froude

شكل (10-1): فكرة الطبقة الجدارية

10-2 الطبقة الجدارية على لوح مسطّح : Boundry Layer on a flate plate

الشكل (10-2) يوضح الطبقة الجدارية على لوح مسطح حيث قوى القصور الذاتي تتناسب طردياً مع قوى اللزوجة.

وحيث أن قوى القصور الذاتي = الكتلة × التسارع = F_i

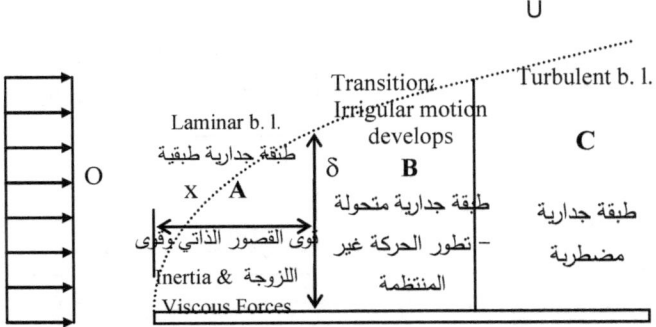

شكل (10-2) الطبقة الجدارية على لوح مسطح

أي:

$$F_i = Ma = \rho L^3 \frac{du}{dt} = \rho L^3 \frac{du}{dx} \cdot \frac{dx}{dt} \qquad (10-1)$$

$$\therefore F_i = \rho L^3 u \frac{du}{dx} \qquad (10-2)$$

وقوى اللزوجة (القص) تساوي:

$$F_\tau = \mu \frac{dv}{dy} L^2 \qquad (10-3)$$

وبينما تتناسب قوى القص واللزوجة عند الطبقة الجدارية:

$$F_i \propto F_\tau \qquad (10-4)$$

$$\rho L^3 u \frac{du}{dx} \propto \mu L^2 \frac{dv}{dy} \qquad (10.5)$$

$$\rho u \frac{du}{dx} \propto \frac{\mu}{L} \frac{dv}{dy} \qquad (10-6)$$

وحيث أن الطبقة الجدارية رقيقة جداً يمكن افتراض أن ممالي السرعة في الاتجاهين السيني والصادي يمكن تقريبهما إلى:

$$\frac{du}{dx} \approx \frac{u}{x} \text{ and } \frac{dv}{dy} \approx \frac{v}{d} \qquad (10-7)$$

بوضع $L = \delta$ and $u \approx v$ ، وبالتعويض في 10-6

$$\frac{\rho U^2}{x} \propto \frac{\mu U}{\delta^2} \qquad 10-8$$

$$\delta^2 \propto \frac{\mu x}{\rho U} \propto \frac{\nu x}{U} \qquad 10-9$$

$$\frac{\delta}{x} \propto \sqrt{\frac{\nu x}{U x^2}} \propto \sqrt{\frac{\nu}{U x}} \qquad 10-10$$

$$\frac{\delta}{x} \propto \frac{1}{\sqrt{\mathrm{Re}_x}} \qquad 10-11$$

أوضحت دراسات H. Blasius الرياضية Mathematical للطبقة الجدارية الطبقية (الصفائحية) (Laminar b.l.) أن ثابت التناسب (5= $\propto$) ومنها:

$$\delta = 5\sqrt{\frac{\nu x}{u}} \qquad 10-12$$

$$\frac{\delta}{x} = \frac{5}{\sqrt{\frac{u x}{\nu}}} \qquad 10-13$$

$$\frac{\delta}{x} = \frac{5}{\sqrt{\mathrm{Re}_x}} \qquad 10-14$$

حيث Re_x هو رقم رينولد (Reynold's Number Re) المنسوب للمسافة x الموضحة بالشكل 10-2.

من هذه العلاقة:

سمك الطبقة الجدارية (δ) b.l. thikness يتناسب مع $\sqrt{x}$. أي أن سمك الطبقة الجدارية للسريان الطبقي المنخفض Low Flow يزداد في اتجاه السريان متناسباً مع جذر المسافة من الطرف الابتدائي للحائط (أو السطح) $\sqrt{x}$.

لتقدير اجهاد القص عند الحائط τ_o Shearing Stress at Wall (الشكل 10-3)، نجد أنه من المعادلة 10-9 :

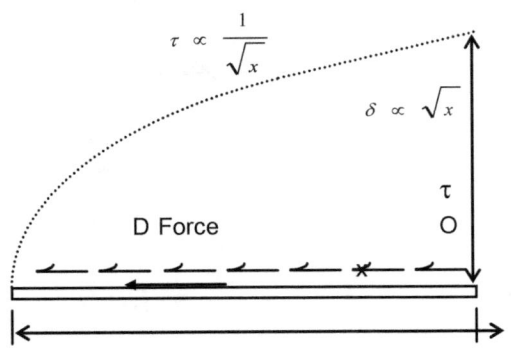

$$\tau \propto \frac{1}{\sqrt{x}}$$

$$\delta \propto \sqrt{x}$$

$$\tau$$

O

D Force

شكل (10-3) تقدير إجهاد القص عند الحائط

$$\tau_o = \mu \frac{dv}{dy} \propto \mu \frac{U}{\delta} \propto \mu \sqrt{\frac{U^3}{vx}} \qquad (10-15)$$

$$\therefore \tau_o \propto U^{32} \propto \frac{1}{\sqrt{x}} \qquad (10-16)$$

قوى الجذب الكلية Total Drag Force (D)

$$D = \int_0^x \tau \, b \, dx \qquad (10-17)$$

حيث:

b = عرض اللوح المسطح

$$D = b \int_0^x \frac{1}{\sqrt{x}} dx = \int_0^x x^{-\frac{1}{2}} dx = 2 \, bx^{1/2}$$

$$\therefore D \approx b \frac{x}{\sqrt{x}} \propto \sqrt{x} \qquad (10-18)$$

C_f معامل مقاومة الاحتكاك Coefficient of Frictional Drag يعرف كما يلي:

$$C_f = \frac{Drag \; force}{Hypothetic \quad al \; drag} = \underline{\text{قوة مقاومة الاحتكاك الحقيقة}}$$

قوة المقاومة النظرية

$$C_f = \frac{D}{\frac{1}{2}\rho U^2 A} \propto \frac{\sqrt{x}}{\frac{1}{2}\rho U^2 xb} \propto \frac{1}{\sqrt{x}} \qquad (10-19)$$

من المعادلتين 10-15 و 10-18

$$\frac{1}{\sqrt{x}} \propto \frac{\mu u \sqrt{\frac{U}{vx}}.x.b}{\frac{1}{2}\rho U^2 xb} \propto \sqrt{\frac{u}{Ux}} \propto \frac{1}{\sqrt{Re_x}} \qquad 10-20$$

أوضحت دراسات بلاسيوس H. Blasius الرياضية أن عامل التناسب لـ C_f ثابت 1.328 = (Constant)

$$\therefore C_f = \frac{1.328}{\sqrt{Re_x}} \qquad 10-21$$

المعادلة (10-21) توضح أن معامل مقاومة الإحتكاك (C_f) للسريان الطبقي البطئ (Laminar) يعتمد على ReN. العلاقة (10-21) صحيحة للقيم (ReN = $5x10^5$~$2x10^6$) القيمة العليا تطبق عندما يتحرك سطح في مائع ساكن. للأرقام أعلى من ذلك المدى تتغير الطبقة الجدارية إلى مضطربة.

10-3 تعريف سمك الطبقة الجدارية Definition of B. L. Thickness

سمك الطبقة الجدارية هي المسافة من الحائط (الجدار) التي لها سرعة تقل عن سرعة سريان المجرى غير المشوش بمقدار (1%) ويرمز لها بـ (□) كما بالشكل 10-4.

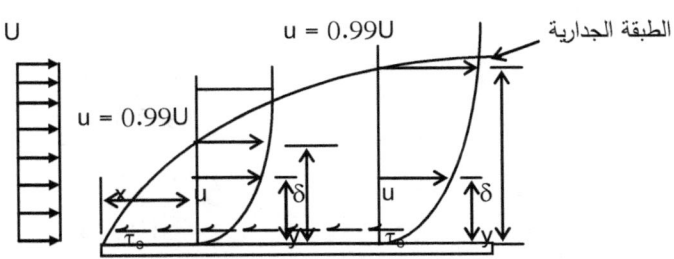

شكل (10-4) سمك الطبقة الجدارية

10-3-1 السمك الإزاحي : The Displacement Thickness δ^*

مؤشر أو مؤثر يستعمل مراراً (A parameter) يُعَرّف بالمسافة التي أزيح بها خط السريان الأصلي بسبب تكوين الطبقة الجدارية ويرمز إليه بالرمز δ^* كما بالشكل 10-5 ويعرف بالمعادلة 10-22.

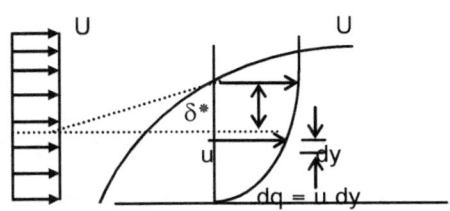

شكل (10-5) السمك الازاحي

$$u\delta^* = \int_0^d (U - u)\delta y \qquad 10-22$$

$$\therefore \frac{\delta^*}{\delta} = \int_0^1 \left(1 - \frac{u}{U}\right)\frac{\delta y}{\delta} \qquad 10-23$$

10-3-2 سمك كمية الحركة: The Momentum Thickness δ^{**}

تعرف بسمك المجرى الحر الذي يمتلك كمية حركة تساوي فاقد كمية الحركة في الطبقة الجدارية بالمعادلة 10-24.

$$\rho U^2 \delta^{**} = \rho \int_0^{\delta} u(U-u)\delta y \qquad 10\text{-}24$$

$$\delta^{**} = \int_0^{\delta} \frac{u}{U}\left(1-\frac{u}{U}\right)\delta y \qquad 10\text{-}25$$

$$\frac{\delta^{**}}{\delta} = \int_0^{1} \frac{u}{U}\left(1-\frac{u}{U}\right)\frac{\delta y}{\delta} \qquad 10\text{-}26$$

10-3-3 سمك تبديد الطاقة: Energy Dissipation Thickness δ^{***}

تعرف بسمك المجرى الحر الذي يمتلك طاقة تساوي الطاقة المفقودة في الطبقة الجدارية بالمعادلة 10-27.

$$U^3 \delta^{***} = \int_0^{\delta} u\left(U^2-u^2\right)\delta y \qquad 10\text{-}27$$

$$\delta^{***} = \int_0^{\delta} \frac{u}{U}\left(1-\left(\frac{u}{U}\right)^2\right)\delta y \qquad 10\text{-}28$$

$$\therefore \frac{\delta^{***}}{\delta} = \int_0^{1} \frac{u}{U}\left(1-\left(\frac{u}{U}\right)^2\right)\frac{\delta y}{\delta} \qquad 10\text{-}29$$

10-4 الإنفصال وتكوين الدوامات Separation and Vortex formation

انفصال الطبقة الجدارية يعزى لزيادة الضغط في اتجاه الحركة. في حالة السريان على سطح مستو فإن الضغط خارج الطبقة الجدارية ثابت لأن السرعة ثابتة. يكبس هذا الضغط على الطبقة الجدارية لتحتفظ بضغط ثابت بداخلها ومن غير المتوقع حدوث انفصال.

عند اعتبار سريان مائع حقيقي حول اسطواني كما بالشكل 10-6 فإن المائع يتسارع من الأمام D إلى E ويتباطأ في الخلف من E إلى F، ومقابل ذلك يتناقص الضغط من D إلى E ويتزايد من E إلى F. جزيئات المائع المتحركة بالقرب من حدود الأسطواني تتحمل فاقد طاقة حركية بسبب الضغط الخارجي بحيث أنها عندما تصل إلى E يبقى القليل من طاقتها الحركية والتي لاتمكنها من احتواء زيادة الضغط بين E و F، وبالتالي تفقد طاقتها الحركية ويتبع ذلك احتواؤها وارجاعها للإتجاه المعاكس مكونة دوامات كبيرة. ويساوي ميلان السرعة المتعامد على الحائط صفراً عند نقطة الإنفصال؛ وأحد خطوط السريان يتقاطع مع الحائط على زاوية محددة كما موضح بالشكل 10-6.

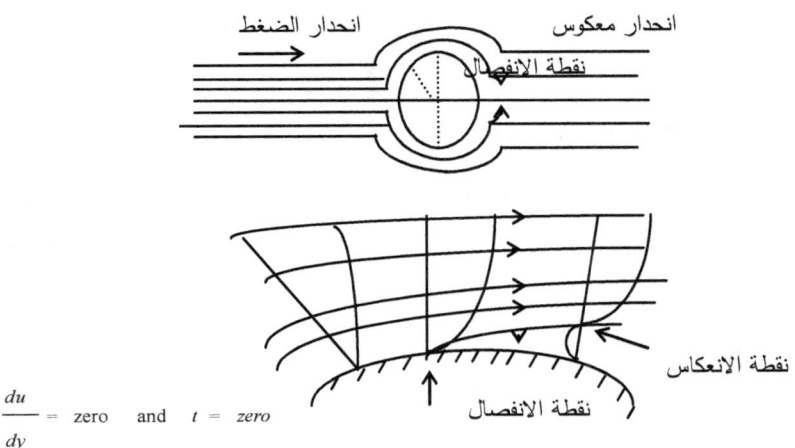

$$\frac{du}{dy} = \text{zero} \quad \text{and} \quad t = zero$$

شكل (10-6) سريان مائع حول اسطواني نقطة الانفصال

Properties of Laminar B. L. خواص الطبقة الجدارية الطبقية 10-5

بافتراض توزيع خطي لإجهاد القص كما في الشكل 10-7.

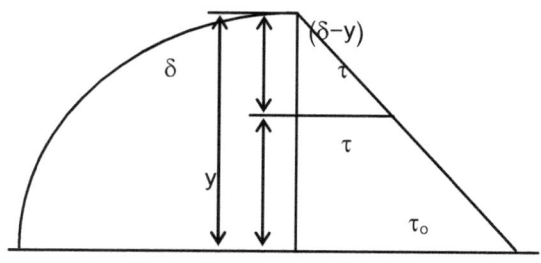

شكل (10-7) خواص الطبقة الجدارية

$$\tau = \mu \, \frac{du}{dy} \qquad\qquad\qquad 10-30$$

$$\therefore \frac{\tau_o}{\tau} = \frac{\delta}{\delta - y} \qquad\qquad\qquad 10-31$$

$$\therefore \tau = \tau_o \left(\frac{\delta - y}{\delta} \right) = \tau_o \left(1 - \frac{y}{\delta} \right) \qquad\qquad 10-32$$

$$\mu \, \frac{du}{dy} = \tau_o \left(1 - \frac{y}{\delta} \right) \qquad\qquad 10-33$$

$$du = \frac{\tau_o}{\mu} \left(1 - \frac{y}{\delta} \right) \qquad\qquad 10-34$$

$$\int_o^U du = \frac{\tau_o}{\mu} \int_o^d \left(1 - \frac{y}{\delta} \right) \delta y \qquad\qquad 10-35$$

$$\therefore \int_0^U du = \frac{\tau_o \delta}{\mu} \int_o^1 \left(1 - \frac{y}{\delta} \right) \frac{\delta y}{\delta} \qquad\qquad 10-36$$

$$U = \frac{\delta \tau_o}{\mu} \left[\frac{y}{\delta} - \frac{1}{2} \left(\frac{y}{\delta} \right)^2 \right]_0^1 = \frac{\delta t_o}{\mu} \left[\left(1 - \frac{1}{2} \right) - (o) \right]$$

$$\therefore U = \frac{\delta t_o}{2\mu} \qquad\qquad\qquad 10-37$$

مرة اخرى للتكامل لقيم u في10-36

$$\int_o^u du = \frac{\delta t_o}{\mu}\int\left(1-\frac{y}{\delta}\right)\frac{\delta y}{\delta}$$

$$u = \frac{\delta\tau_o}{\mu}\left(\frac{y}{\delta}-\frac{1}{2}\left(\frac{y}{\delta}\right)^2\right) \qquad 10\text{-}38$$

$$\therefore\ U-u = \frac{\delta t_o}{2\mu}-\frac{\delta t_o}{\mu}\left(\frac{y}{\delta}-\frac{1}{2}\left(\frac{y}{\delta}\right)^2\right) \qquad 10\text{-}39$$

$$U-u = \frac{\delta t_o}{2\mu}\left(1-2\frac{y}{\delta}+\left(\frac{y}{\delta}\right)^2\right) \qquad 10\text{-}40$$

$$\therefore\ U-u = \frac{\delta t_o}{2\mu}\left[1-\frac{y}{\delta}\right]^2 \qquad 10\text{-}41$$

هذا يعني أن توزيع السرعة في الطبقة الجدارية الطبقية على شكل مكافئ Parabolic.

يمكن تمثيل قوة المقاومة المؤثرة على السطح (D) لوحدة العرض (Force per unit width):

$$D = \int_0^x \tau_o\, dx \qquad 10\text{-}42$$

بما أنه لا يوجد اختلاف أو تغيير في الضغط فقوى المقاومة D تساوي معدل تغيير كمية الحركة

D = Rate of change of Momentum

الكتلة المارة في وحدة العرض $\int_0^\delta \rho\, u dy \times 1$

تغيير السرعة عند أي مقطع كما بالشكل 10-8 (U – u)، ويعزى إلى:

$$\tau_o \mathrm{dx} \times 1 = \tau_o dA$$

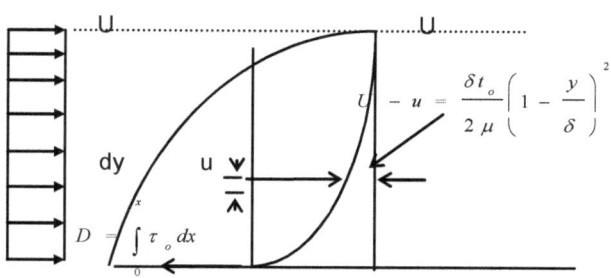

شكل (10-8) قوى المقاومة **D** المؤثرة على السطح

$$D = \int_0^x \tau_o \, dx = \rho \int_0^\delta u \, (U - u) \, \delta y \qquad 10\text{-}43$$

$$D = \rho U^2 \int_0^\delta \frac{u}{U} \left(1 - \frac{u}{U} \right) \delta y \qquad 10\text{-}44$$

بالرجوع للمعادلتين (10-37) و (10-41) وقسمة المعادلة (10-41) على U يتم الحصول على:

$$1 - \frac{u}{U} = \left(1 - \frac{y}{\delta} \right)^2 = 1 - 2\frac{y}{\delta} + \left(\frac{y}{\delta} \right)^2 \qquad 10\text{-}45$$

بالتنظيم:

$$\therefore \frac{u}{U} = 2\frac{y}{\delta} - \left(\frac{y}{\delta} \right)^2 \qquad 10\text{-}46$$

$$\therefore D = \rho U^2 \delta \int_0^1 \left(2\frac{y}{\delta} - \left(\frac{y}{\delta} \right)^2 \right) \left(1 - \left(\frac{y}{\delta} \right)^2 \right) \frac{\delta y}{\delta} \qquad 10\text{-}47$$

$$D = \rho U^2 \delta \int_0^1 \left[2\frac{y}{\delta} - 5\left(\frac{y}{\delta} \right)^2 + 4\left(\frac{y}{\delta} \right)^3 - \left(\frac{y}{\delta} \right)^4 \right] \frac{\delta y}{\delta} \qquad 10\text{-}48$$

$$D = \rho U^2 \delta \left[\frac{2}{2}\left(\frac{y}{\delta}\right)^2 - \frac{5}{3}\left(\frac{y}{\delta}\right)^3 + \frac{4}{4}\left(\frac{y}{\delta}\right)^4 - \frac{1}{5}\left(\frac{y}{\delta}\right)^5 \right]_0^1$$

$$\therefore D = \frac{2}{15} \rho U^2 \delta \qquad 10-49$$

من المعادلة 10-14 $\delta = \frac{5x}{\sqrt{Re_x}}$

$$C_f = \frac{D}{\frac{1}{2}\rho U^2 A} = \frac{4}{15}\frac{\rho U^2}{x^2}\frac{5x}{\sqrt{\frac{Ux}{u}}}\cdot\frac{1}{\rho U^2}$$

$$\therefore C_f = \frac{1.33}{\sqrt{Re_x}} \qquad 10-50$$

6-10 الطبقة الجدارية المضطربة Turbulent Boundary Layer

باستعمال القانون الأسي Power Law

$$\frac{u}{U} = \left(\frac{y}{\delta}\right)^m \qquad 10-51$$

حيث:

m = أس power متغير على المدى $\left(\frac{1}{4} - \frac{1}{7}\right)th$

و لقيم $m = \frac{1}{7}th$

$$U\delta^* = \int_0^\delta (U - u)\delta y \qquad 10-22$$

$$\frac{\delta^*}{\delta} = \int_0^1 \left(1 - \frac{u}{U}\right)\frac{\delta y}{\delta} \qquad 10-23$$

$$\therefore \delta^* = \delta \int_0^1 \left(1 - \left(\frac{y}{\delta}\right)^{\frac{1}{7}}\right)\frac{\delta y}{\delta} \qquad 10-52$$

$$= \left[\frac{y}{\delta} - \frac{7}{8} \left(\frac{y}{\delta} \right)^{\frac{8}{7}} \right]_0^1 = \delta \left[1 - \frac{7}{8} \right]$$

$$\therefore \delta^{**} = \frac{d}{8} \qquad\qquad 10\text{-}53$$

بأخذ $\overline{u}$ = السرعة المتوسطة

$$q = \overline{u} \, \delta$$

$$\therefore q = \overline{u} \, \delta = \int_0^\delta u \, \delta y = \int_0^1 U \, \delta \, \frac{u}{U} \, \frac{\delta y}{\delta}$$

$$q = U \, \delta \int_0^1 \left(\frac{y}{\delta} \right)^{\frac{1}{7}} \frac{\delta y}{\delta} = U \, \delta \left[\frac{7}{8} \left(\frac{y}{\delta} \right)^{\frac{8}{7}} \right]_0^1$$

$$\therefore q = U \, \delta \times \frac{7}{8} = \frac{7}{8} U \, \delta \qquad\qquad 10\text{-}54$$

$$\therefore \frac{\overline{u}}{U} = \frac{7}{8} = 0.875 \qquad\qquad 10\text{-}55$$

$$\rho U^2 \delta^{**} = \rho \int_0^\delta u \, (U - u) \delta y \qquad\qquad 10\text{-}24$$

$$\delta^{**} = \int_0^1 \frac{u}{U} \left(1 - \frac{u}{U} \right) \frac{\delta y}{\delta} \qquad\qquad 10\text{-}25$$

$$\frac{\delta^{**}}{\delta} = \int_0^1 \frac{u}{U} \left(1 - \frac{u}{U} \right) \frac{\delta y}{\delta} \qquad\qquad 10\text{-}26$$

$$\delta^{**} = \delta \left[\frac{7}{8} \left(\frac{y}{\delta} \right)^{\frac{8}{7}} - \frac{7}{9} \left(\frac{y}{\delta} \right)^{\frac{9}{7}} \right]_0^1 = \delta \left[\frac{7}{8} - \frac{7}{9} \right] = \frac{63 - 56}{72} \delta = \frac{7}{72} \delta$$

$$\therefore \delta^{**} = \frac{7}{72} \delta \qquad\qquad 10\text{-}56$$

قوى الجذب = معدل تغيير كميةالحركة = D

$$D = \rho \int_0^\delta u (U - u)\delta y \qquad\qquad 10\text{-}43$$

كذلك من 10-24 تساوي 10-43

$$\therefore D = \rho \int_0^\delta u (U - u)\delta y = \delta^{**} \rho U \qquad\qquad 10\text{-}57$$

حيث D = القوة لوحدة العرض؛ ولعرض b متعامد على القوة

$$D = \delta^{**} \rho U^2 b \qquad\qquad 10\text{-}58$$

من معادلة دارسي ويسباش Darcy Weisbach

$$\tau_0 = \frac{f\rho \overline{U}^2}{8} \qquad\qquad 10\text{-}59$$

وللسطح الأملس هايدرولوكيا في السريان المضطرب

$$f = \frac{0.316}{(\text{Re } N)^{0.25}} \qquad\qquad 10\text{-}60$$

بالتعويض عن $\overline{U}$ من المعادلة 10-55 وعن f من المعادلة 10-60 في المعادلة 10-59

$$\tau_0 = \frac{0.316}{(\text{Re } N)^{0.25}} \rho \overline{U}^2 \times \frac{1}{8} = 0.0225 \ \rho U^2 \left(\frac{U \delta}{v}\right)^{-\frac{1}{4}} \qquad\qquad 10\text{-}61$$

في المعادلة 10-61 أخذت قيمة ReN = $\frac{2 U \delta}{v}$ للأنابيب كما بالشكل 10-9

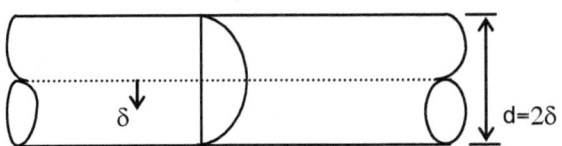

$$\text{Re } N = \frac{2 u \delta}{v}$$

شكل (10-9) قيمة رينولدز في الأنابيب

بالرجوع للمعادلة 10-42

$$D = \int \tau_o \, dx$$

$$\therefore \tau_0 = \frac{dD}{dx} \qquad\qquad 10\text{-}62$$

$$D = \rho U^2 \delta^{**} \qquad\qquad 10\text{-}57$$

$$\tau_0 = \frac{d \, \rho\rho^2 \delta^{**}}{dx} = \rho U^2 \frac{d \delta^{**}}{dx} \qquad\qquad 10\text{-}63$$

لكن

$$\delta^{**} = \frac{7}{72} \delta \qquad\qquad 10\text{-}56$$

$$\therefore \tau_0 = \rho U^2 \frac{d \delta^{**}}{dx} = \rho U^2 \frac{d \, \frac{7}{72} \delta}{dx} \qquad\qquad 10\text{-}64$$

$$\tau_0 = \frac{7}{72} \rho U^2 \frac{d \delta}{dx} = \frac{0.0225 \; \rho U^2}{\left(\dfrac{U \delta}{u} \right)^{\frac{1}{4}}} \qquad\qquad 10\text{-}65$$

$$\therefore \int_0^\delta \delta^{\frac{1}{4}} \, d\delta = \int_0^x 0.0225 \times \frac{72}{7} U^{-\frac{1}{4}} u^{\frac{1}{4}} \, dx \qquad\qquad 10\text{-}66$$

$$\frac{4}{5} \delta^{\frac{5}{4}} = 0.237 \left(\frac{U}{u} \right)^{\frac{1}{4}} x \qquad\qquad 10\text{-}67$$

$$\delta = \left(\frac{5}{4} \times 0.237 \right)^{\frac{4}{5}} . \left(\frac{U}{u} \right)^{\frac{1}{5}} x^{\frac{4}{5}} \qquad\qquad 10\text{-}68$$

$$\therefore \delta = 0.38 \left(\frac{Ux}{u} \right)^{-0.2} x \qquad\qquad 10\text{-}69$$

$$\therefore \frac{\delta}{x} = \frac{0.38}{(\text{Re } x)^{0.2}} \qquad\qquad 10\text{-}70$$

إذاً

$$\delta^{**} = \frac{7}{72}\delta = \frac{7}{72} \times \frac{0.38\ x}{(Re\ x)^{0.2}}$$

$$\therefore \delta^{**} = \frac{0.037}{(Re\ x)^{0.2}} x \qquad 10-71$$

قوى الجذب D:-

$$D = \rho U^2 \delta^{**} = \frac{0.037}{(Re\ x)^{0.2}} x \rho U^2 \qquad 10-72$$

$$\therefore D = \frac{0.037\ \rho U^2}{(Re\ x)^{0.2}} x \qquad 10-73$$

عليه فإن قوى الجذب (D) Drag Force تتناسب مع $U^{1.8}$ وتتناسب مع $X^{0.8}$ في السريان المضطرب حسب المعادلة 10-73 مقارنة مع $U^{1.5}$ و $X^{0.5}$ بالنسبة للسريان الطبقي (يتضح ذلك بتعويض المعادلة (10-14) لقيمة δ في المعادلة 10-49 لقيمة D حيث تصير

$$\left[D = \frac{2}{15} U^2 \times 5x \times U^{-\frac{1}{2}} x^{-\frac{1}{2}} \upsilon^{\frac{1}{2}} \right]$$

معامل الإحتكاك C_f

$$C_f = \frac{D \times b}{\frac{1}{2}\rho U^2 A} = \frac{Db}{\frac{1}{2}\rho U^2 xb} = \frac{2D}{\rho U^2 x} \qquad 10-74$$

$$\therefore C_f = \frac{2 \times 0.037\ \rho U^2}{(Re\ x)^{0.2}} \times \frac{1}{\rho U^2 x} \times x = \frac{0.074}{(Re\ x)^{0.2}}$$

$$C_f = \frac{0.074}{(Re\ x)^{0.2}} \qquad 10-75$$

قانون الأس السابع للطبقة الجدارية (The 7th root, or Power Law) للسريان في الأنابيب ثابت وصحيح في حيز محدود لرقم رينولدز .ReN. وقد أوضحت التجارب المعملية أن المدى لرقم رينولدز Rex ($10^8 \approx 10^5$) ويوضح الشكل 10-10 معامل الخشونة للجذب للوح مسطح مقابلاً للرقم Rex . تم تحليل أكثر دقة بوساطة فون كارمان

Von Karman مستعملاً قانون اللوغريثم لتوزيع السرعة مع بعض التعديلات واقترح العلاقة المبينة في المعادلة 10-76.

$$\frac{1}{\sqrt{C_f}} = 1.7 + 4.15 \; LogC_f \, Re \; x \qquad\qquad 10-76$$

بعدها أجرى فون كارمان تعديلات أخرى لإيجاد علاقة أكثر دقة من السابقة واستنبط المعادلة 10-77.

$$\frac{1}{\sqrt{C_f}} = 4.13 \; C_f \, Re \; x \qquad\qquad 10-77$$

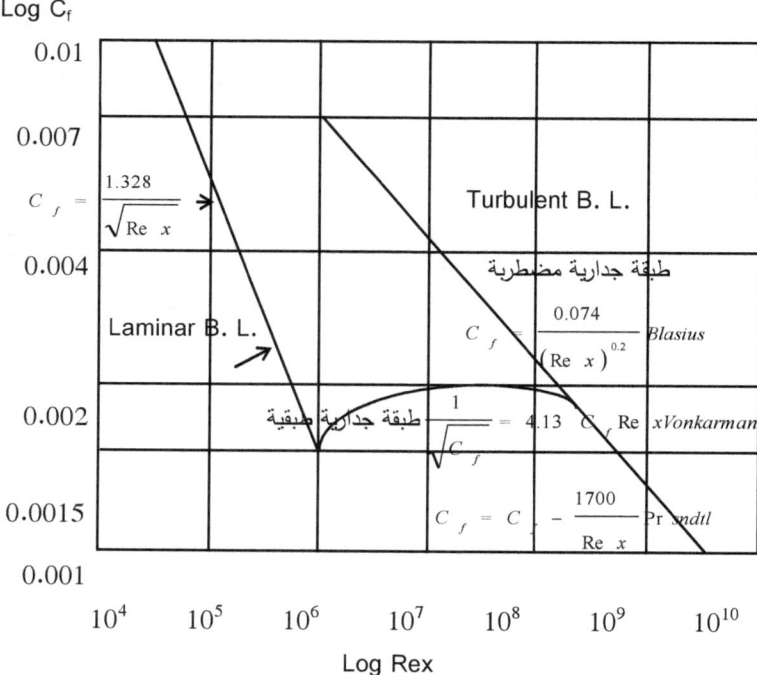

شكل (10-10) معامل الخشونة للجذب مقابلة لقيم Rex للوح أملس

عند وجود لوح أملس به طبقة جدارية طبقية تليها طبقة جدارية مضطربة فإن قيم معامل الخشونة للجذب (Drag Coefficient) تقع بين خطوط الطبقة الجدارية الطبقية والطبقة الجدارية المضطربة حسب نتائج التجارب المعملية تاركة خط الطبقة الجدارية الطبقية فجأة وتقترب من خط الطبقة الجدارية المضطربة وتلامسه. عبّر براندل Prandtl عن ذلك رياضياً بالعلاقة المبينة في المعادلة 10-78.

$$C_f = C_{f_{Turbulent}} - \frac{1700}{\mathrm{Re}_x} \qquad 10-78$$

مثال 10-1

احسب سمك الطبقة الجدارية لسريان سائل (ماء) لزوجته الكينامتيكية $\nu = 0.16$ سم^2/ث في نهاية لوح مسطح طوله 1 متر. اذا كان السريان الداخل طبقي وله سرعة مقدارها 16 م/ث، قدّر معامل مقاومة الإحتكاك وقوى المقاومة.

الحل

1. أوجد رقم رينولدز $\mathrm{Re}_x = \frac{Ux}{\upsilon} = \frac{16 \times 1}{0.16 \times 10^{-4}} = 10^6$

2. بما أن القيمة أقل من المدى ($5\text{x}10^5 \sim 2\text{x}10^6$) فإن الطبقة الجدارية المكونة طبقية

$$\therefore \frac{\delta}{x} = \frac{5}{\sqrt{\mathrm{Re}_x}} = \frac{5}{\sqrt{10^6}} = \frac{5}{10^3}$$

$$\delta = \frac{5 \times 1}{10^3} = \underline{\underline{5 \times 10^{-3}\ m}}$$

3. معامل مقاومة الإحتكاك C_f

$$C_f = \frac{1.328}{\sqrt{\mathrm{Re}_x}} = \frac{1.328}{10^3} = \underline{\underline{1.328 \times 10^{-3}}}$$

4. قوى المقاومة D

$$D = C_f \times \frac{1}{2}\rho U^2 A = 1.328 \times 10^{-3} \times \frac{1}{2} \times 10^3 \times 16^2 \times 1 \times 1 = 170\ N$$

برنامج 10-1:

```
Public Class Form1
    Const rho_w = 1000

    Private Sub Form1_Load(ByVal sender As System.Object,
                    ByVal e As System.EventArgs)
                    Handles MyBase.Load
        Label1.Text = "ث/سم-الكينمتيكية اللزوجة"
        Label2.Text = "م-اللوح طول"
        Label3.Text = "ث/م-السريان سرعة"
        Label4.Text = "رينولدز رقم"
        Label5.Text = "الاحتكاك مقاومة معامل"
        Label6.Text = "المقاومة قوى"
        Button1.Text = "احسب"
        Me.Text = "مثال 10-1"
        Me.FormBorderStyle =
            Windows.Forms.FormBorderStyle.FixedSingle
    End Sub

    Private Sub Button1_Click(ByVal sender As System.Object,
                    ByVal e As System.EventArgs)
                    Handles Button1.Click
        Dim U, x, v, Rex As Double
        Dim Cf, D As Double

        v = Val(TextBox1.Text)
        x = Val(TextBox2.Text)
        U = Val(TextBox3.Text)

        Rex = (U * x) / (v / 10000)
        'Dim delta As Double
        'delta = ((5 * x) / Math.Sqrt(Rex))
        Cf = 1.328 / Math.Sqrt(Rex)
        D = Cf * 0.5 * rho_w * (U ^ 2) * x * x

        TextBox4.Text = FormatNumber(Rex, 2)
        TextBox5.Text = Cf.ToString
        TextBox6.Text = FormatNumber(D, 2)
    End Sub
End Class
```

مثال 10-2

احسب السمك الإزاحي *δ، وسمك كمية الحركة **δ وسمك تبديد الطاقة ***δ لتوزيع السرعة الخطي المعبر عنه بالمعادلة $\frac{u}{U}=\frac{y}{\delta}$

الحل

1. احسب السمك الإزاحي من المعادلة $\frac{\delta^*}{\delta}=\int_0^1\left(1-\frac{u}{U}\right)\frac{\delta y}{\delta}$

$$\therefore \frac{\delta^*}{\delta}=\int_0^1\left(1-\frac{y}{\delta}\right)\frac{\delta y}{\delta}=\left[\frac{y}{\delta}-\left(\frac{y}{\delta}\right)^2\right]_0^1=\frac{1}{2}$$

$$\underline{\underline{\delta^*=\frac{\delta}{2}}}$$

2. أوجد سمك كمية الحركة من المعادلة $\frac{\delta^{**}}{\delta}=\int_0^1\frac{u}{U}\left(1-\frac{u}{U}\right)\frac{\delta y}{\delta}$

$$\therefore \frac{\delta^{**}}{\delta}=\int_0^1\frac{y}{\delta}\left(1-\frac{y}{\delta}\right)\frac{\delta y}{\delta}=\int_0^1\left[\frac{y}{\delta}-\left(\frac{y}{\delta}\right)^2\right]\frac{\delta y}{\delta}$$

$$\frac{\delta^{**}}{\delta}=\left[\frac{1}{2}\left(\frac{y}{\delta}\right)^2-\frac{1}{3}\left(\frac{y}{\delta}\right)^3\right]_0^1=\left[\left(\frac{1}{2}-\frac{1}{3}\right)-(0-0)\right]=\frac{3-2}{6}$$

$$\underline{\underline{\delta^{**}=\frac{\delta}{6}}}$$

3. أوجد سمك تبديد الطاقة المعادلة $\frac{\delta^{***}}{\delta}=\int_0^1\frac{u}{U}\left[1-\left(\frac{u}{U}\right)^2\right]\frac{\delta y}{\delta}$

$$\therefore \frac{\delta^{***}}{\delta} = \int_0^1 \frac{y}{\delta}\left[1-\left(\frac{y}{\delta}\right)^2\right]\frac{\delta y}{\delta} = \int_0^1 \left[\frac{y}{\delta}-\left(\frac{y}{\delta}\right)^3\right]\frac{\delta y}{\delta}$$

$$\frac{\delta^{***}}{\delta} = \left[\frac{1}{2}\left(\frac{y}{\delta}\right)^2 - \frac{1}{4}\left(\frac{y}{\delta}\right)^4\right]_0^1 = \left[\left(\frac{1}{2}-\frac{1}{4}\right)-(0-0)\right] = \frac{1}{4}$$

$$\delta^{***} = \frac{\delta}{4}$$

مثال 3-10

أوجد القص المحلي على الحائط في طبقة جدارية عندما تكون δ = 9 ملم و U = 100 سم/ث، $\frac{u}{U} = 2\frac{y}{\delta} - 2\left(\frac{y}{\delta}\right)^3 + \left(\frac{y}{\delta}\right)^4$ علماً بأن μ = 0.01 جم/سم×ث.

الحل

بافتراض طبقة جدارية طبقية

$$\tau = \mu \frac{du}{dy}$$

$$u = U\left[2\frac{y}{\delta} - 2\left(\frac{y}{\delta}\right)^3 + \left(\frac{y}{\delta}\right)^4\right]$$

$$\frac{du}{dy} = U\left[\frac{2}{\delta} - \frac{6y^2}{\delta^3} + \frac{4y^3}{\delta^4}\right]$$

عند الحائط y = صفر

$$\frac{du}{dy} = U\left[\frac{2}{\delta}\right] = \frac{2U}{\delta} = \frac{2\times 1}{0.009} = 222.2$$

$$\tau = \mu\frac{du}{dy} = 0.001 \times 222.2 = 0.222 \ N/m^2$$

10-7 تمارين عامة

10-7-1 تمارين نظرية

1) ما المقصود بالطبقة الحدية؟ وما فوائد تقديرها؟

2) ميز بين معامل الجذب C_f ومعامل الإحتكاك f

3) ما علاقة توزيع الضغط وتوزيع السرعة مع خطوط السريان؟

4) لماذا في رأيك تكون الطبقة الجدارية في المواسير 2δ؟

10-7-2 تمارين عملية

1) اذا كانت u تتغير كما في المثال 10-3 برهن أن: $\int_{0}^{1} \frac{u}{U}\left(1 - \frac{u}{U}\right)\frac{\delta y}{\delta} = 0.117$

أوجد الجذب الناتج في طبقة جدارية عرضها 1.0 م وسمكها 10 مم. (الإجابة: (عوض قيم $\frac{u}{U}$ في المعادلة) 1.17 نيوتن).

2) عرف الطبقة الجدارية وباستعمال قانون نيوتن الثاني برهن أن قوى الجذب D لوحدة العرض للوح خشب موضوع في مجرى له سرعة u هي $D = 2\rho \int_{y=0}^{y=\delta}(U - u)u\,\delta y$.

احسب:

- قوة الجذب لوحدة العرض للوح
- معامل الإحتكاك للجذب C_f.
- سمك الإزاحة
- سمك كمية الحركة
- عندما تكون U = 20 سم/ث خلف اللوح، μ = 0.01 جم/سم×ث وتوزيع السرعة بالمعادلة $\frac{u}{U} = 2\frac{y}{\delta} - \left(\frac{y}{\delta}\right)^2$. (الإجابة: معدل تغيير كمية الحركة

$\delta V \quad \rho u dy = \frac{\partial mV}{\partial t} = \partial D$ ، أ) $D = 0.128$ نيوتن/م عرضي، ب) $C_f = 3.33 \times 10^{-3}$، $\delta^* = 4$ ملم، $\delta^{**} = 1.6$ ملم)

3) عرّف سمك الإزاحة وسمك كمية الحركة وبرهن أن سمك الطبقة الجدارية المضطربة يعبّر عنه بالمعادلة $\frac{\delta}{x} = 0.38 \left(\frac{v}{Ux}\right)^{\frac{1}{5}}$ لمسافة x من المقدمة. اذا عبر عن السرعة بالمعادلة $\frac{u}{U} = \left(\frac{y}{\delta}\right)^{\frac{1}{7}}$ قدّر قوة الجذب على مسافة x من المقدمة. (الإجابة: $D = \frac{0.037}{(\text{Re}\ x)^{0.2}} \rho U^2 x$)

4) تجري مياه بسرعة 20 سم/ث مارة على لوح طوله 1.0 م وعرضه 30 سم. الطبقة الجدارية سمكها 1.2 سم عند الخلف. احسب سمك الإزاحة وكذلك قوة الجذب الكلي للوح بافتراض أن السرعة يعبّر عنها بالمعادلة $\frac{u}{U} = 2\left(\frac{y}{\delta}\right) - \left(\frac{y}{\delta}\right)^2$. (الإجابة: 0.0192 نيوتن، 4 ملم)

5) لوح طوله 1.0م وعرضه 30 سم تم جره في ماء ساكن. تم جذب جزء من الماء في مقدمة اللوح. سمك الطبقة الجدارية 1.2 سم في مؤخرة اللوح وفيها الحركة. أحسب السمك الإزاحي وحدد كمية السريان المتحركة في نهاية مؤخرة اللوح.

$\frac{y}{\delta}$	$\frac{u}{U}$	$\frac{\bar{y}}{\delta}$	$\frac{u}{U}$
0	1.00	0.8	0.044
0.2	0.67	1.0	0.008
0.4	0.37	1.2	0.000
0.6	0.54		

(الإجابة: يتم الرسم في مخطط بياني وتحسب المساحة تحت المنحنى ومنها $\delta^* = 0.42$ سم، = 468 سم³/ث) =

6) لوح مستو رقيق وضع موازي لانسياب مائي 5 متر في الثانية على درجة حرارة 20 درجة مئوية. أوجد المسافة من الطرف الأمامي (القائد) التي تبعد عنها طبقة حدية سمكها 2 سم (الإجابة: 1.2 م)

المراجع والمصادر

1) Douglas, J.F.; Gasiorek, J.M., Fluid Mechanics, Prentice Hall, 5th Edi., 2006

2) Munson, B. R., Okiishi, T. H. and Huebsch, W. W., Fluid Mechanics, John Wiley & Sons Inc; 7th Revised edi., 2013.

3) Shames, I.H., Mechanics of Fluids, McGraw–Hill, Inc., New York, 1992.

4) Mott, R. L., Applied Fluid Mechanics, Prentice Hall; 6 edi., 2005.

5) Abdl–Magid, I.M., Fluid Mechanics, Lecture notes, Sultan Qaboos University, Mucat, 1995 (Unpublished).

6) Massey, B.S., Mechanics of Fluids, Van Nostrand Reinhold (International), London, 1988.

7) Streeter, V.L. and Wylie, E.B., Fluid Mechanics, McGraw–Hill Book Co., London, 1988.

8) Douglas, J.F., and Mathews, R. D., Solving Problems in Fluid Mechanics, Addison Wesley Publishing Company; 3 Sub edi., 1996.

9) Grade, R.J., and Mirajgaoker, A.G., Engineering Fluid Mechanics, New Chand and Bros. Boorkee, Roorkee, India, 1988.

10) Vennard, J.K.; Street, R.L., Elementary Fluid Mechanics, John Wiley and Sons, New York, 1982.

11) Dugdale, R.H., Fluid Mechanics, George Godwin Ltd., London, 1981

12) Daugherty, R.L. and Franzini, J.B., Fluid Mechanics with Engineering Applications, McGraw–Hill Inter. Book Co., London, 1977.

13) Evett, J.B., and Liu, C., Fundamentals of Fluid Mechanics, McGraw–Hill Co., New York, 1987.

14) Roy, D.N., Applied Fluid Mechanics, Ellis Horwood Ltd., Halsted Press: A Division of John Wiley and Sons, New York, 1988.

15) Allen, T, and Ditsworth, R.L., Fluid Mechanics, McGraw-Hill Kogakusha, Ltd., Tokyo, 1972.

16) Liu, C. and Ranald, G., Schaum's Outline of Fluid Mechanics and Hydraulics, (Schaum's Outlines), McGraw-Hill Education; 4th Edi., 2013

17) Rouse, H., Fluid Mechanics for hydraulic Engineers, Dover Publications, Inc., New York, 1961.

18) Sharpe, G. J., Solving Problems in Fluid Dynamics, Longman Scientific Technical, Essex, 1994.

19) White, F.M., Fluid Mechanics with Student DVD (McGraw-Hill Series in Mechanical Engineering), McGraw-Hill Education; 7 edi., 2010.

20) Langhaar, H. L., Dimentional Analysis and Theory of Models, John Wiely and Sons, New York, 1951.

21) بشير عبد السلام أبو رويك، ميكانيكا الموائع، معهد الإنماء العربي، بيروت، 1988، لطلبة السنة الأولى.

22) الفيزياء، الثاني الثانوي العلمي، وزارة التربية والتعليم، سلطنة عمان، الطبعة السابعة 1995.

23) صلاح الدين محمد الأمين، وعبد الله مسعود، الفيزياء، وزارة التربية والتعليم، الخرطوم، 1967.

24) عصام محمد عبد الماجد، التلوث: المخاطر والحلول، المنظمة العربية للتربية والثقافة والعلوم، القباضة الأصلية، تونس2000.

25) عصام محمد عبد الماجد، والطاهر محمد الدرديري، الماء، آفاق للطباعة والنشر، الخرطوم، 1999

26) صلاح الدين محمد الأمين، نايف عبد الله مسعود، الفيزياء، الجزء الأول: القياسات والحرارة والغط والمغنطيسية، وزارة التربية والتعليم، الخرطوم، 1967.

27) محمد بشير المنجد، الهيدروليك (1)، جامعة دمشق، 198-.

مرفقات

مرفق (1): الخواص الهندسية لبعض الأشكال

I_{xyC}	I_{yC}	$^{8}I_{CG}$	المساحة	الشكل
0	$\dfrac{db^3}{12}$	$\dfrac{bd^3}{12}$	bd	مستطيل
$\dfrac{bh^2(b-2d)}{72}$		$\dfrac{bd^3}{36}$	$\dfrac{bh}{2}$	مثلث
0	$\dfrac{\pi r^4}{4}$	$\dfrac{\pi r^4}{4}$	πr^2	دائرة

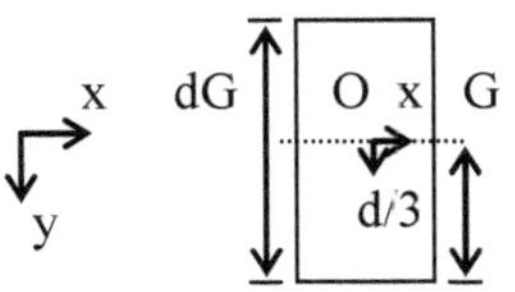

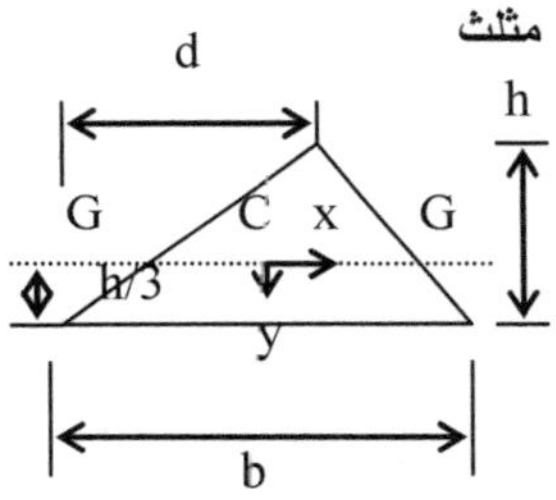

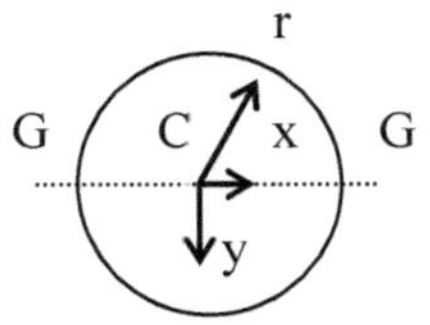

---

8 عزم المساحة الثاني حول المحور العابر لمركز الثقل

0	$0.3927r^4$	$0.1098r^4$	$\dfrac{\pi r^2}{2}$	نصف دائرة 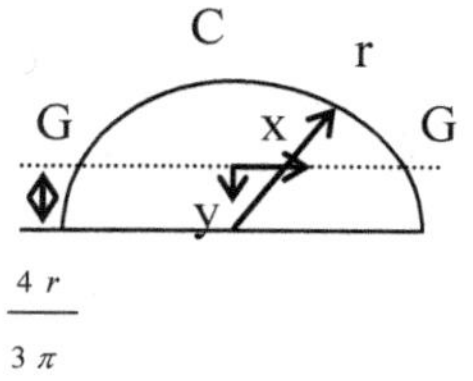
$-0.01647r^4$	$0.05488r^4$	$0.05488r^4$	$\dfrac{\pi r^2}{4}$	ربع دائرة 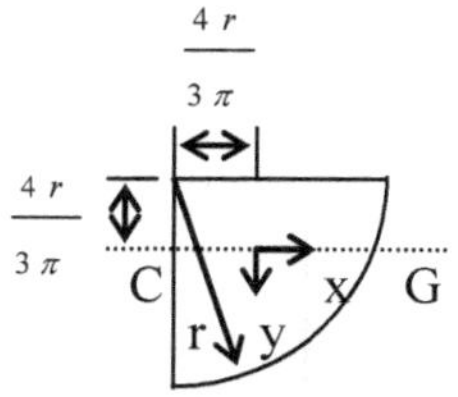

مرفق (2): بعض الخواص الطبيعية للماء

التوتر السطحى $= \sigma \times 10^{-2}$ نيوتن/متر	الوزن النوعى كيلو نيوتن/متر مكعب	درجة اللزوجة الكينامتكية $\nu \times 10^{-6} =$ متر مربع/ث	درجة اللزوجة الديناميكية $\mu = \times 10^{-3}$ نيوتن *ث/متر مربع	الكثافة كجم / م مكعب	درجة الحرارة (مئوية)
7.56	9.807	1.792	1.792	999.8	صفر
7.54	9.807	1.674	1.674	999.9	2
7.51	9.808	1.568	1.568	1000	4
7.49	9.807	1.519	1.519	999.9	5
7.48	9.807	1.473	1.473	999.9	6
7.46	9.807	1.429	1.429	999.9	7
7.45	9.806	1.388	1.378	999.8	8
7.43	9.805	1.348	1.348	999.7	9
7.42	9.805	1.31	1.31	999.7	10
7.41	9.804	1.274	1.274	999.6	11
7.39	9.803	1.24	1.239	999.5	12
7.38	9.802	1.207	1.206	999.4	13
7.36	9.801	1.176	1.175	999.2	14
7.35	9.8	1.146	1.145	999	15
7.33	9.799	1.117	1.116	998.9	16
7.32	9.795	1.089	1.087	998.8	17
7.31	9.793	1.062	1.06	998.6	18
7.29	9.791	1.036	1.034	998.4	19
7.28	9.789	1.011	1.009	998.2	20
7	9.778	0.898	0.895	997.1	25
7.12	9.765	0.804	0.8	995.7	30
7.04	9.749	0.725	0.721	994.1	35
6.96	9.731	0.661	0.656	992.2	40
6.88	9.711	0.605	0.599	990.2	45
6.79	9.69	0.556	0.549	988.1	50
6.71	9.666	0.513	0.506	985.7	55
6.62	9.642	0.477	0.469	983.2	60
6.53	9.616	0.444	0.436	980.6	65
6.44	9.589	0.415	0.406	977.8	70
6.35	9.56	0.39	0.38	974.9	75
6.26	9.53	0.367	0.357	971.8	80
6.17	9.499	0.347	0.336	968.6	85

6.08	9.467	0.328	0.317	965.3	90
5.99	9.433	0.311	0.299	961.9	95
5.89	9.399	0.296	0.284	958.4	100

* Van der Leeden, F.; Troise, F.L. & Todd, D.K, The water encyclopedia, 2nd Edi.,

مرفق (3): خواص الهواء على الضغط الجوي القياسي

101325 باسكال

درجة اللزوجة		الوزن النوعي	الكثافة	درجة الحرارة
الكينامتكية ث/م²	الديناميكية نيوتن*ث/م²	نيوتن/م³	كجم/م³	م °
1.01×10^{-5}	1.57×10^{-5}	15.5	1.58	-50
1.04×10^{-5}	1.54×10^{-5}	14.85	1.51	-40
1.16×10^{-5}	1.61×10^{-5}	13.68	1.4	-20
1.24×10^{-5}	1.67×10^{-5}	13.2	1.34	-10
1.32×10^{-5}	1.71×10^{-5}	12.67	1.29	0
1.36×10^{-5}	1.73×10^{-5}	12.45	1.27	5
1.41×10^{-5}	1.76×10^{-5}	12.23	1.25	10
1.47×10^{-5}	1.8×10^{-5}	12.01	1.23	15
1.51×10^{-5}	1.82×10^{-5}	11.81	1.2	20
1.56×10^{-5}	1.85×10^{-5}	11.61	1.18	25
1.6×10^{-5}	1.86×10^{-5}	11.43	1.17	30
1.63×10^{-5}	1.88×10^{-5}	11.09	1.14	35
1.69×10^{-5}	1.91×10^{-5}	11.05	1.13	40
1.79×10^{-5}	1.95×10^{-5}	10.88	1.11	50
1.89×10^{-5}	2×10^{-5}	10.4	1.06	60
1.99×10^{-5}	2.04×10^{-5}	10.09	1.03	70
2.09×10^{-5}	2.09×10^{-5}	9.81	1	80
2.19×10^{-5}	2.13×10^{-5}	9.54	0.97	90
2.29×10^{-5}	2.17×10^{-5}	9.28	0.95	100
2.51×10^{-5}	2.26×10^{-5}	8.82	0.9	120
2.74×10^{-5}	2.34×10^{-5}	8.38	0.85	140
2.97×10^{-5}	2.42×10^{-5}	7.99	0.81	160
3.2×10^{-5}	2.5×10^{-5}	7.65	0.78	180
3.4×10^{-5}	2.51×10^{-5}	7.32	0.75	200
3.7×10^{-5}	2.61×10^{-5}	7.02	0.72	220

$10^{-5}\times4$	$10^{-5}\times2.7$	6.75	0.69	240
$10^{-5}\times4.2$	$10^{-5}\times2.72$	6.5	0.66	260
$10^{-5}\times4.5$	$10^{-5}\times2.82$	6.26	0.64	280
$10^{-5}\times4.84$	$10^{-5}\times2.98$	6.04	0.62	300
$10^{-5}\times6.34$	$10^{-5}\times2.32$	5.14	0.52	400
$10^{-5}\times7.97$	$10^{-5}\times3.64$	4.48	0.46	500
$10^{-5}\times9.75$	$10^{-5}\times3.9$	3.92	0.4	600
$10^{-5}\times11.7$	$10^{-5}\times4.21$	3.53	0.36	700

المصدر: عصام محمد عبد الماجد

*Henry, J.G. & Heinke, G.W., Environmental science & engineering ,Prentice Hall, Englewood Cliffs, NJ, 1989

*Munson, B.R., Young, D.F., & Okiishi, T.H., Fundamentals of fluid mechanics, John Wiely & Sons, New York, 1990

*Blevins, R.D., Applied fluid dynamics handbook, Van Nostrand Reinhold Co., Berkshire, 1984

*Blake, L.S. Edi., Civil engineer's reference book, Butterworths, London, 1986

مرفق 4أ: بياني معادلة ماننج للأنابيب الممتلئة n= 0.013

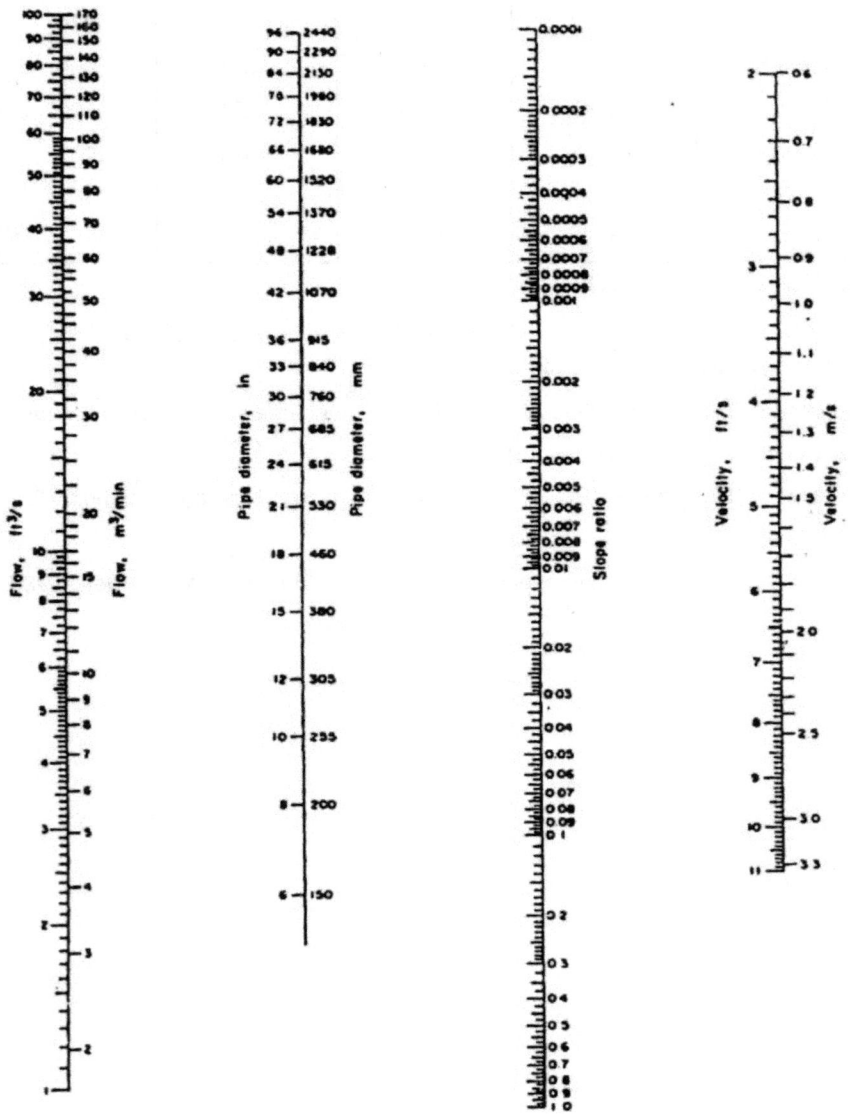

مرفق 4ب: بياني معادلة ماننج للأنابيب الممتلئة n= 0.013

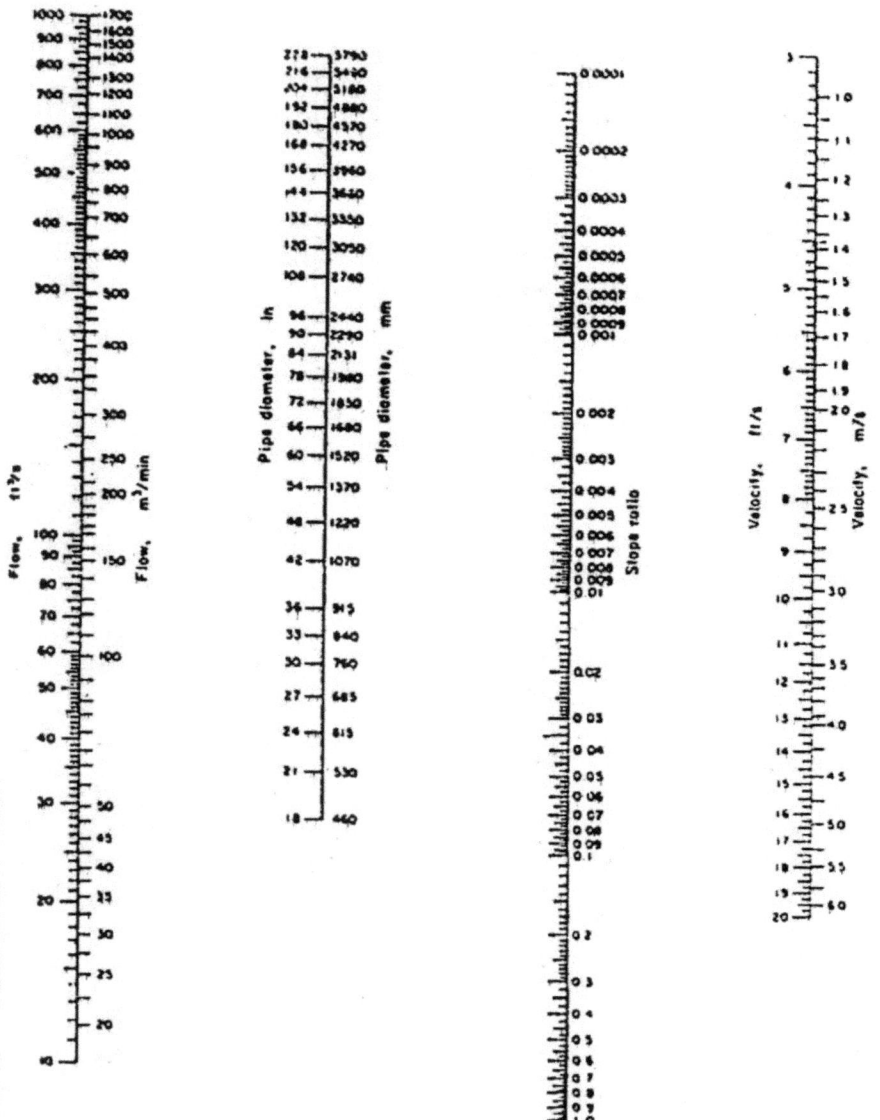

مرفق 4جـ: بياني معادلة ماننج للأنابيب الممتلئة n= 0.013

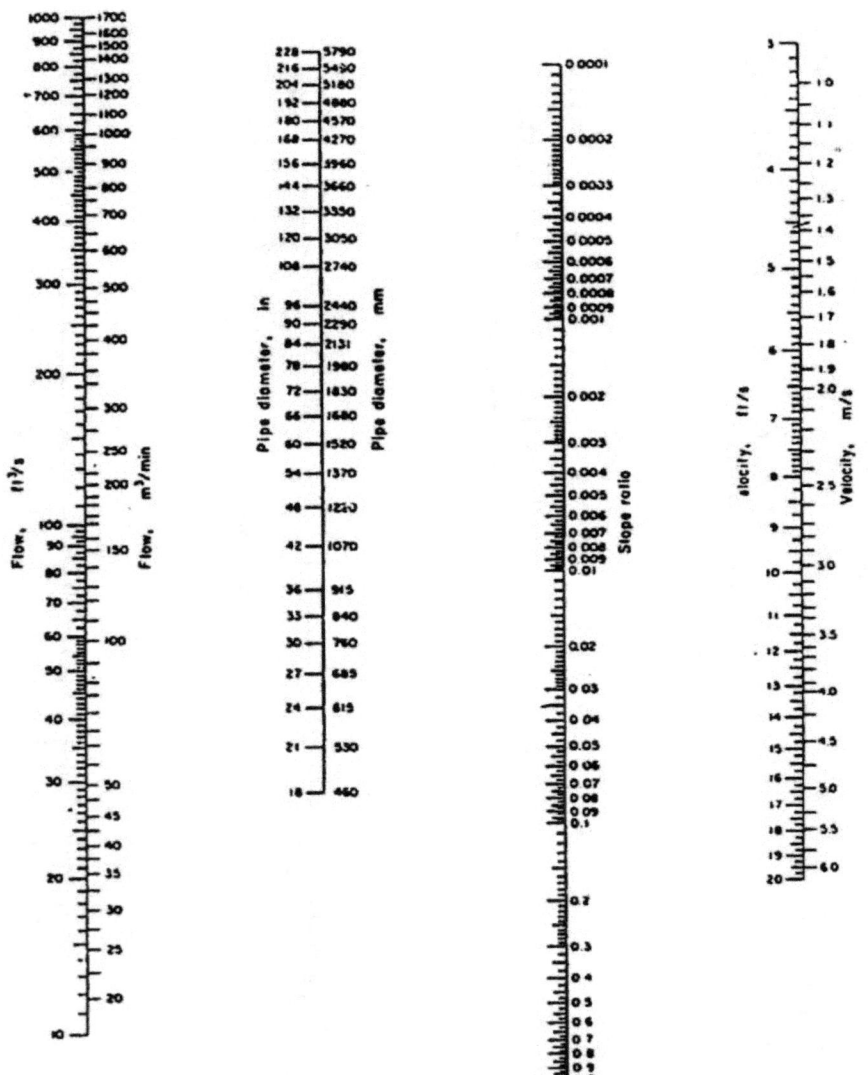

مرفق 5: بياني معادلة هيزن وليام

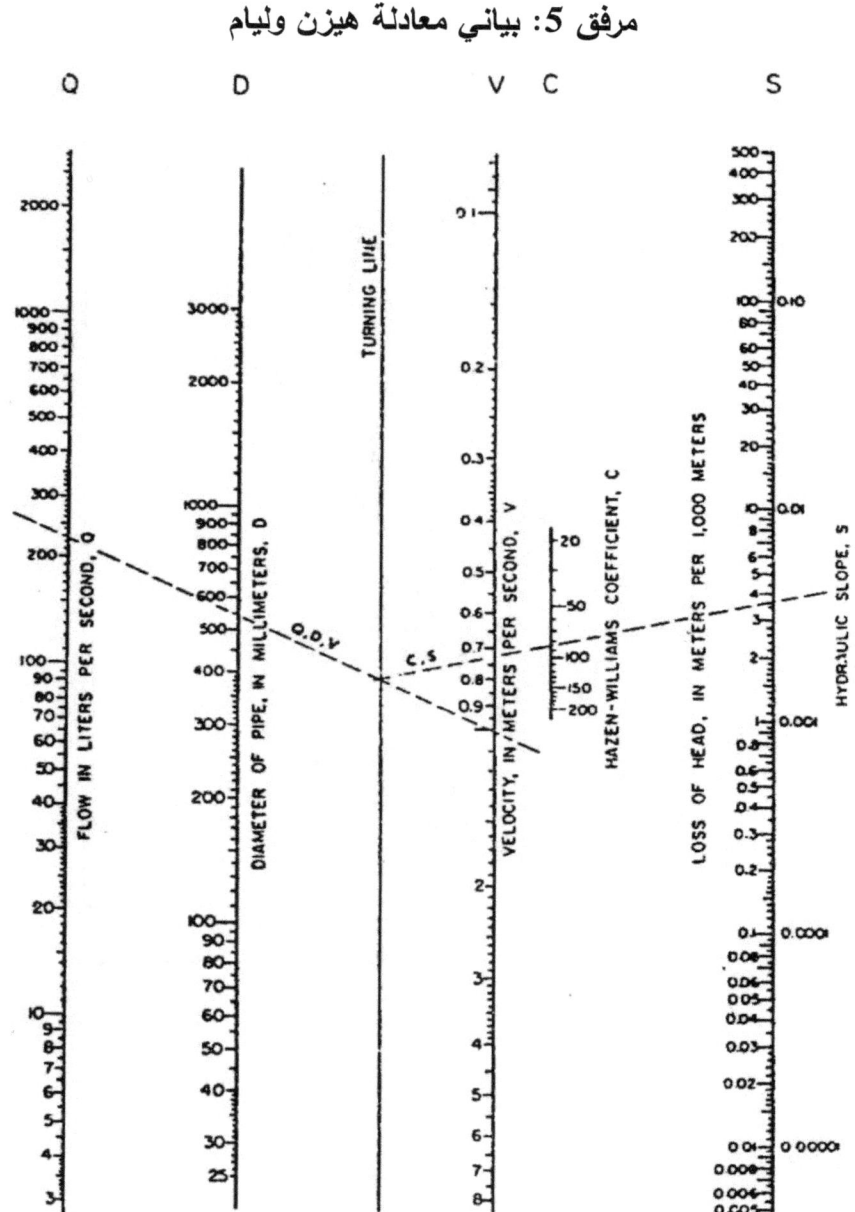

مرفق 6: منحنى نيكورادس

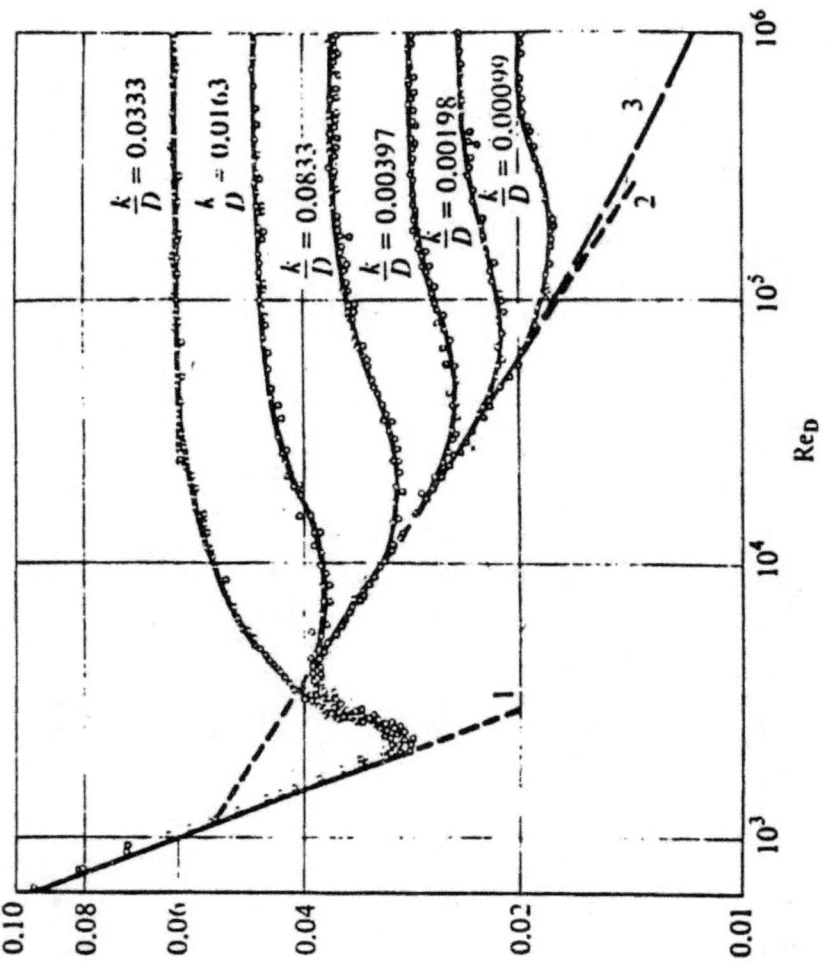

مرفق 7: معامل الاحتكاك لانسياب تام في أنابيب دائرية

المصدر: Fox R.W and McDonald, A.T., Introduction to Fluid Mechanics, John Wiley and
Sons, New York, 3rd Edi., 1985

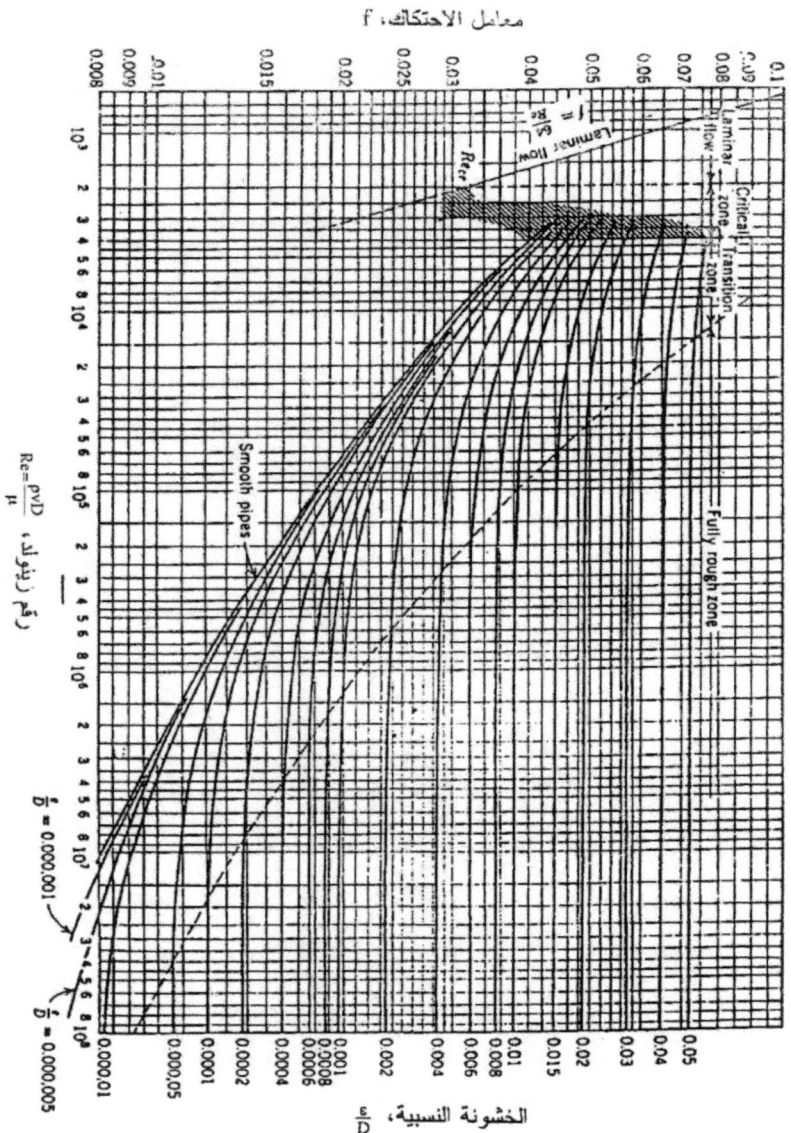

معامل الاحتكاك، f

Re = $\frac{\rho v D}{\mu}$ (رقم رينولد)

الخشونة النسبية، $\frac{\epsilon}{D}$

مرفق (8): قائمة تحويل الوحدات

اضرب	في	للحصول على
المساحة		
أكر	0.4047	هكتار
أكر	43560	قدم^2
أكر	4047	م^2
سم^2	0.155	بوصة^2
قدم^2	0.0929	م^2
هكتار	2.471	أكر
هكتار	10^4	م^2
بوصة^2	6.542	سم^2
كلم^2	0.3861	ميل^2
م^2	10.67	قدم^2
ملم^2	0.00155	بوصة^2
الكثافة		
جم/سم^3	1000	كجم/سم^3
جم/سم^3	1	كجم/لتر
جم/سم^3	62.43	رطل/قدم^3
جم/سم^3	10.022	رطل/جالون (بريطاني)
جم/سم^3	8.345	رطل/جالون (أمريكي)
كجم/سم^3	0.001	جم/سم^3
كجم/سم^3	0.001	كجم/لتر
كجم/سم^3	0.6242	رطل/قدم^3

الدفق		
قدم^3/ث	448.8	جاون/دقيقة
قدم^3/ث	28.32	لتر/ث
قدم^3/ث	0.02832	م^3/ث
قدم^3/ث	0.6462	مجا جالون/يوم
جاون/دقيقة	0.00223	قدم^3/ث
جاولن/دقيقة	0.0631	لتر/ث
لتر/ث	15.85	جاون/دقيقة
مجا جازن/يوك	1.547	قدم^3/ث
م^3/ساعة	4.4	جاون/دقيقة
م^3/ث	35.31	قدم^3/ث
الطول		
قدم	30.48	سم
بوصة	2.54	سم
كلم	0.6214	ميل
كلم	3280.8	قدم
م	3.281	قدم
م	39.37	بوصة
م	1.094	ياردة
ميل	5280	قدم
ميل	1.6093	كلم
ملم	0.03937	بوصة
ياردة	0.914	م
الكتلة		
جم	2.205×10^{-3}	رطل
كجم	2.205	رطل
رطل	0.4536	كجم

رطل	16	آونس
طن	2240	رطل
طن	1.102	طن (2000 رطل)
الضغط		
جوي	33.93	قدم ماء
جوي	29.92	بوصة زئبق
جوي	1.033×10^{4}	كجم/م^2
جوي	760	ملم زئبق
جوي	10.33	م ماء
جوي	1.013×10^{5}	نيوتن/م^2
بار	10^{5}	نيوتن/م^2
سم ماء	98.06	نيوتن/م^2
بوصة ماء	1.8665	ملم زئبق
بوصة زئبق	0.49116	رطل/بوصة^2
بوصة زئبق	25.4	ملم زئبق
بوصة زئبق	3386	نيوتن/م^2
كيلو باسكال	0.145	رطل/بوصة^2 (psi)
رطل/بوصة^2	0.0703	كجم/سم^2
نيوتن/م^2	6895	رطل/بوصة^2
كجم/م^2	13.595	ملم زئبق
رطل/بوصة^2	0.01934	ملم زئبق
نيوتن/م^2	133.3	ملم زئبق
طن	1	ملم زئبق
torr	133.3	نيزتن/م^2
درجة الحرارة		
مئوية (C □)	(9C/5) + 32	فهرنهايت (F □)
فهرنهايت	5(F − 32)/9	مئوية
مئوية	C + 237.16	كلفن (K)

رانكن (R)	F + 459.67	فهرنهايت
السرعة		
سم/ث	0.03281	قدم/ث
سم/ث	0.6	م/دقيقة
م/ث	196.8	قدم/دقيقة
م/ث	3.281	قدم/ث
قدم/دقيقة	0.508	سم/ث
قدم/ث	30.48	سم/ث
قدم/ث	1.097	كلم/ساعة
ميل/ساعة	1.609	كلم/ساعة
اللزوجة		
سنتبواز centipoise	0.01	جم/سم×ث
سنتبواز	0.01	سم^2/ث
استوك	10^{-4}	م^2/ث
الحجم		
قدم^3	6.229	جالون (بريطاني)
قدم^3	7.481	جالون (أمريكي)
قدم^3	28.316	لتر
قدم^3	0.02832	م^3
جالون (بريطاني)	0.1605	قدم^3
جالون (أمريكي)	0.1337	قدم^3
جالون (أمريكي)	0.833	جالون (بريطاني)
جالون	3.785	لتر
بوصة^3	16.39	سم^3
لتر	0.03532	قدم^3
لتر	0.22	جالون (بريطاني)
لتر	0.2642	جالون (أمريكي)
لتر	0.001	م^3
م^3	35.314	قدم^3
م^3	1000	لتر

مرفق (9): صور شاشات البرامج والأمثلة

برنامج 2-1 (شاشة التصميم):

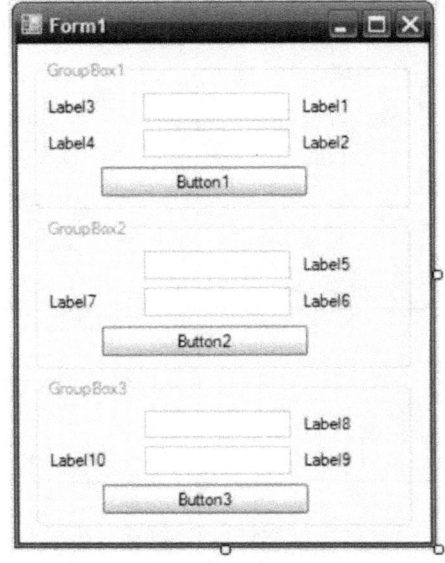

برنامج 2-1 (شاشة التشغيل):

برنامج 2-2 (شاشة التصميم):

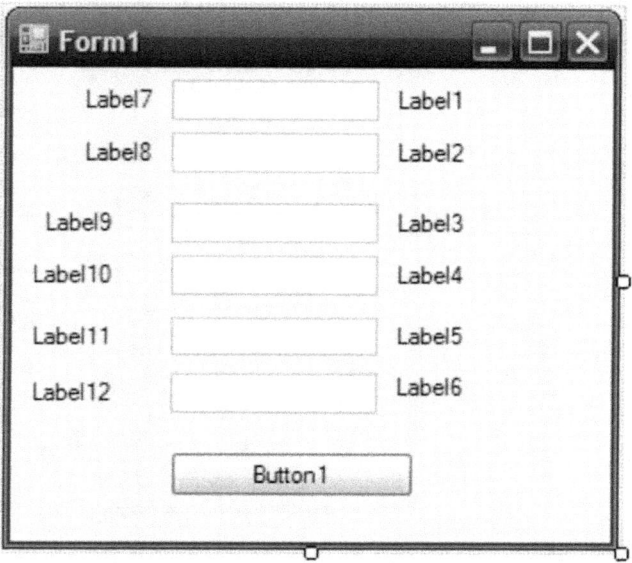

برنامج 2-2 (شاشة التشغيل):

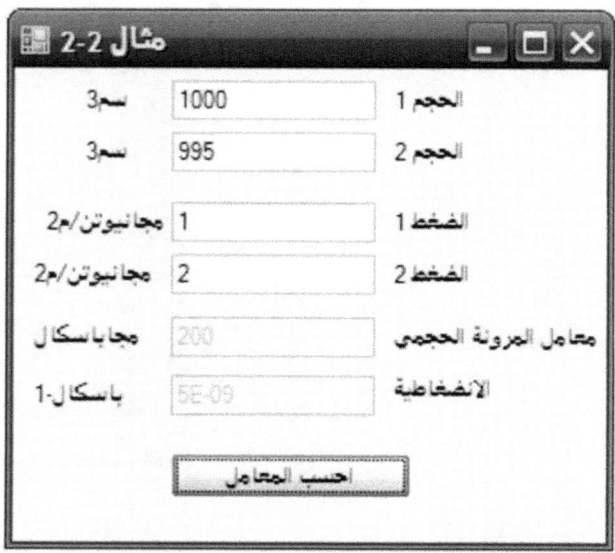

برنامج 2-4 (شاشة التصميم):

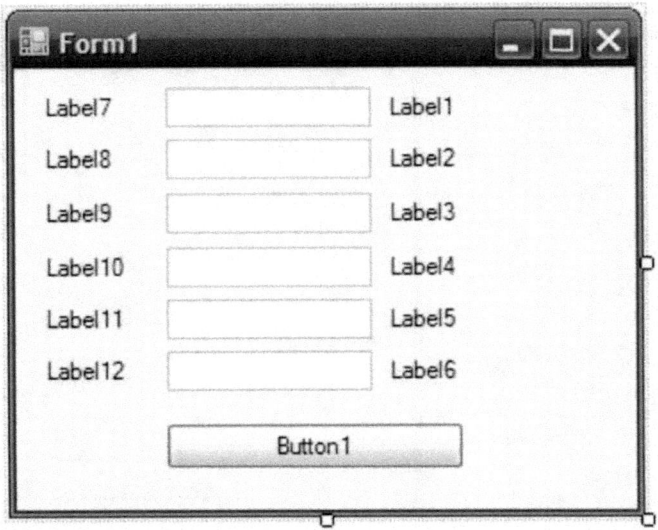

برنامج 2-4 (شاشة التشغيل):

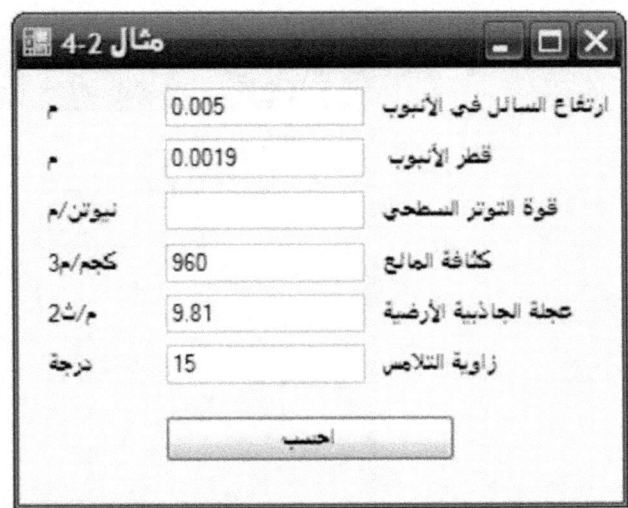

برنامج 2-6 (شاشة التصميم):

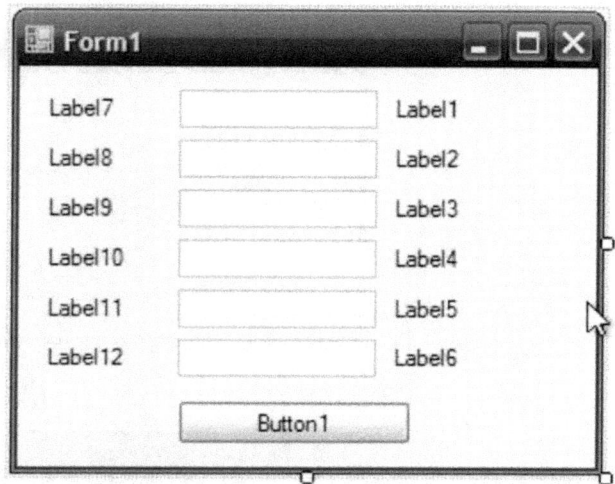

برنامج 2-6 (شاشة التشغيل):

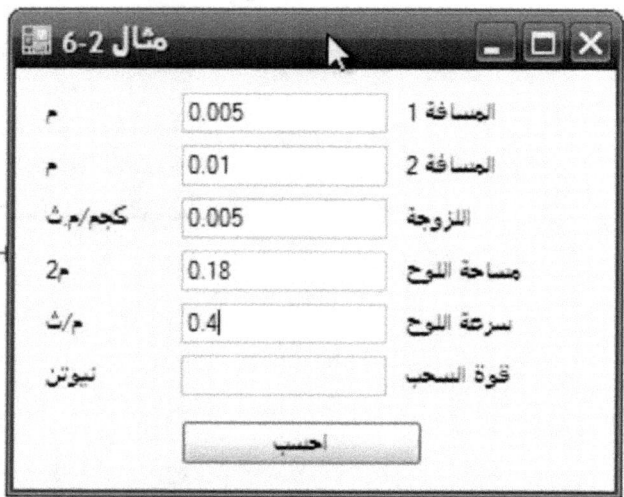

برنامج 7-2 (شاشة التصميم):

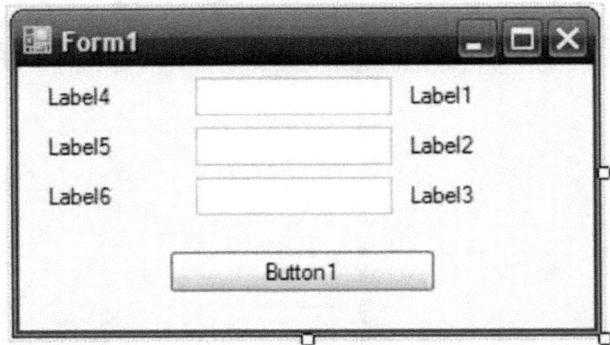

برنامج 7-2 (شاشة التشغيل):

برنامج 3-1 (شاشة التصميم):

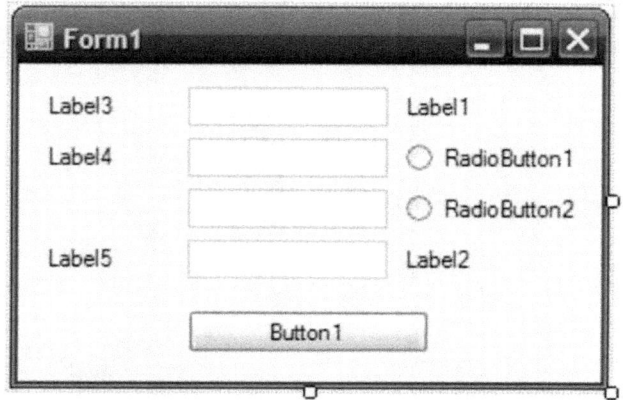

برنامج 3-1 (شاشة التشغيل):

برنامج 3-2 (شاشة التصميم):

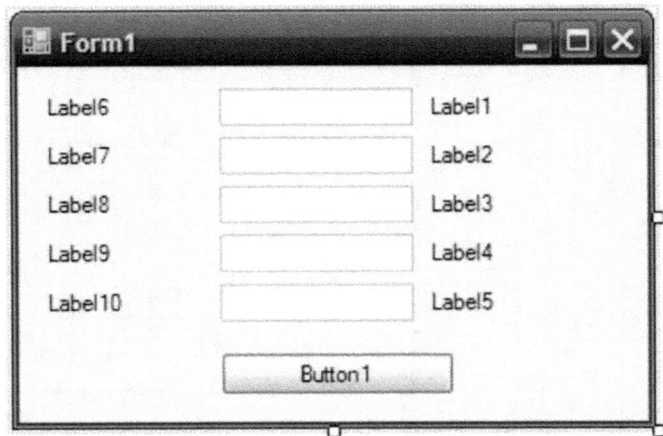

برنامج 3-2 (شاشة التشغيل):

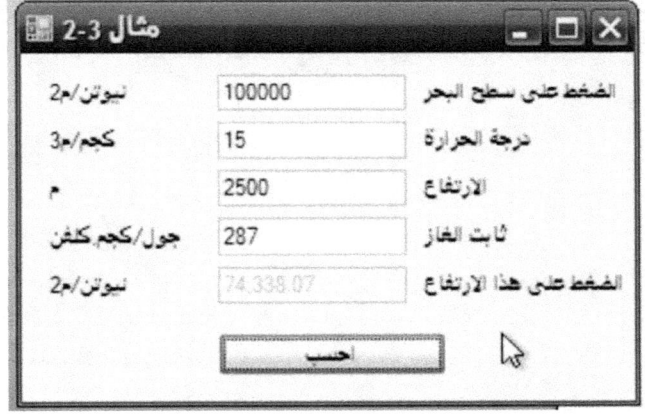

برنامج 4-1 (شاشة التصميم):

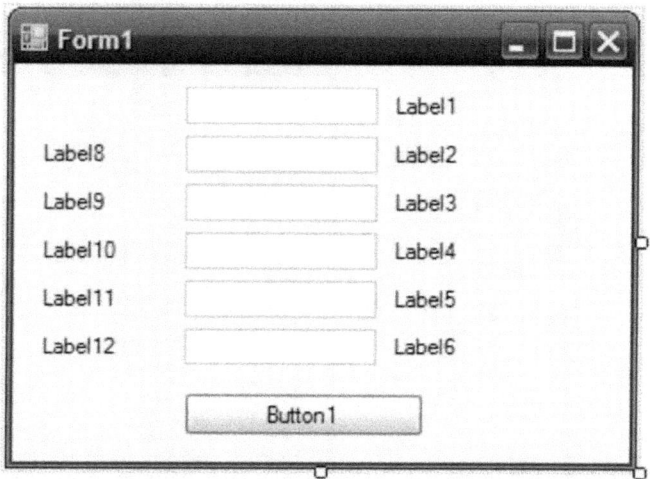

برنامج 4-1 (شاشة التشغيل):

برنامج 4-4 (شاشة التصميم):

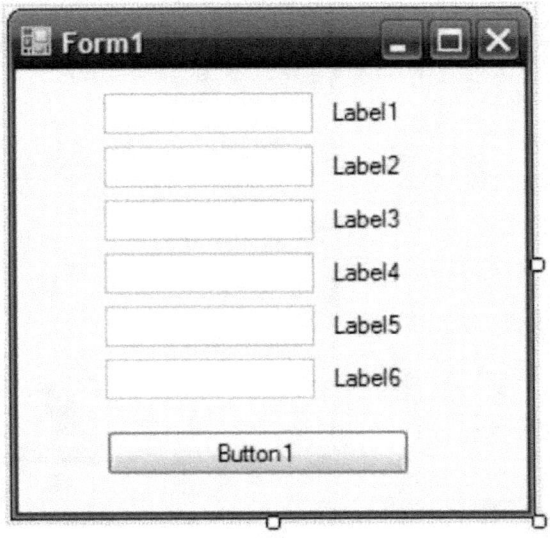

برنامج 4-4 (شاشة التشغيل):

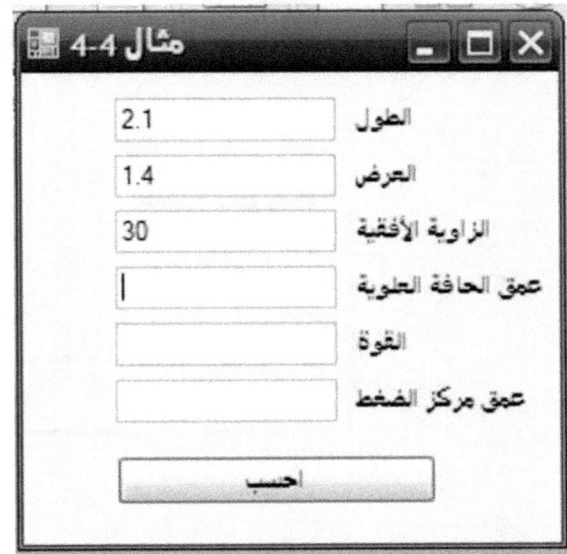

برنامج 4-7 (شاشة التصميم):

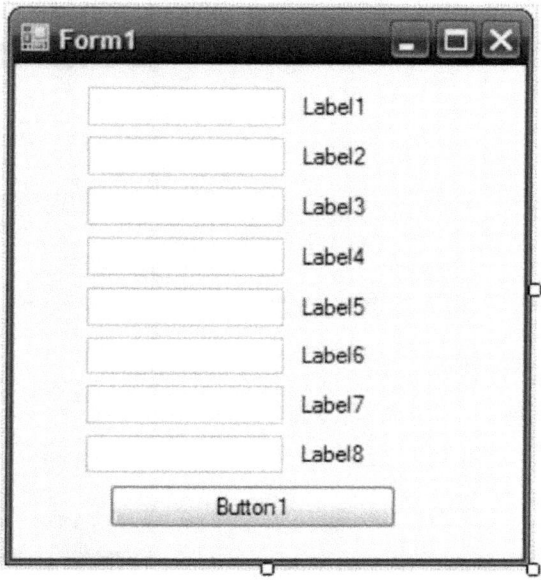

برنامج 4-7 (شاشة التشغيل):

برنامج 5-1 (شاشة التصميم):

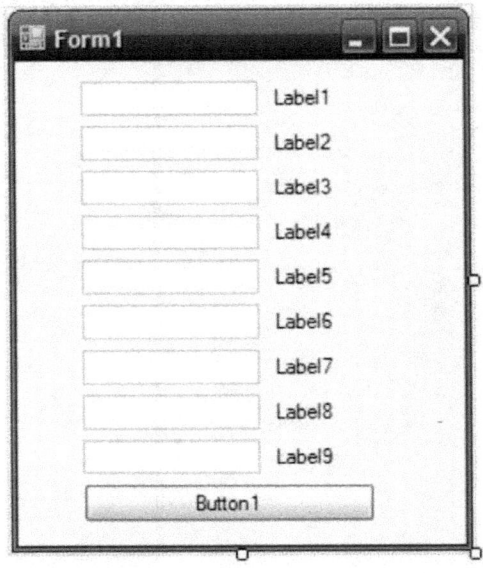

برنامج 5-1 (شاشة التشغيل):

برنامج 5-2 (شاشة التصميم):

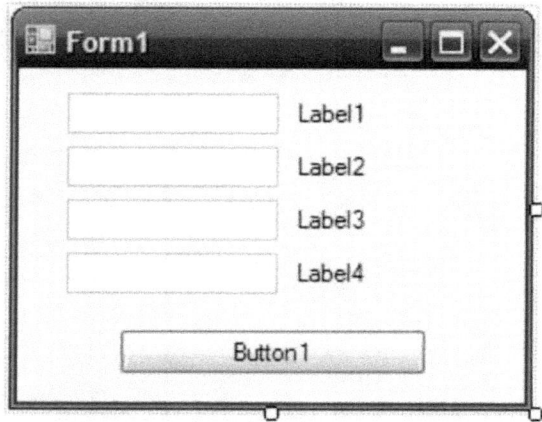

برنامج 5-2 (شاشة التشغيل):

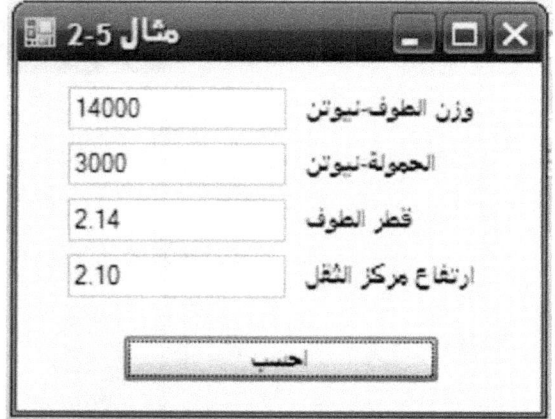

برنامج 5-3 (شاشة التصميم):

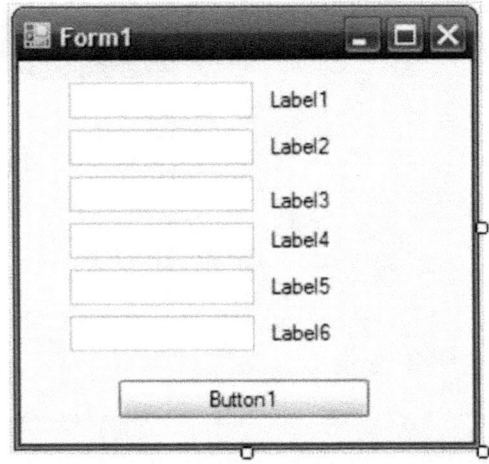

برنامج 5-3 (شاشة التشغيل):

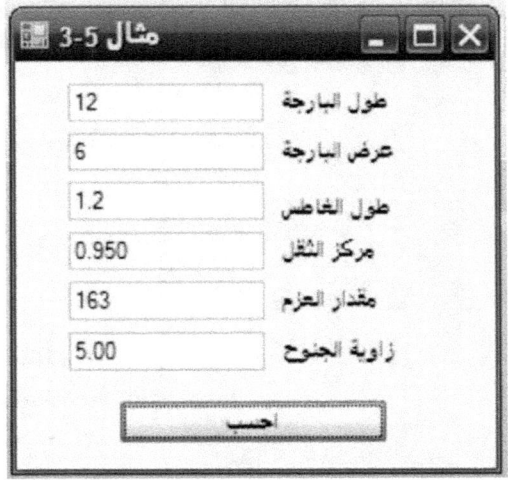

برنامج 7-1 (شاشة التصميم):

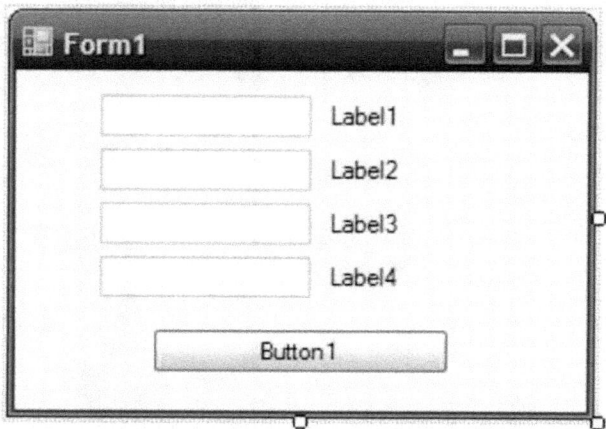

برنامج 7-1 (شاشة التشغيل):

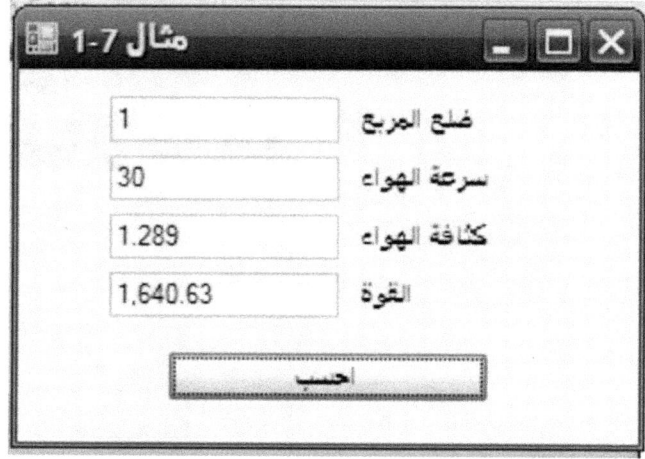

برنامج 7-2 (شاشة التصميم):

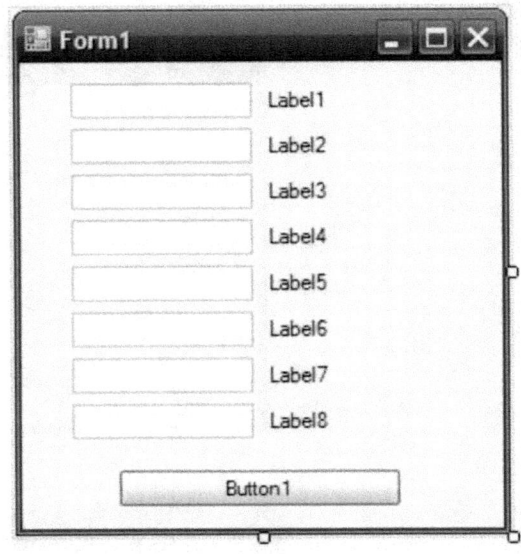

برنامج 7-2 (شاشة التشغيل):

برنامج 7-5 (شاشة التصميم):

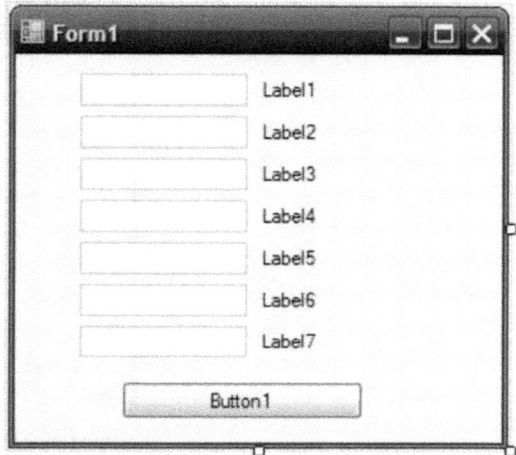

برنامج 7-5 (شاشة التشغيل):

برنامج 7-6 (شاشة التصميم):

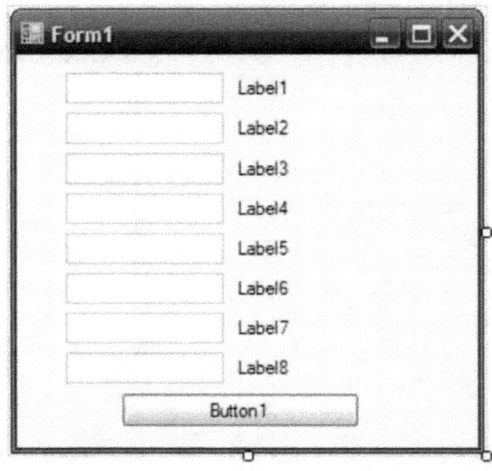

برنامج 7-6 (شاشة التشغيل):

388

برنامج 7-8 (شاشة التصميم):

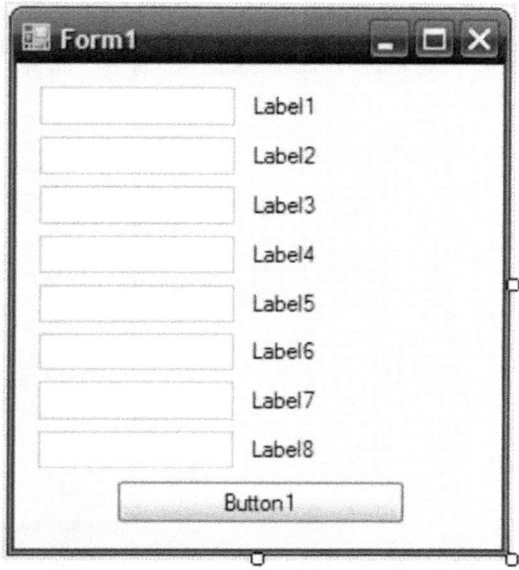

برنامج 7-8 (شاشة التشغيل):

برنامج 8-1 (شاشة التصميم):

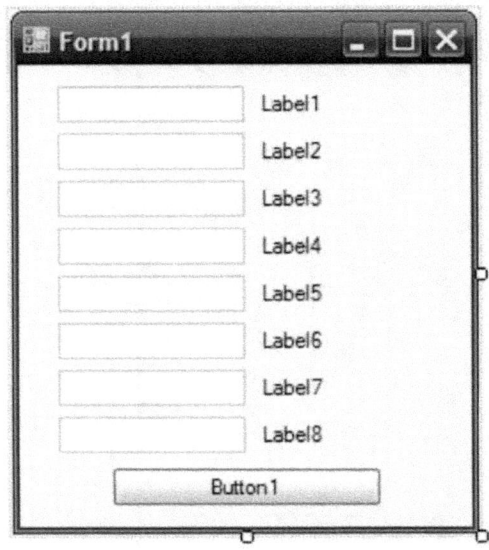

برنامج 8-1 (شاشة التشغيل):

390

برنامج 8-4 (شاشة التصميم):

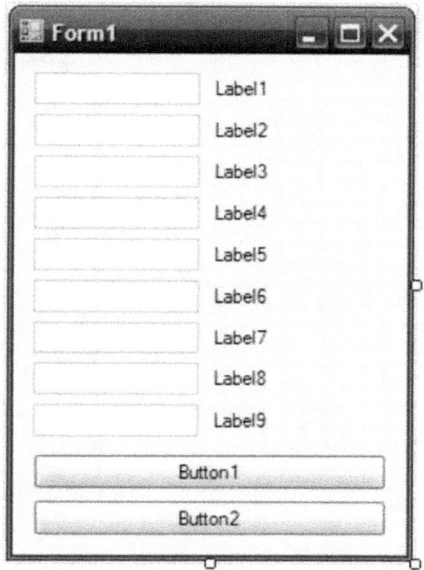

برنامج 8-4 (شاشة التشغيل):

برنامج 9-1 (شاشة التصميم):

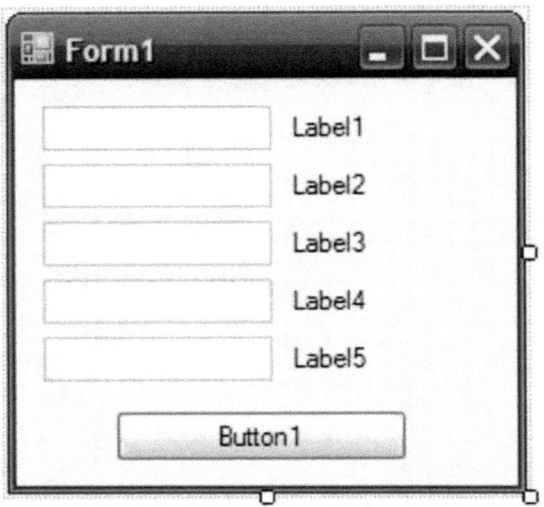

برنامج 9-1 (شاشة التشغيل):

برنامج 10-1 (شاشة التصميم):

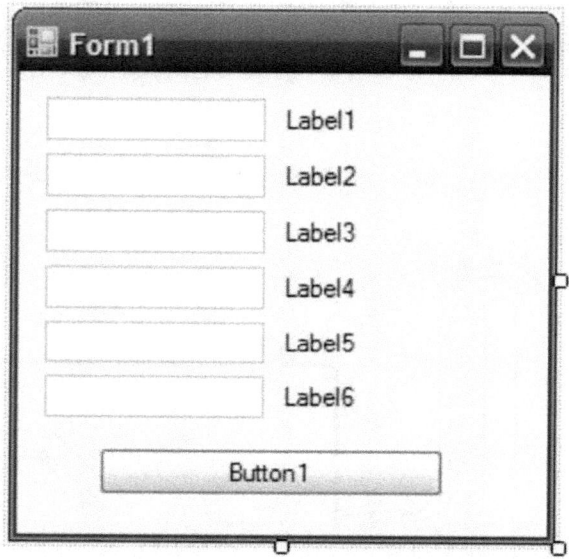

برنامج 10-1 (شاشة التشغيل):

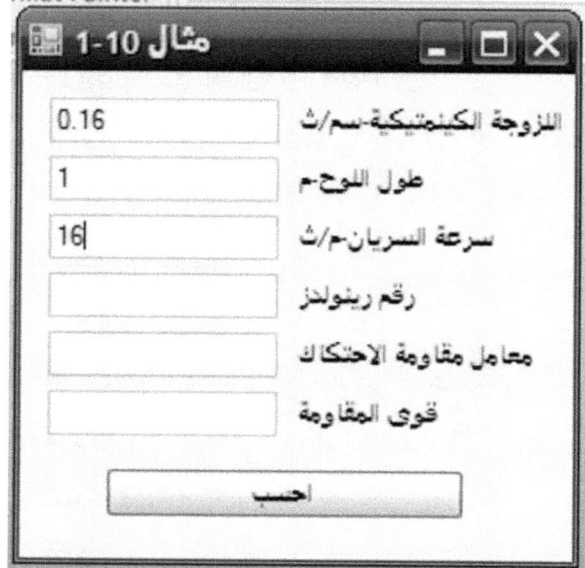

مرفق (10): اختبارات معمل ميكانيكا الموائع

1. الفقد الموضعي في الكوع

<u>الغرض من التجربة:</u>

دراسة الفقد الموضعي لكوع وإيجاد معامل الفقد الموضعي.

<u>منظومة الاختبار:</u>

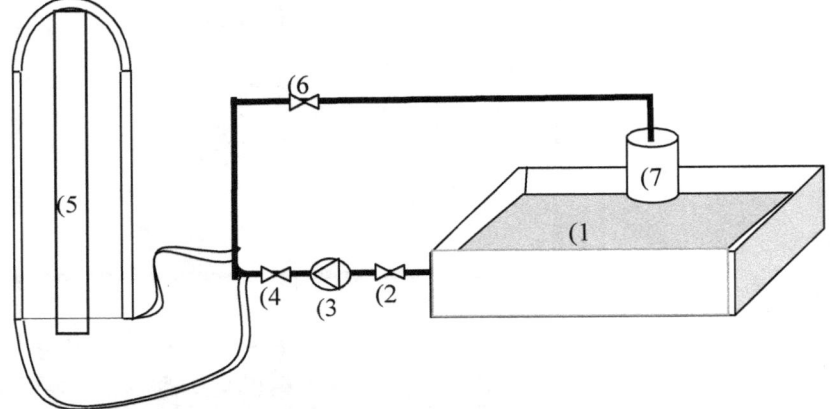

– معدن الكوع من فولاذ مخرصن، والقطر الداخلي له 18 مم.

– يقاس معدل السريان الحجمي بواسطة أسطوانة قياس بسعة 10 لتر وساعة ضبط.

– يقاس الضغط في هذه التجربة بمانومتر مائي.

<u>خطوات التجربة:</u>

1. ادرس أجهزة القياس المساعدة ونقاط القياس والتحكم في المنظومة. وهي: مستودع الماء (1)، صمامات التحكم (2 و 4 و6)، المضخة (3)، المانومتر المائي (5)، مقياس السعة (7).

2. أغلق كل الصمامات.

3. افتح الصمام (2) صعيد المضخة والصمام (6) صعيد مقياس السعة.

4. أدر محرك المضخة.
5. تأكد من خلو المانومتر من فقاعات الهواء.
6. اقرأ فرق السمت Δh في المانومتر.
7. ارصد الوقت اللازم t لملأ مقياس السعة.
8. اغلق الصمام (6) صعيد مقياس السعة قليلاً بحيث يؤدي لارتفاع الضغط بمقدار 0.2bar.
9. كرر الخطوات "6" إلى "8".
10. كرر الخطوات 6" إلى "9" حتى الانغلاق التام للصمام (6).

التحليل:

- المعادلة العامة للفقد الموضعي:

$$h_l = C_l \frac{v^2}{2g}$$

- معدل السريان الحجمي q:

$$q = 0.01/t \quad m^3/s$$

التقرير:

1. استخلص من قائمة القراءات: معدل السريان الحجمي والسرعة المتوسطة للسريان عبر الكوع والفقد الموضعي بالمتر.
2. ارسم منحنى تغير الفقد الموضعي مع مربع السرعة المتوسطة.
3. استخلص قيمة تقريبية لمعامل الفقد الموضعي C_l.
4. اكتب تقريراً عن سير التجربة يشمل رسوماً توضيحية للجهاز ورسوماً اضافية لوحدات القياس المستخدمة.
5. اكتب ملاحظاتك حول التجربة ونتائجها ومستوى الدقة، وقارن الفقد الموضعي للتجربة بالفقد الموضعي للأكواع المعيارية.

2. الإحتكاك في الأنابيب

الغرض من التجربة:

الدراسة العملية للفقد في السمت الناشئ عن السريان في أنابيب أفقية مستقيمة.

منظومة الاختبار:

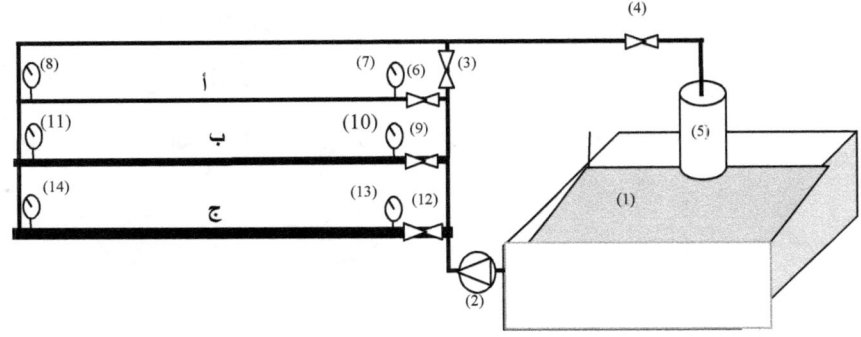

- خصائص الأنابيب:

فولاذ مخرصن	مادة الأنابيب
13مم	القطر الداخلي للأنبوب (أ)
16مم	القطر الداخلي للأنبوب (ب)
21مم	القطر الداخلي للأنبوب (ج)
2455مم	طول مقطع الإختبار للأنبوب (أ)
2530مم	طول مقطع الإختبار للأنبوب (ب)
2605مم	طول مقطع الإختبار للأنبوب (ج)

- يقاس معدل السريان الحجمي بأسطوانة قياس ذات سعة 10 لتر وساعة ضبط.

- يقاس الضغط في هذه التجربة بمقاييس بوردون.

<u>خطوات التجربة:</u>

1. ادرس أجهزة القياس المساعدة و نقاط القياس و التحكم في الشبكة. وهي: مستودع الماء (1)، المضخة (2)، صمامات التحكم عند المواضع (3) و(4) و(6) و(9) و(12)، مقياس السعة (5)، مقاييس الضغط عند المواضع (7) و(8) و(10) و(11) و(13) و(14).

2. قس درجة حرارة الماء في المستودع.

3. افتح الصمامين (4) و(6).

4. اغلق الصمامات (3) و(9) و(12). بذلك تقصر دائرة المياه في المنظومة على المسار (أ).

5. أدر محرك المضخة.

6. اقرأ الضغط عند الموضعين (7) و(8).

7. تأكد من خلو مقياس السعة (5) تماماً من الماء ثم إدفعه أسفل الصنبور موقتاً ذلك مع بدء ساعة الضبط. وارصد زمن امتلاء مقياس السعة t.

8. اغلق الصمام (4) قليلاً ليرتفع الضغط في المقياس (7) بحوالي 50kPa.

9. كرّر الخطوات "6" إلى "8" حتى يبلغ الضغط حوالي 300kPa.

10. أفتح الصمامين (4) و(9) واغلق الصمام (6) لتقصر دائرة المياه في الشبكة على المسار (ب).

11. اقرأ الضغط عند الموضعين (10) و (11).

12. كرّر الخطوات "6" إلى "9" وذلك بالنسبة للمسار (ب).

13. أفتح الصمامين (4) و(12) واغلق الصمام (9) لتقصر دائرة المياه في الشبكة على المسار (ج).

14.   اقرأ الضغط عند الموضعين (13) و (14).

15.   كرّر الخطوات "6" إلى "9" وذلك بالنسبة للمسار (ج).

16.   أغلق محرك المضخة.

التحليل:

- معدل السريان الحجمي q:

$$q = 0.01/t \ \ m^3/s$$

- الفقد الاحتكاكي في انبوب أفقي منتظم القطر:

$$h_f = \frac{\Delta p}{\rho g}$$

- معادلة دارسي لمعامل الفقد الاحتكاكي:

$$f = \frac{1.325}{\left\{ \ln \left[0.27 \left(\dfrac{k}{d} \right) + \dfrac{5.74}{Re^{0.9}} \right] \right\}^2}$$

- المعادلة العامة للفقد الاحتكاكي:

$$h_f = f \frac{L}{d} \frac{v^2}{2g}$$

التقرير:

1.   ضع القراءات المرصودة فى شكل قائمة.

2.   استخلص من قائمة القراءات: معدل السريان الحجمي والسرعة المتوسطة للسريان في الأنبوب والفقد الاحتكاكي بالمتر للأنبوب منتظم القطر.

3.   ارسم منحنى تغير الفقد الإحتكاكي المرصود (متر) مع معدل السريان (لتر/ث).

4.   استخلص من قائمة القراءات: عدد رينولدز ومعامل الاحتكاك والفقد الاحتكاكي النظري باستخدام المعادلة العامة.

5.   ارسم نتيجة التحليل (4) على الرسم المشار إليه في (3) للمقارنة.

6.   اكتب تقريراً عن سير التجربة يشمل رسوماً توضيحية لمنظومة الاختبار.

7.   اكتب ملاحظاتك عن التجربة ونتائجها ومستوى الدقة وقارن النتيجتين (3) و(5).

3.   **اختبار خصائص التكهف لمضخة نابذة**

الغرض من التجربة:

دراسة خصائص التكهف للمضخة النابذة Pedrollo CPm 158E

منظومة الاختبار:

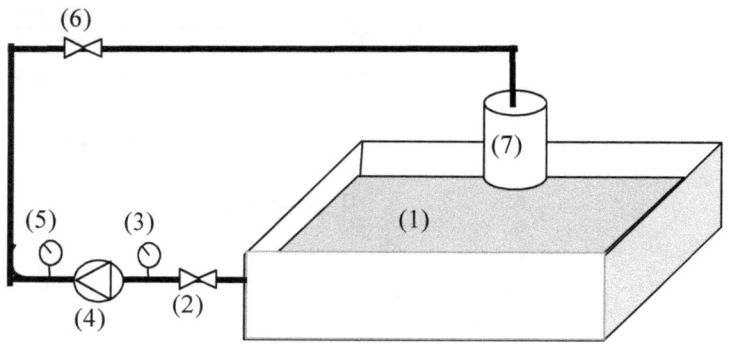

– يقاس معدل السريان الحجمي بأسطوانة قياس ذات سعة 10 لتر وساعة ضبط.

– يقاس الضغط في هذه التجربة بمقاييس بوردون.

خطوات الاختبار:

1. ادرس أجهزة القياس المساعدة ونقاط القياس على الجهاز. وهي: مقياسي الضغط (3) و(5) عبر المضخة ومقياس السعة (7).

2. تأكد من امتلاء مستودع المياه الرئيسي و من خلو مقياس السعة من الماء.

3. حرّك مقياس السعة على مجراه بعيداً عن مخرج الماء.

4. أغلق الصمام (6) سافل المضخة تماماً.

5. أغلق الصمام (2) صعيد المضخة ثلث دورته.

6. ارصد قراءتى الضغط p_3 و p_4 صعيد وسافل المضخة.

7. افتح الصمام (6) قليلاً بحيث يؤدي لانخفاض الضغط بحوالي 0.3bar.

8. ارصد قراءتى الضغط p_3 و p_4.

9. ارصد الوقت اللازم t لملأ مقياس السعة.

10. افرغ مقياس السعة من الماء.

11. كرر الخطوات "7" إلى"10" حتى ينفتح الصمام (6) تماماً.

12. ثبت الصمام (2) عند ثلثي دورته وأغلق صمام الخروج تماماً.

13. كرر الخطوات "8" إلى "11".

التحليل:

• معدل السريان الحجمي q

$$q = 0.01 \ /t \quad [m3/s]$$

• سمت الضخ H بالمتر

$$H = \frac{100000 \ (p_4 - p_3)}{g \rho}$$

التقرير:

1. ارسم المنظومة بكل أجزائها الرئيسية و أجهزة القياس المستخدمة.

2.   مستعيناً بمراجع ميكانيكا الموائع اكتب عن التكهف في المضخات و ما يترتب عليه من ضرر.

3.   اسرد الخطوات الفعلية التي اتبعتها.

4.   وضّح القراءات المرصودة في شكل قائمة.

5.   ارسم منحنى بتغيّر سمت الضخ مع معدل السريان.

6.   اكتب ملخصاً عن نتائج التجربة.

4. **اختبار أداء مضخة نابذة**

الغرض من التجربة:

دراسة خصائص المضخة النابذة Pedrollo CPm 158E

منظومة الاختبار:

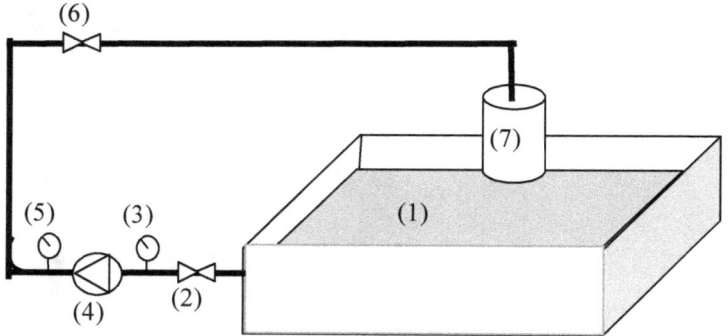

– يقاس معدل السريان الحجمي بأسطوانة قياس ذات سعة 10 لتر وساعة ضبط.

– يقاس الضغط في هذه التجربة بمقاييس بوردون.

<u>خطوات الاختبار:</u>

1. ادرس أجهزة القياس المساعدة ونقاط القياس على الجهاز. وه ي: مقياسي الضغط (3) و(4) عبر المضخة ومقياس السعة (7) وعدّاد القدرة الكهربائية.

2. تأكد من امتلاء مستودع المياه الرئيسي و من خلو مقياس السعة من الماء.

3. أدر محرك المضخة.

4. ارصد الوقت اللازم t_1 لملأ مقياس السعة.

5. قم برصد عدد دورات عداد القدرة الكهربائية n خلال فترة زمنية t_2.

6. ارصد قراءتي الضغط p_3 و p_4 صعيد و سافل المضخة.

7. افرغ مقياس السعة من الماء.

8. أغلق الصمام (6) سافل المضخة قليلاً بحيث يؤدي لارتفاع الضغط بحوالي 0.3bar

9. كرر الخطوات "5" إلى"9" حتى يتوقف السريان تماماً.

<u>التحليل</u>

• معدل السريان q

$$q = 0.01 \ /t \quad [m3/s]$$

• سمت الضخ H بالمتر

$$H = \frac{100000 \quad (p_4 - p_3)}{g \rho}$$

• القدرة المائية الخارجة Pout

$P_{out}=□qH$

- القدرة الكهربائية الداخلة P_{in}

$P_{in} = kn/t_2$

حيث k لمقياس القدرة المستخدم = 24000

- الكفاءة الكلية للمضخة η

$$\eta = \frac{P_{out}}{P_{in}}$$

<u>التقرير</u>

1. ارسم المنظومة بكل أجزائها الرئيسية و أجهزة القياس المستخدمة.
2. مستعيناً بمراجع ميكانيكا الموائع اكتب عن أنواع المضخات ومقدمة لا تقل عن خمسة سطور عن المضخة النابذة.
3. اسرد الخطوات الفعلية التي اتبعتها.
4. وضّح القراءات المرصودة فى شكل قائمة.
5. استخلص قائمة بتغيّر سمت الضخ، والقدرة الداخلة، والكفاءة مع معدل السريان. ثم ارسم منحنيات توضح التغيرات المذكورة.
6. اكتب ملخصاً عن نتائج التجربة وقارن بين المنحنيات المرصودة وخصائص أداء المضخة.

المؤلفون في سطور:

د. محمد عصام محمد عبد الماجد

- اختصاصي الباطنية الدكتور محمد عصام محمد عبد الماجد (MBBS، BLS، ALS، MRCP–UK) تخرج في كلية الطب بجامعة الخرطوم بالسودان 2008. أكمل التدريب الأساسي مع وزارة الصحة السودانية، ثم عمل كطبيب في قسم الطب الباطني بمستشفى الرباط الجامعي بالسودان، ومستشفى أملج بوزارة الصحة بالمملكة العربية السعودية، ووزارة الصحة بسلطنة عمان.

- اكمل تدريبه العالي لعضوية الكليات الملكية للأطباء في المملكة المتحدة (MRCP–UK) في أجزائه الثلاثة.

- شارك بالتدريس كمساعد تدريس بقسم الطب الباطن بجامعة السودان العالمية.

- طبيب مسجل لممارسة المهنة لدى المجلس الطبي السوداني، وهيئة الصحة في أبو ظبي بالأمارات العربية المتحدة (HAAD)، والهيئة السعودية للتخصصات الصحية (SCHS) بالمملكة العربية السعودية، ووزارة الصحة سلطنة عمان.

- عضو كامل العضوية في جمعية الطب الحرج في المملكة المتحدة (SAM)، والجمعية الأوروبية لطب الطوارئ (EuSEM)، والجمعية الأوروبية للجهاز التنفسي (ERS).

- المؤلف هو أحد المراجعين النظراء مع مجلة العلوم الطبية والتجارب السريرية، والمجلة الإفريقية للعلوم الطبية.

- للمؤلف عدة براءات اختراع في برمجة أنظمة الحواسيب مفتوحة المصدر Open–Source Programming، وله برامج معتمدة كجزء من نظام التشغيل فيدورا ونظام جنو لينوكس (both Fedora and GNU/Linux).

- التلفون: 0096896705308، البريد الالكتروني: <u>mohammed_isam1984@yahoo.com</u> ، فيسبوك: <u>https://www.facebook.com/Mohammed.Isam</u> ، موقع الكتروني: http://sites.google.com/site/mohammedisam2000

د. م. مسعود جميل أحمد عدلي

- من مواليد مدينة دنقلا بالولاية الشمالية في1967.
- حصل على البكالريوس في الهندسة المدنية من جامعة مهران للهندسة والتكنولوجيا ب حيدرأباد بالباكستان في 1995، وم اجستير هندسة مصادر المياه من جامعة دار السلام بتنزانيا في 1999، والدكتوراه في الهندسة البيئية من جامعة السودان للعلوم والتكنولوجيا في 2007.
- عمل في عدة جامعات محلية واقليمية، وأشرف على رسائل علمية للدراسات العليا، ويعمل حاليا أستاذ مساعد بمدرسة الهندسة المدنية بجامعة السودان للعلوم والتكنولوجيا.
- للمؤلف عدة بحوث وأوراق علمية وكتب منشورة في هندسة المياه ومعالجة مياه الصرف الصحي والمخلفات البترولية.
- التلفون:249121542031، البريد الالكتروني : masoudgamiel@sustech.edu;
masoudadli@yahoo.com

م. ساتي ميرغني محمد أحمد قيلي

- أستاذ مساعد بكلية هندسة و تكنولوجيا النفط ، و استاذ مساعد بقسم هندسة النفط ومنسق التقويم والاعتماد بكلية هندسة وتكنولوجيا النفط بجامعة السودان للعلوم والتكنولوجيا.
- عمل في عدة جامعات محلية واقليمية وتقلد فيها مناصب ادارية رفيعة.
- للمؤلف عدة بحوث وأوراق علمية وكتب منشورة في هندسة النفط والمياه.
- التلفون:249123101023، البريد الالكترونى : sattimeragani@sustech.edu

أ. د. م. عباس عبد الله ابراهيم علي

- بروفسيور بكلية هندسة المياه والبيئة بجامعة السودان للعلوم والتكنولوجيا.
- عمل في عدة جامعات محلية واقليمية وتقلد مناصب ادرية عليا فيها.
- له عدة أوراق علمية وكتب منشورة في هندسة المياه والهيدروليكا والهيدرولوجيا ومصادر المياه.
- البريد الالكترونى: abbas@sustech.edu

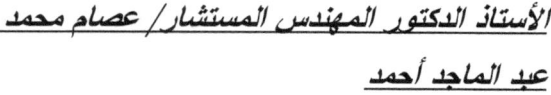

الأستاذ الدكتور المهندس المستشار/ عصام محمد عبد الماجد أحمد

- من مواليد مدينة رفاعة بالريف السوداني في 19 يوليو 1952 م.
- تلقى تعليمه الأولي برفاعة، والمتوسط بأبي حراز، والثانوي برفاعة.
- تخرج فى قسم الهندسة المدنية بجامعة الخرطوم (السودان) بمرتبة الشرف الأولى، 1977. نال دبلوم الري من جامعة بادوفا (إيطاليا)، 1978. حصل على ماجستير الهندسة البيئية من جامعة دلفت (هولندا)، 1979. نال الدكتوراه في الهندسة البيئية من جامعة استراثكلايد (بريطانيا)، 1982
- للمؤلف جملة من البحوث والأوراق العلمية المتخصصة والكتب الدراسية والمراجع العلمية والمهنية المتخصصة (باللغتين العربية والإنكليزية) فاز بعضاً منها بالجوائز التقديرية الرفيعة.
- عمل مهندساُ بالمؤسسة العامة للري والحفريات بوزارة الري والموارد المائية (مينا)، وأميناً عاماً للمجلس القومي لرعاية الثقافة والفنون بوزارة الثقافة والإعلام (الخرطوم)، وأستاذاً جامعياً في جامعات: الخرطوم (الخرطوم)، والإمارات العربية المتحدة (العين)، والسلطان قابوس (مسقط)، وأم درمان الإسلامية (أم درمان)، والسودان للعلوم والتكنولوجيا (الخرطوم)، وجوبا (الخرطوم)، ومركز البحوث والاستشارات الصناعية وأكاديمية السودان للعلوم (الخرطوم) بوزارة العلوم والتقانة (السودان) وجامعة الملك فيصل وجامعة الدمام (المملكة العربية السعودية). وتنقل في مؤسسات التعليم العالي والبحث العلمي متقلداً مناصباً إدارة الشعبة، و رئاسة القسم، ونائب العميد، والعميد،

ووكيل الجامعة، ويعمل حالياً رئيساً لقسم المراجعة بمركز النشر العلمي بجامعة الدمام.

- التلفون: 00966530310018، 0024911620909 البريد الالكتروني: isam.abdelmagid@gmail.com

isam@enginormatics.com،iahmed@uod.edu.sa،

تويتر: twitter.com/IsamAbdelmagid، فيسبوك:

https://www.facebook.com/isam.m.abdelmagid،

researchgate:

https://www.researchgate.net/profile/Isam_Abdel-

Magid، google scholar:

https://www.facebook.com/isam.m.abdelmagid،

linkedin: https://www.linkedin.com/nhome/?trk=

الامازون: https://authorcentral.

amazon.com/author/isamabdelmagid، موقع الكتروني:

http://sites.google.com/site/isamabdelmagid

م. تسنيم عصام محمد عبد الماجد

• من مواليد مدينة العين بالامارات العربية المتحدة في يوم الخميس 9 نوفمبر 1989م 10 ربيع الثاني 1410هـ.

• درست بمدارس سلطنة عمان والخرطوم وتخرجت في قسم الهندسة الميكانيكية بجامعة الخرطوم بالسودان بمرتبة الشرف الأولى عام 2010م. تعمل بجامعة أفريقيا العالمية بالخرطوم.

• حصلت على ماجستير تكنولوجيا الطاقات المتجددة في الهندسة الميكانيكية من جامعة الخرطوم بالسودان في 2015م.

• للمؤلفة عدة اصدارات وأوراق علمية منشورة.

• التلفون: 00966558739022، 0024961343611 البريد الالكتروني: tas.isam@gmail.com، :researchgate

https://www.researchgate.net/profile/tasneem_Abdel

Magid،

الراحل المقيم أ. د. م. م. صابر محمد صالح ابراهيم

رحمه الله تعالى وأحسن إليه

- عمل بروفسيور بمدرسة الهندسة الميكانيكية بجامعة السودان للعلوم والتكنولوجيا.

- عمل بعدة جامعات وتقلد مناصب عمادة عدة كليات وأسس بعضها.

- للمؤلف عدة مقالات وأوراق علمية وكتب منشورة.